今日からモノ知りシリーズ

トコトンやさしい

切削加工の本

機械加工では切削(せっさく)という単語が登場します。切削とは金属やプラスチックなどの材料を工具と呼ばれる刃物で除去し、品物を要求の形状、精度に加工することです。切削加工に使用される機械を工作機械と呼びます。

海野邦昭

B&Tブックス
日刊工業新聞社

はじめに

「切削（せっさく）」、言い換えれば、モノづくりは人間の歴史そのものです。木から降りた猿は、二本足歩行を始め、道具を使うようになりました。また脳が発達し、知恵を働かせ、創意工夫をして、打製石器や磨製石器などの道具を作り出しました。

また火を使うことを覚え、土器を作り出すとともに、金属を発見しました。銅の発見です。そして銅と錫の合金である青銅（ブロンズ）を創り出しました。そしてこの金属の発見により、農業などの生産性が向上し、人間の生活は豊かになりました。その後、製鉄技術が開発され、鉄の時代を迎えて、今日に至っています。

このように道具の歴史は、モノづくりの歴史であり、人間の歴史でもあります。その後、道具は手工具から機械へと進化しました。古代エジプトの壁画に、穴あけをしている様子が描かれていますが、このひも旋盤から、弓旋盤へと進化し、そして産業革命を経て、今日の工作機械に至っています。

現在、私たちが使っているNC（数値制御）工作機械も道具で、機械化された工具の意です。このNC工作機械も道具ですから、使いこなすのは人間です。コンピュータが付いた機械なので、何でもできると思われていますが、人間が指示しなければ何もできません。ＮＣ工作機械を動かすには、プログラムが必要で、それを作るのは人です。そのためには汎用工作機械と加工の知識が必要となります。

石器から青銅器へ、そして鉄器へと工具材料が変化するに従い、人間の生活は豊かになりました。また工作機械にコンピュータ技術が導入され、工業製品の生産性がますます向上し、その性能も高度化しています。そのためコンピュータで設計（ＣＡＤ）し、ＮＣ工作機械で加工（ＣＡＭ）すれば、人間の技能など必要ないと思われるようになりました。しかしながら工作物を削っているのは刃物です。コンピュータが削っている訳ではありません。このことをぜひ、忘れないでください。

切削工具の性能以上に高度な製品はできません。ハイテク産業を支える超精密切削加工技術でも、単結晶ダイヤモンドバイトの性能が問題になります。このような切削加工技術はローテクであると言う方もいますが、曲玉《まがたま》の時代から、精密加工技術は常にハイテクです。高度な切削加工技術なくして、自動車産業も、航空宇宙産業も、成り立たないことを忘れないでください。

日本は、エネルギーも資源もない国です。付加価値の高い製品を作ることが、今後とも、日本の生きる道だと信じています。ぜひとも、若い人たちにモノづくりに興味を持ってもらい、日本の優秀な精密加工技術を伝承して欲しいと思っております。

また本書を執筆するにあたって、タンガロイ、三菱マテリアル、京都府織物・金属振興センター、ユシロ化学工業、フジＢＳ技研、大昭和精機、ＯＳＧ、野村氏（住友電気工業）から貴重な資料をご提供いただきました。厚く御礼申し上げます。

おわりに、日本のモノづくりを考えている折りに、このような機会を与えていただいた日刊工業新聞社出版局書籍編集部長の奥村功氏、そして編集上の貴重なアドバイスをいただいた新日本編集企画の飯嶋光雄氏に厚く感謝いたします。また複雑で難しい切削加工技術を分かりやすく表現してくれた志岐デザイン事務所の大山陽子さんにも感謝します。

海野邦昭

２０１０年10月

第1章 切削のイロハ

目次

CONTENTS

第4章 旋盤による切削

第5章 ボール盤による切削

第6章 フライス盤による切削

第7章 コンピュータを用いた切削

【コラム】

第1章

切削のイロハ

1 人間と道具

道具をつくるのは人間の本能

物を切削しようとすると、刃物が必要です。この刃物は道具で、この道具を作り出すことができるのは人間だけです。

人類の祖先は、６００万年から７００万年前にアフリカで生まれたと言われています。地殻変動によりアフリカが乾燥し、森林が縮小しました。そしてサバンナが拡大したために、人類の祖先は木から降り、二本足歩行を始めました。二本足歩行をすることにより、手が自由に使えるとともに、脳が発達しました。そして石や木の棒を道具として使うようになりました。南米ボリビア、ボアビスタで岩穴に棲む猿が、二本足歩行をし、そして石を道具として使い、堅い椰子の実を割ることが知られています。この発見は人類の進化を知るうえで、貴重な事実と言われています。

しかしながら、猿は道具を使いますが、新しい道具は作りません。道具を作り出すことができるのは人間だけでしょう。

木から降りた人間には、鋭い牙や爪がありません。そのため猛獣から身を守り、食料を得るために、道具を使うようになったと思われます。そして二本足歩行により、脳が発達し、知恵や創意工夫をして、新しい道具を作り出すようになったのでしょう。

また一般的に動物は火を嫌います。火を使用するのは人間だけです。そして言語を用いて、情報のやりとりをします。

いろいろと説がありますが、これらが人類と類人猿の違いと言えそうです。

新しい道具を作り出すことにより、私たちの生活は安定し、豊かになりました。そのため道具の歴史は人間の進化の歴史とも言えるのです。

現在も、「機械加工技術者」は鍛冶屋さんと呼ばれています。優れた職人さんは、自分で刃物を作ります。道具を作ることは、人間の本能でもあり、創造的な仕事です。

要点BOX

- 木から降りた人間は道具をつくり出した
- 火を使うようになった
- 新しい道具を考え、言語を使い出した

人類と類人猿

人類と類人猿

- 直立二足歩行に適応したこと
- 道具を作ること
- 火を使用すること
- 言語を使用すること

道具を作る

木から降りた猿

狩りをする

弓を引く

2 打製石器で切削する

最初につくった道具は石器

人類が最初に作った道具が石器です。約２００万年前と言われています。最初は、石をそのまま使っていましたが、その後、石の一端を破砕することにより、その鋭利な部分を刃物として使うようになりました。この石器はチョッパー（礫器《れっき》）と呼ばれており、非対称の不定形のものでした。

１４０万年前頃になると、石の周囲全体が打ち砕かれ、ほぼ対称形に整えられるようになりました。この石器はハンドアックスと呼ばれています。ハンドアックスは、日本語では、握斧（あくふ）または握槌（にぎりづち）です。このハンドアックスは、切ったり、掘ったりなど、万能的な方法で使用されました。

このような打製石器の種類は多く、それらを区分けすると、ブレイド、ハンドアックスおよびポイントになります。

ブレイドは、日本では細石刃《さいせきじん》と呼ばれており、非常に鋭利な石器で、切るや削るなどの用途に用いられています。たとえばガラスを割ると、破面に鋭い切れ刃ができますね。これを刃物として使ったのがブレードです。北海道の十勝石は黒曜石として有名です。この黒曜石は古代ガラスとも呼ばれ、その破面が非常に鋭利になります。そのため黒曜石が細石刃として多く用いられています。この細石器は、当時の石器のハイテクと言えるものです。このカミソリ状の石刃を木や骨に溝を彫り、その溝に細石器を埋め込んで槍先などとして使用しています。

また弓や槍の先端に取り付けられ、主として狩猟に用いられるのがポイントです。

このようにブレード、ハンドアックスおよびポイントのような打製石器が開発され、広く普及するにつれて、木を切ったり、土を掘ったり、また肉を切ったり、狩猟をしたりするなどの労働が楽になり、当時の人々の生活が豊かになりました。

要点BOX

- ●最初は石をそのまま使う
- ●需要に合わせて進化
- ●石器の進化は労働を楽にした

打製石器による切削

打製石器		
	ブレイド	石刃と呼ばれる鋭利な石器で、 切るや削るなどの用途に用いられた
	ハンドアックス	握斧《あくふ》、握槌《にぎりづち》と呼ばれ、万能品として用いられた
	ポイント	尖頭器と呼ばれ、槍の先頭に付けられ、 主に狩猟のために用いられた

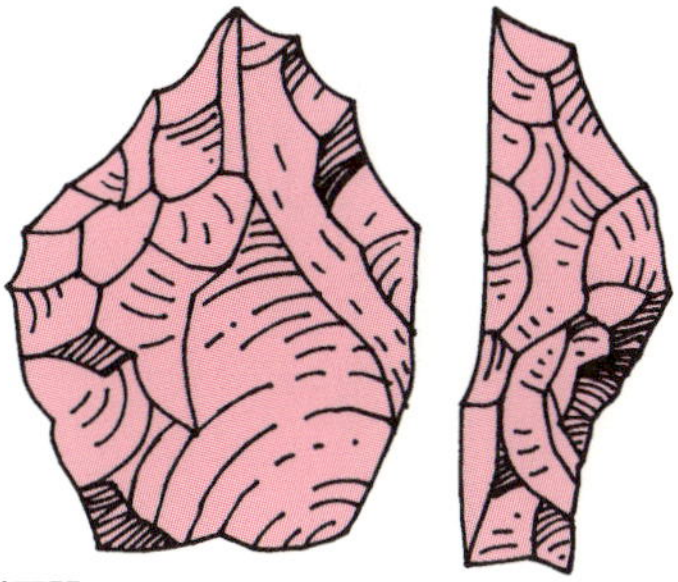

打製石器

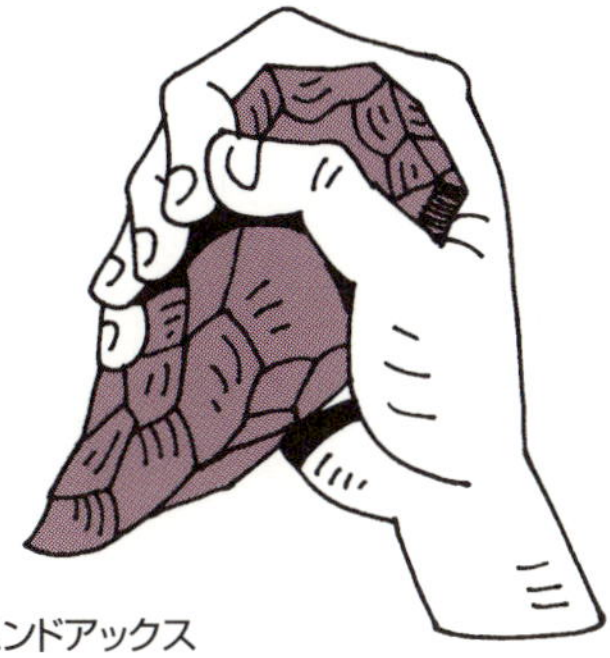

ハンドアックス

細石刃で削る

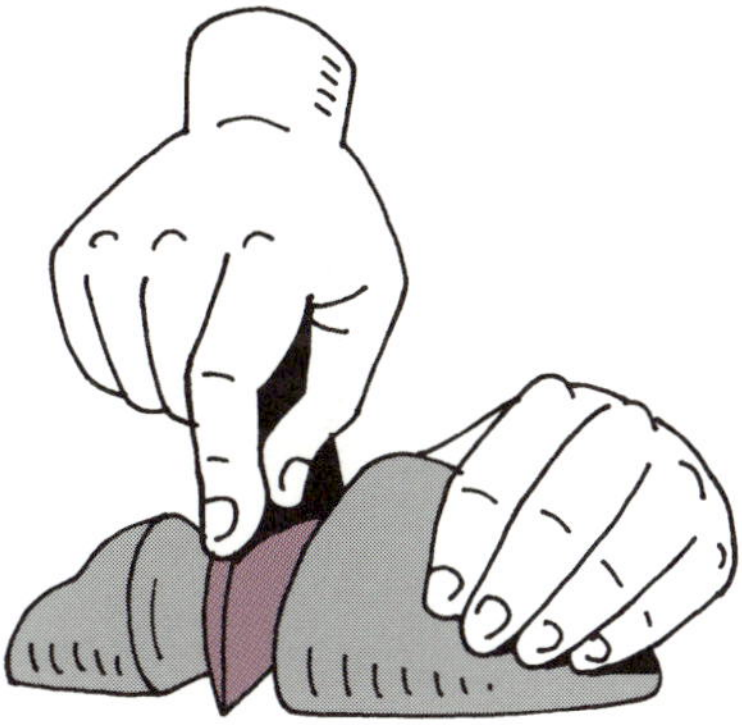

細石刃で切る

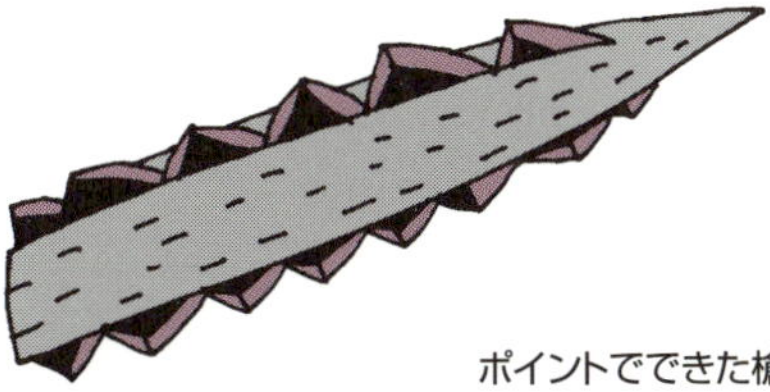

ポイントでできた槍

3 磨製石器による切削

磨くという技術を手に入れた

スコップで土を掘っていると、その先端が磨かれ、光ってきますね。古代の人も、石斧《せきふ》を使って土を掘っていたら、その先端が磨かれ、滑らかな面になっていることに気が付いたのでしょう。

これがラッピングの始まりと思われます。ラッピングとは、遊離砥粒を分散させた研磨剤を用いて、工作物とラップを摺り合わせることにより研磨を行う加工法です。

このラッピングを用いて磨製石器が作られるようになりました。すなわちラップ剤である砂と石を摺り合わせたり、石と石を摺り合わせることによりその表面が滑らかな磨製石器が製作されました。この場合、使用する母材が緻密な石ほど、表面が滑らかな磨製石器が得られます。また樹木伐採のための石斧などの場合は、その表面が滑らかなほど、繰り返して使用できるという利点がありました。

当時使用されていた磨製石器を大きく区分けすると、石皿、磨石、磨製石斧、石錐、石包丁、石棒および石剣となります。

石皿と磨石は調理用の道具です。磨製石斧は樹木を伐採したり、土を掘ったりするのに使われました。この磨製石斧にはその刃部だけを磨いた局部磨製石器と全体を磨いたものとがあります。

石錐は木材や獣皮に穴をあけるためのドリルです。また石包丁は、調理用の道具ではなく、稲穂を刈り取るための農耕用のものです。

そして石棒と石剣は武器ではなく、呪術の道具あるいは宝器として使用されたと考えられています。この磨製石剣には、一つの石材で、柄の部分を含む全体を研磨して作ったもの（有柄式石剣《ゆうへいしきせっけん》）と、剣先だけを研磨したもの（鉄剣式石剣）とがあります。

この磨製石器の製作技術は非常に高度な技術で、現在でもシリコンウエハや光学部品などの研磨技術の基礎となっています。

要点BOX

- ●磨く技術はいろいろな道具に応用された
- ●主な磨製石器と使い方
- ●磨く技術は現在の研磨技術の基礎

磨製石器による切削

主な磨製石器

磨製石器	用途
石棒	呪術の道具あるいは宝器
石剣	呪術の道具あるいは宝器
磨製石斧	樹木の伐採や土掘りの道具
石錐	木材や獣皮に穴をあけるドリル
石包丁	稲穂の刈り取り用道具
石皿	調理の道具
磨石	調理の道具

磨製石器を作る

石斧で樹木を伐採する

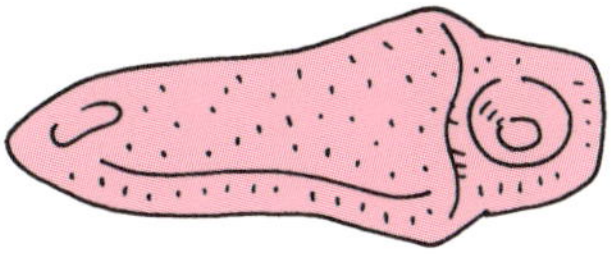

石剣

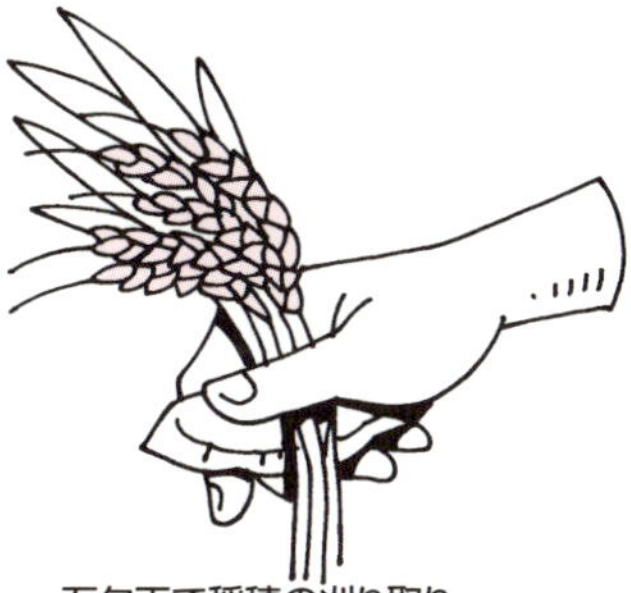

石包丁で稲穂の刈り取り

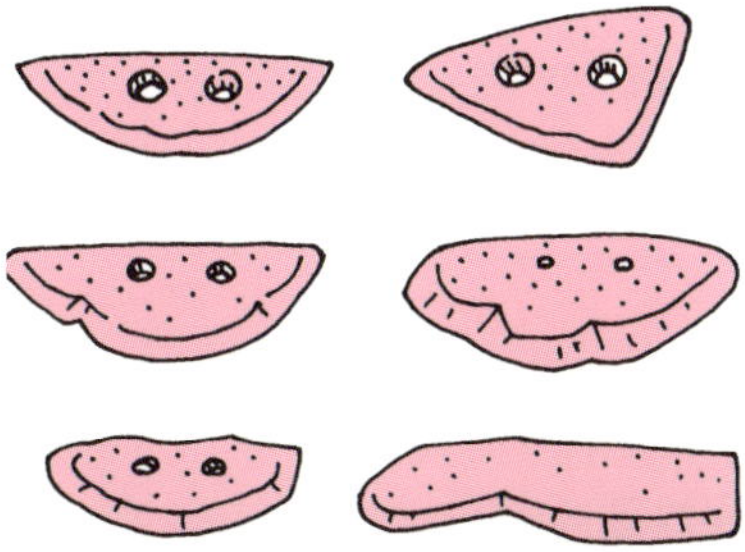

石包丁

4 金属の発見と工具材料の変化

金属の発見・使用で人類の生活はより豊かに

人類は誕生したときより、雷や火山の噴火で生じた自然火を利用することを覚えました。そして約50万年前に、火を起こす方法を見いだし、人類の生活に大きな変化をもたらしました。

その後、人類はたき火をすると、土が硬くなることを発見し、土器を作ります。

この火の使用と、熱を与えると、物質の性質が変化することを見いだしたことは、その後の人類の技術的進歩に大きな影響を及ぼしました。

そして紀元前８千年〜７千年頃に西アジアのメソポタミアで金属が発見されました。その後、紀元前５５００年頃に銅の精錬がペルシャで始まっています。この時代は、石器と銅器がともに使用されている人類文化の発展段階です。

この銅器時代の後、紀元前３６００年頃にメソポタミア地方南部に住むシュメール人により、青銅が作られました。青銅は銅とスズの合金で、銅よりも強度が高く、また鋳造性もよいので、武器や生活の道具として多く使用されました。

この時期は青銅器時代と呼ばれており、石器に代わり青銅器が主な道具として使用されています。そして農業生産の効率が向上し、社会が非常に発展した時代です。

その後、鉄器が作られ、鉄器時代が始まりました。いろいろな説がありますが、紀元前１７００年〜１１００年にかけてメソポタミア地方の北、アナトリア高原に、ヒッタイトが初めて製鉄技術を開発し、鉄の王国を築きました。

鉄器は青銅器と比較し、大量生産がしやすく、また耐久性にも優れているので、農業生産がより効率よく行えるようになりました。

このように、人類は知恵を働かせ、創意工夫をすることにより、新しい工具材料を開発し、生活を豊かにしてきました。

要点BOX

- ●紀元前8000〜7000年頃金属発見
- ●紀元前5500年ごろ銅の精錬始まる
- ●紀元前1700〜1100年に製鉄技術開発

人類と工具材料の歴史と加工方法

		材料		加工法
狩猟生活	BC36万年　原人 BC20万年　ネアンデルタール人 BC　5万年　クロマニョン人 BC　1万年　ホモ・サピエンス	石材　硬 骨材　脆 角材　材 貝殻　料	石器時代	叩いて割る 火を起こす 穴をあける
農耕社会	BC　8千年		石器時代	磨　く
農耕社会	BC　4千年 BC　1千年	銅 青　銅 鉄	金属時代	採鉱・運搬・ 溶解・精錬 鋳造・鍛造・仕上
工業社会	産業革命(1730〜1830) 繊維産業・鉄鋼産業 ― 大規模工場による集中大量生産 蒸気動力 工作機械	鉄　鋼	金属時代	工作機械 切削 研削 研磨

（小林）

人間は火を使うことを覚えた

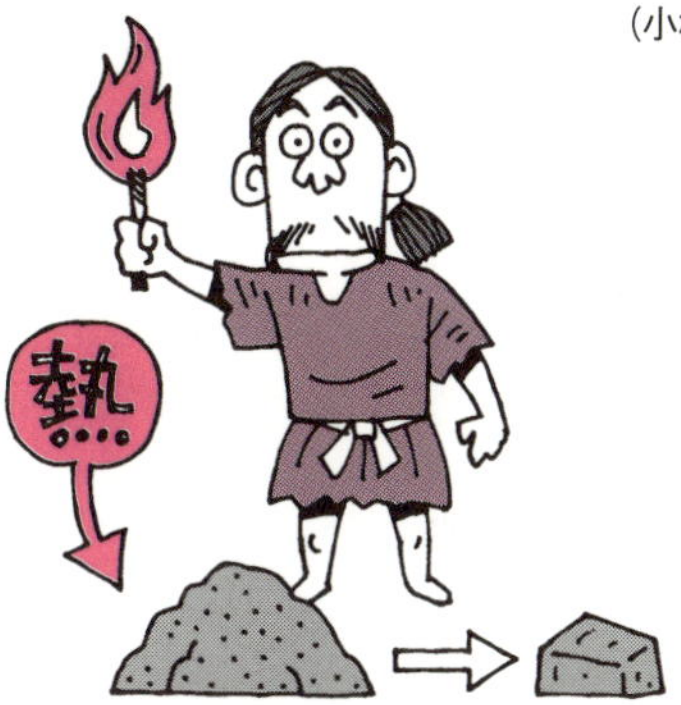

砂鉄を含んだ砂　　鉄

古代エジプトにおける鍛造

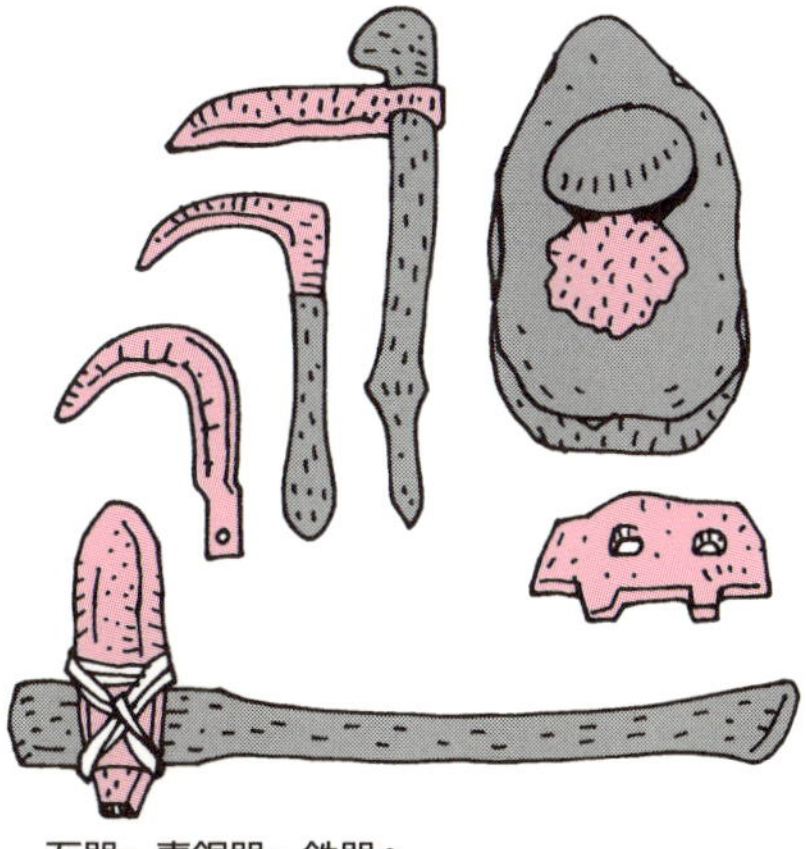

石器〜青銅器〜鉄器へ

5 手工具から工作機械へ

切る、削る、研ぐ手道具から機械へ

工作機械の起源は、ろくろに始まり、古代エジプト時代まで遡《さかのぼ》ると言われています。

工作機械はマシン・ツールで、機械化された工具の意味です。このように工作機械は切る、削る、磨く、研ぐなどの道具を起源としています。

記録として残っている最も古い旋削機械（道具）は、エジプトの古墳レリーフに見られる二人操作の手回し旋盤です。この旋盤は、紀元前３０００年頃の古代エジプトで使われていたもので、一人が紐《ひも》を往復運動しながら引いて、工作物（丸棒）を回転させ、他の一人が手に刃物を持って、その工作物を削るものです。

その後、紐を引く代わりに、弓を用いて工具あるいは工作物を回転する弓旋盤や穴をあける矢ぎりが用いられるようになりました。

このように切る、削る、磨く、研ぐなどの手工具から、工作機械へと、順次、発展しました。

では世界で初めて工作機械を設計した人は誰でしょう?。その答えはレオナルド・ダ・ヴィンチとされています。あの名画モナリザの作者です。ダ・ヴィンチは１５００年頃に多くの工作機械のスケッチを残しています。このスケッチの中にクランク式の足踏み旋盤やボール盤があります。

また近代的な工作機械の始まりは１７７５年に英国のウィルキンソンにより開発されたシリンダ中ぐり盤と言われています。もしもこの機械がなければ１７６９年に発明されたワットの蒸気機関は陽の目を見なかったかも知れません。

その後、１７９７年にモーズレーにより旋盤が開発され、現在の工作機械へとつながっています。

またこの工作機械にコンピュータが応用されたのは、１９５２年にマサチューセッツ工科大学で開発されたＮＣ（数値制御）フライス盤が最初で、現在のマシニングセンターへと発展しています。

要点BOX

- ●最古の旋盤は二人操作の手回し旋盤
- ●世界初の工作機械設計者はダ・ヴィンチ
- ●ウイルキンソンの中ぐり盤が近代化の始まり

紐旋盤

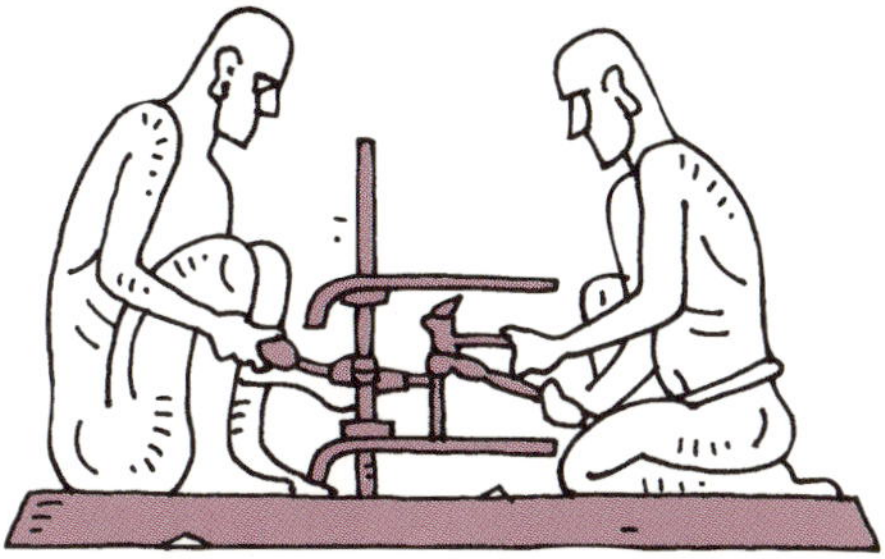

弓旋盤

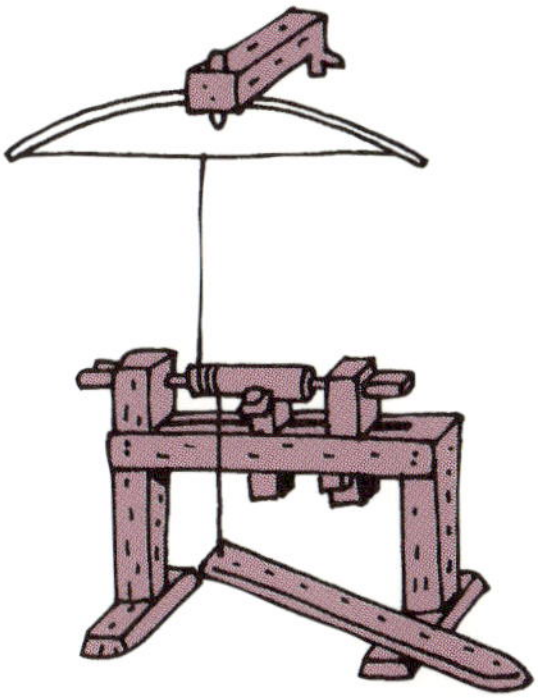

汎用旋盤

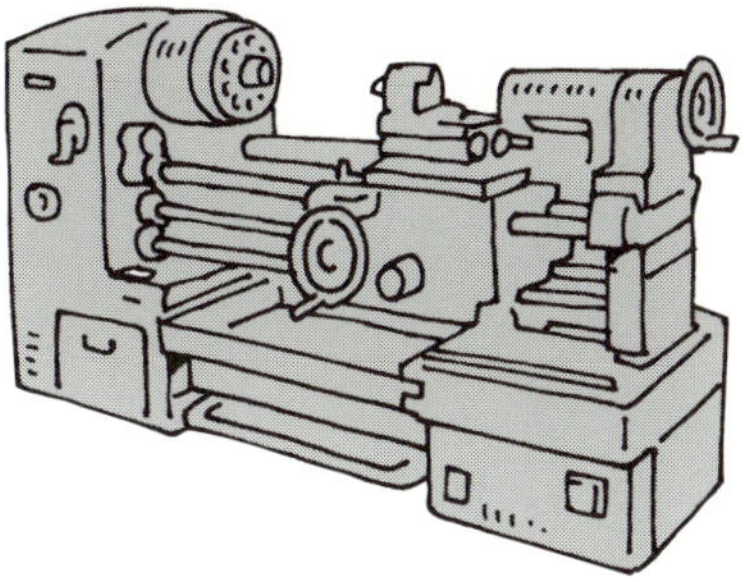

マシニングセンタ

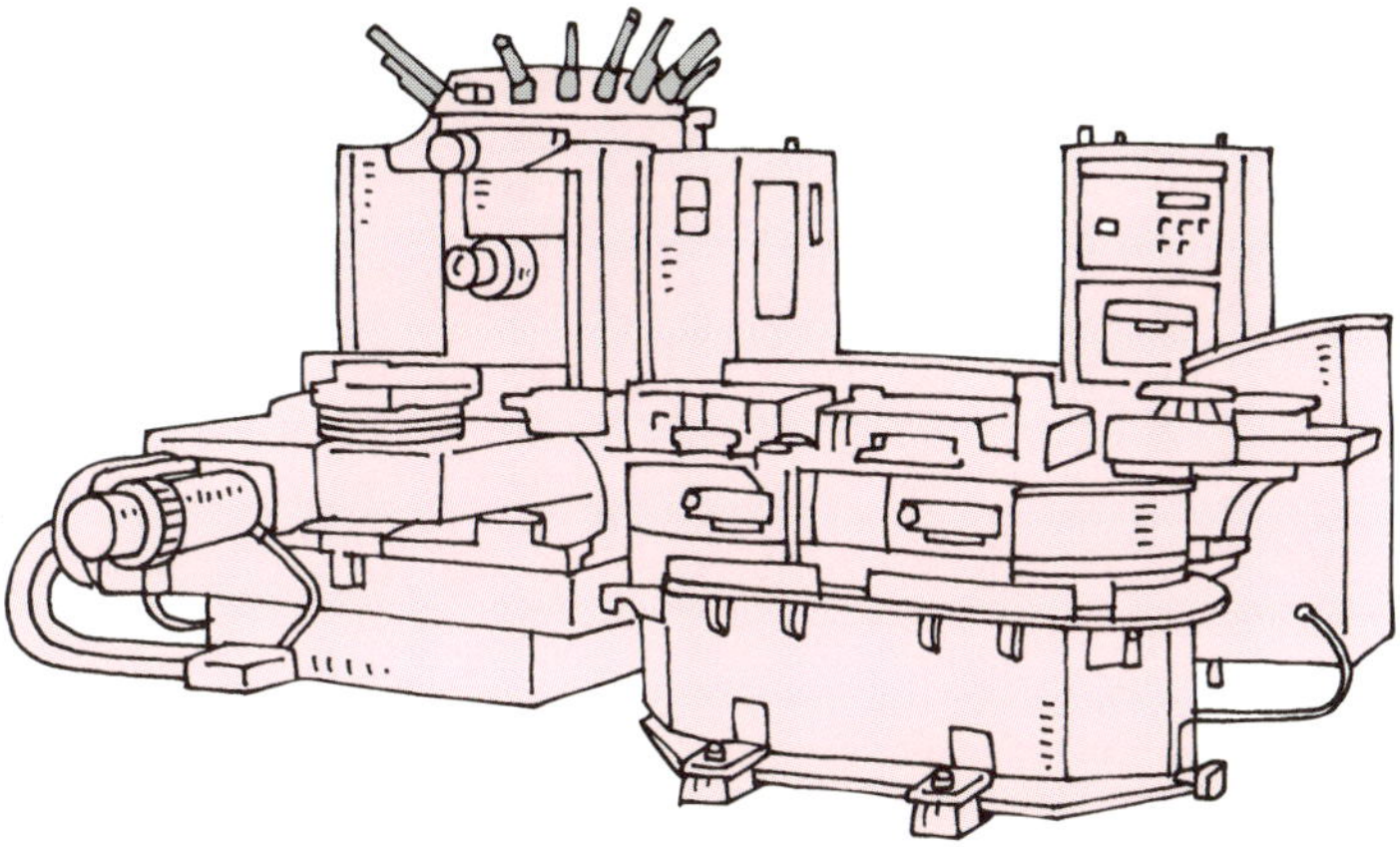

用語解説

マシニングセンタ：自動工具交換装置を備え、工作物の取付けを変えずに、いろいろな加工ができるNC工作機械

6 自動車と切削

高精度の加工が要求される自動車部品

日本の代表的な産業と言えば自動車ですね。自動車のエンジンは、シリンダの内部で燃料と酸素を燃やし、その爆発でピストンを往復運動させて動力を生み出すものです。

ピストンは、燃料の爆発により、高温・高圧にさらされます。同時に爆発の圧力を素早く動力に変換する必要があります。そのため、軽量のアルミニウム合金が用いられています。

ピストンの往復運動は、コンロッド（連結棒）とクランクシャフト（出力軸）により、回転運動に変換されます。クランクシャフトには変動する大きな力が作用するので、素材として強靭な鋼材が用いられています。

クランクシャフトにより変換された回転運動は、トランスミッション（変速装置）の働きにより、回転速度や回転力に変換されます。そして、この変換された回転運動は、プロペラシャフト（自動車の推進軸）とディファレンシャル（差動装置）を経て、駆動軸に伝達されます。

このような自動車部品の一連の動きがスムーズに行われることにより、自動車の走行が可能になっています。そのため、このような主要部品には、精度の高い加工が必要とされています。

たとえば、シリンダブロックのような機械部品には、正面フライス削り、エンドミル削り、中ぐり、穴あけ、およびねじ立てのような切削が行われています。

このように自動車には約３万個の部品が使用されており、それらの70～80％が約１７０～１８０社のサプライヤと呼ばれる企業により製作されています。

自動車産業は総合的な組み立て産業と言われており、自動車部品会社から納入されるこれらの部品を同期して、効率よく組み立てることにより、多品種・少量生産で車の製造を行っています。

このように（日本を代表する）自動車産業は高精度な切削加工技術に支えられているのです。

要点BOX

- ●自動車では約3万個の部品が使用される
- ●部品はフライス削り、中ぐりなどの加工が必要
- ●部品の一つひとつがスムーズに動くこと

自動車とその部品

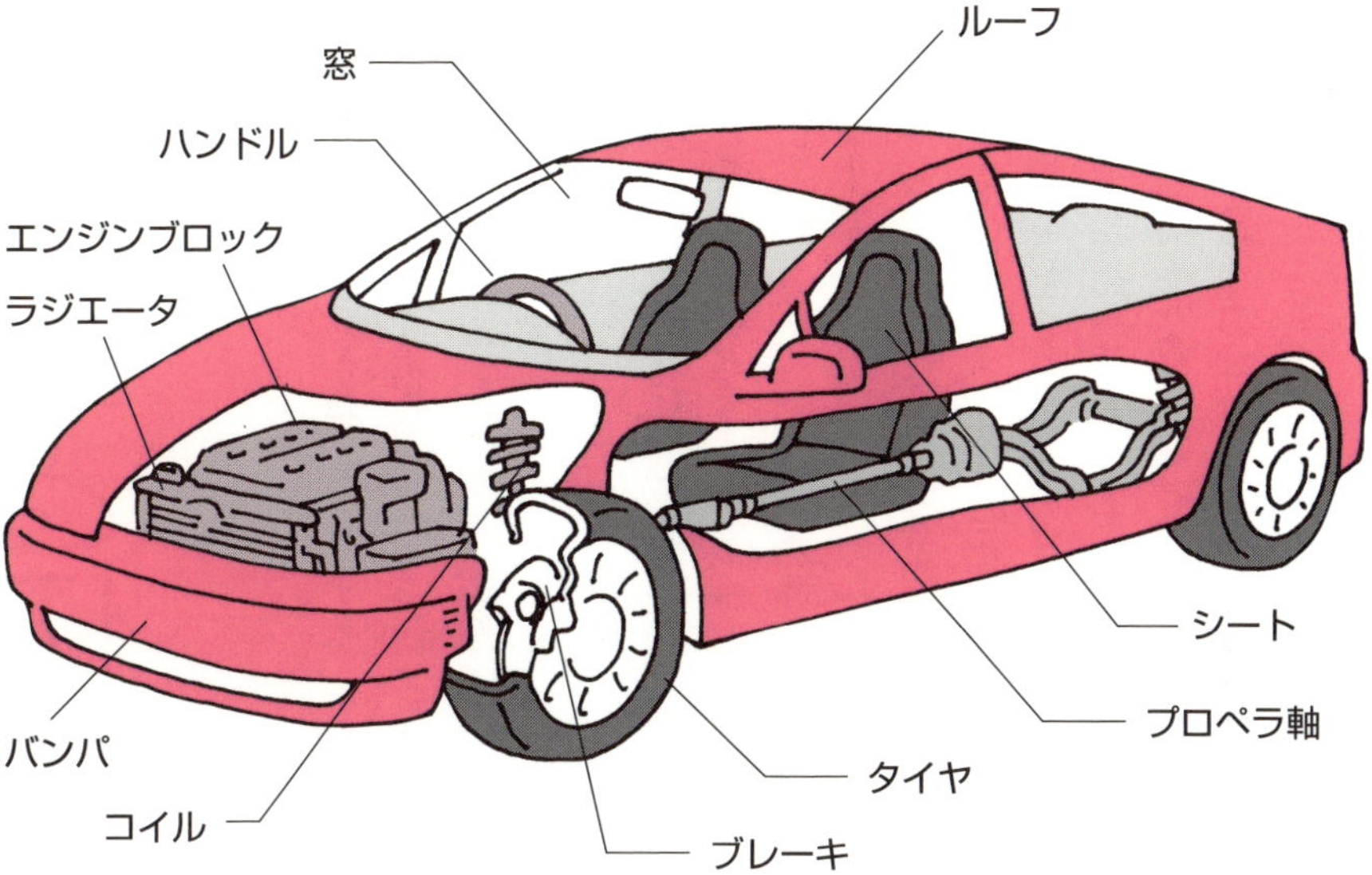

自動車の動く仕組み

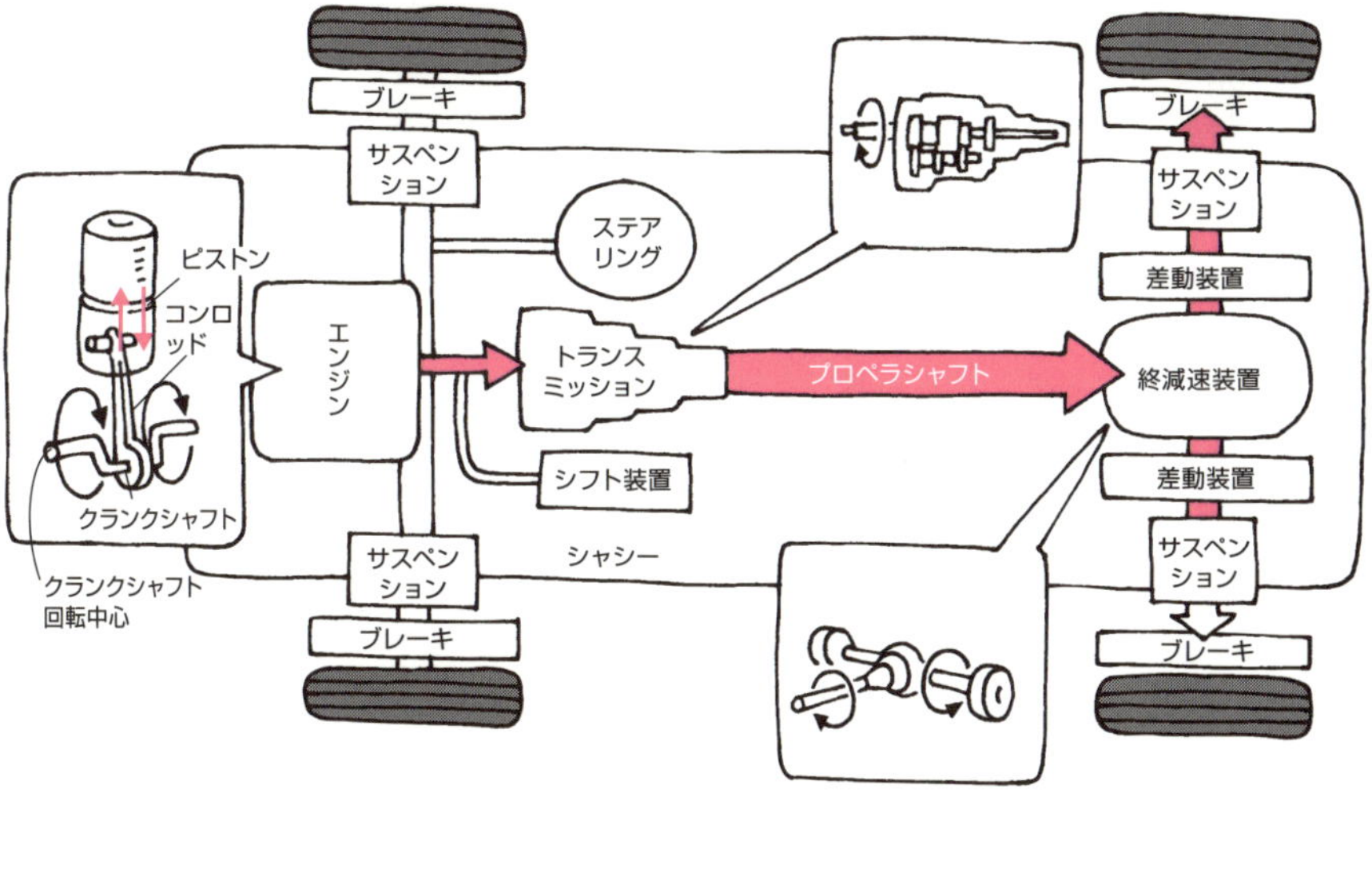

7 金型と切削

金型には切削が必要

切削の代表例として金型を見てみましょう。

金型はCAD（コンピュータ援用設計）などにより設計された形状を、具体的な製品の形に再現するための転写工具です。

たとえば、自動車のドアーなどの板金部品はプレスと金型を用いたプレス成形で作られています。日本の自動車用鋼板は非常に薄いんです。成形時に破損したり、しわがよったりしないのは、板材の品質と金型の製造技術の高さを示しています。

またビールのアルミ缶なども絞り型を用いた絞り加工で作られています。あの長いビール缶がアルミの板から、破損せずに、成形されているのは驚きですね。これも金型の製造技術の高さを示すものです。

これらのほか、デジタルカメラなどの非球面レンズを作るための射出成形用の金型など、日本の金型製造技術は非常に高く、これをサポートしているのが切削です。

次に身近な例としては、コンビニで売っているペットボトルや弁当（箱）があります。ペットボトルはブロー成形という方法で作られています。金型の中にプラスチック板をセットし、そしてそれを加熱した後、空気を送り込み、加圧すると、その板が金型形状に成形されます。

同様にプラスチック製の弁当箱は真空成形という方法で作られています。この場合もプラスチック板を加熱し、金型から空気を吸引すると、その板が金型形状に転写、成形されます。

コンビニで売っているペットボトルや弁当（箱）の種類は非常に多く、またそのモデルチェンジも頻繁に行われています。そのため金型をいかに早く作るかがポイントになっています。

このように日常生活を見ると、金型を用いて作られている製品が非常に多くあります。そしてこの金型を作るのに必要なのが、切削なのです。

要点BOX

- 板金部品の成形に必要な金型
- アルミ缶もペットボトルの成形にも金型
- 金型制作のスピードと製造技術の高さが必要

プレス加工

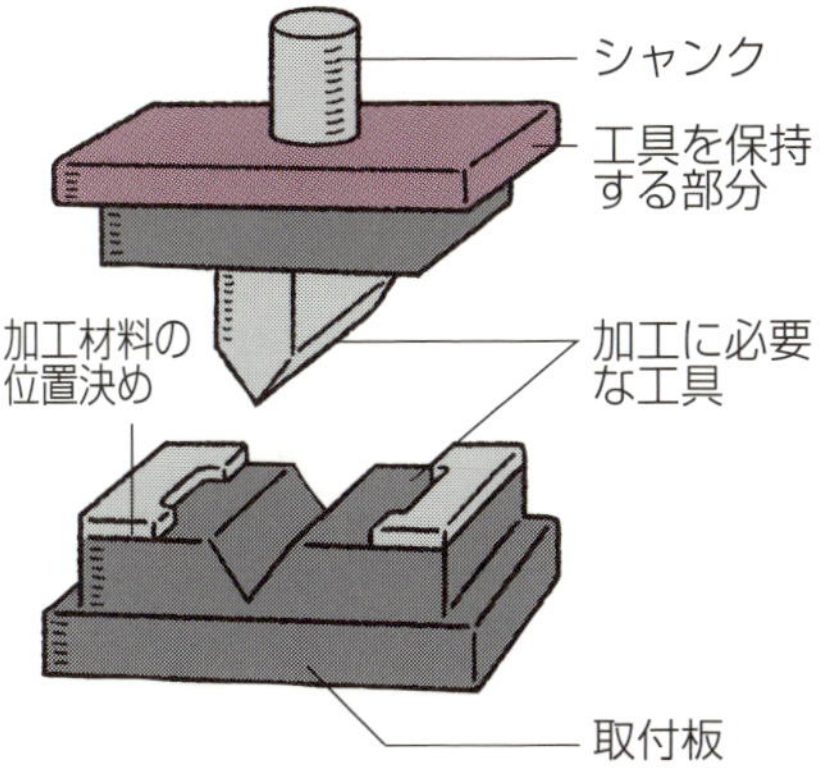

絞り加工

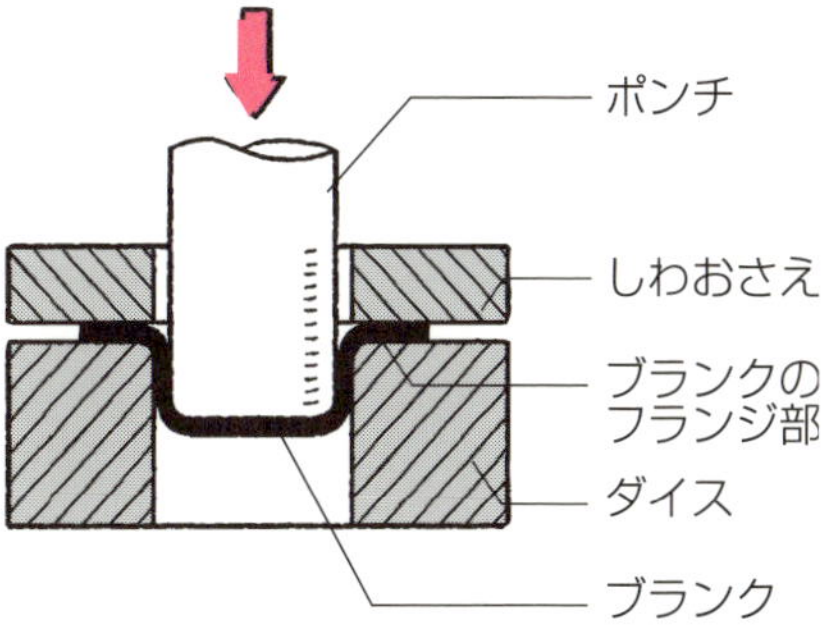

プレス成形例

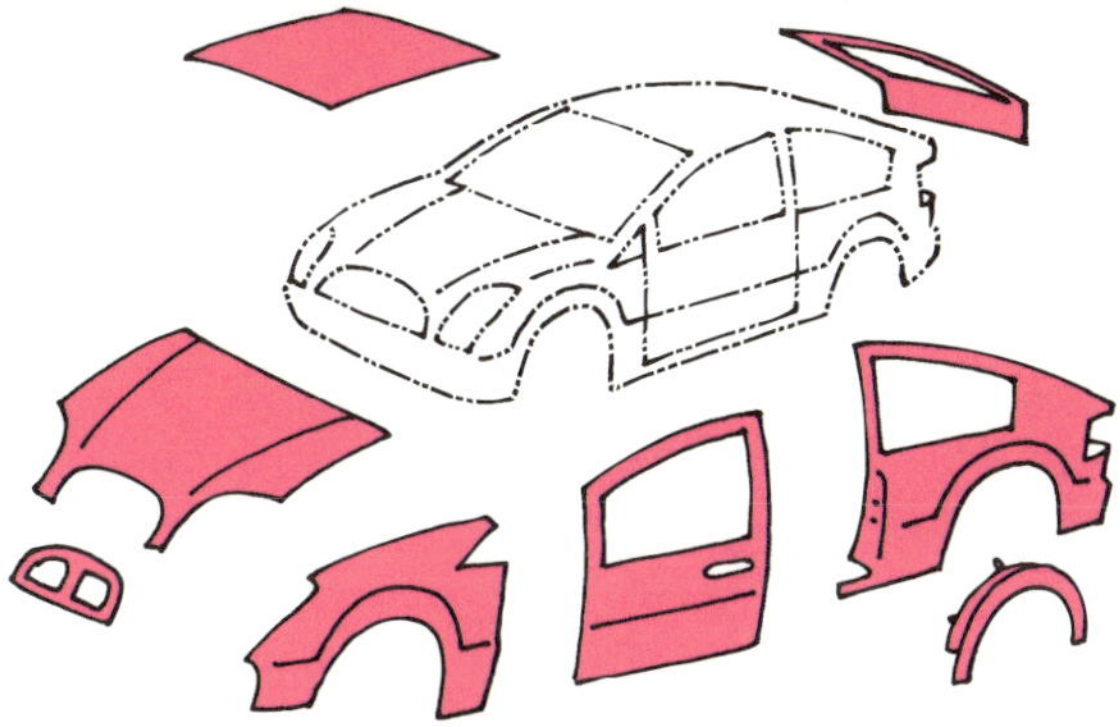

ブロー成形

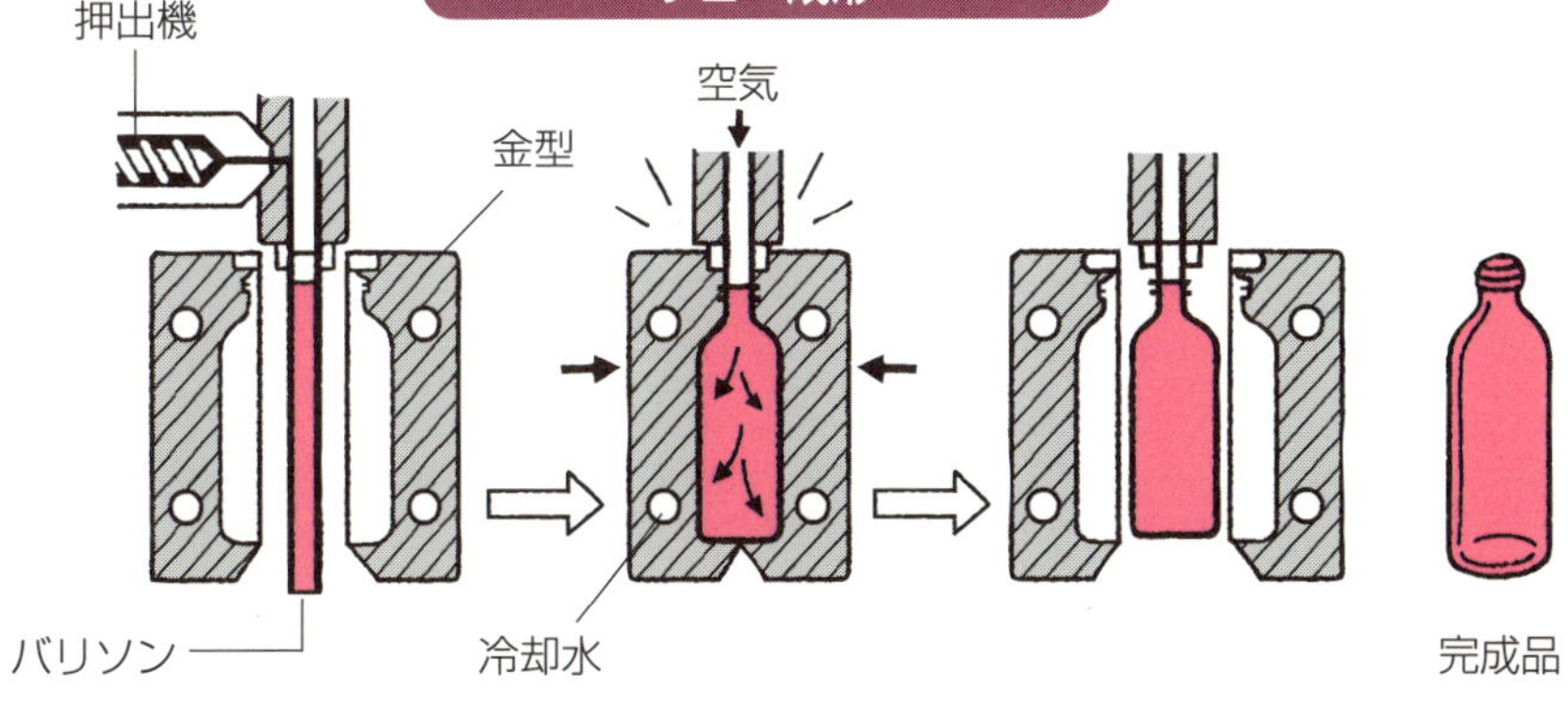

8 バイト（刃物）とその各部の名称

バイトを使いこなすために各部の名称を覚えよう

カンナで木材の表面を削るときのような切削において、とくに大切なのが刃物のすくい角と逃げ角です（9参照）。

バイトの切れ刃先端で工作物に対し垂線を立て、その線とすくい面とのなす角をすくい角と呼びます。バイトのすくい角には、上すくい角と横すくい角があります。

このすくい角は刃物の切れ味を決定する最も大切な角度です。すくい角が大きくなると、刃先がシャープになり、切れ味がよくなります。しかしながら刃先の強度が低下するので、切削する材料によって、その角度に限界があります。

通常、軟質の材料にはすくい角を大きく、また反対に硬質の材料には小さくします。同様に、バイトの逃げ角にも前逃げ角と横逃げ角とがあり、それぞれ仕上げ面と工具逃げ面とのなす角を示し、それらの間の隙間を作り出すものです。

そして逃げ角は、すくい角に次いで重要なもので、その角度が小さいと、バイトの逃げ面が工作物と当たってしまい、刃物の切れ味が悪くなります。また切れ刃と工作物との摩擦により、工具摩耗も早くなります。

次にバイト各部の名称です。シャンクはバイトの柄で、この部分を旋盤の刃物台に固定します。またチップはバイトの先に付いた刃部となる小片材料です。バイトの主切れ刃（横切れ刃）は切りくずの生成に主たる役割を果たす切れ刃で、また副切れ刃（前切れ刃）は、切れ刃のうち、主切れ刃を除く部分です。そしてバイトのすくい面は、工作物から削り取られた切りくずが衝突し、流出する面です。

またバイトのコーナ（ノーズ）半径は、切れ刃角部の丸みの大きさで、切削時の工作物の表面あらさに影響します。

コーナ（R形状）半径が大きいほど、仕上げ面が良くなり、またその刃先が強くなります。

要点BOX

- ●重要な刃物のすくい角と逃げ角
- ●バイト各部の名称
- ●表面粗さに影響するコーナ半径

かんなで削る

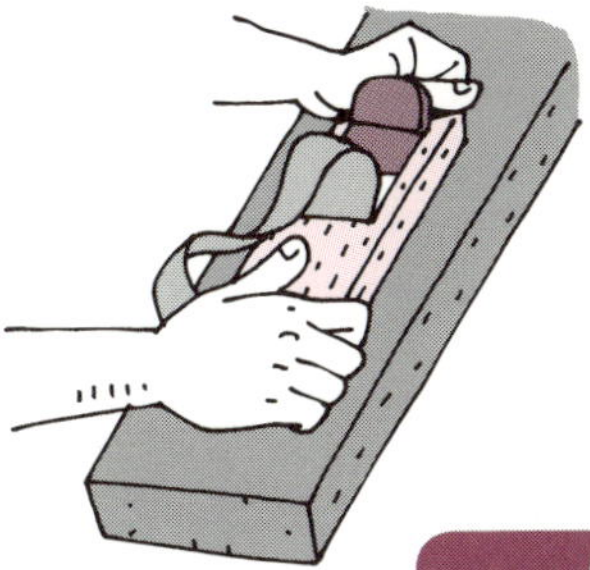

バイトの例

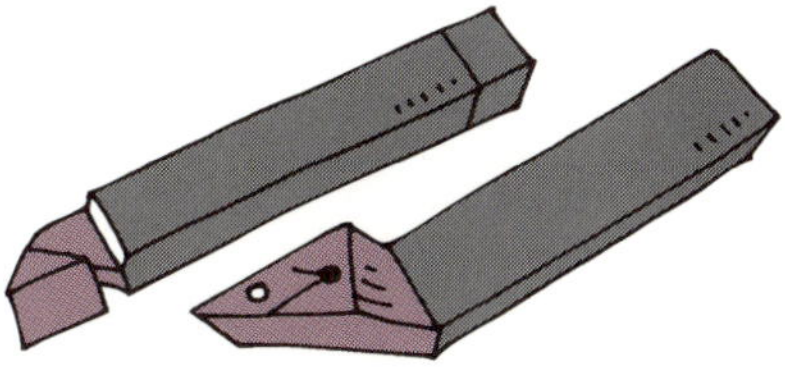

バイトを用いた旋削

バイト各部の名称

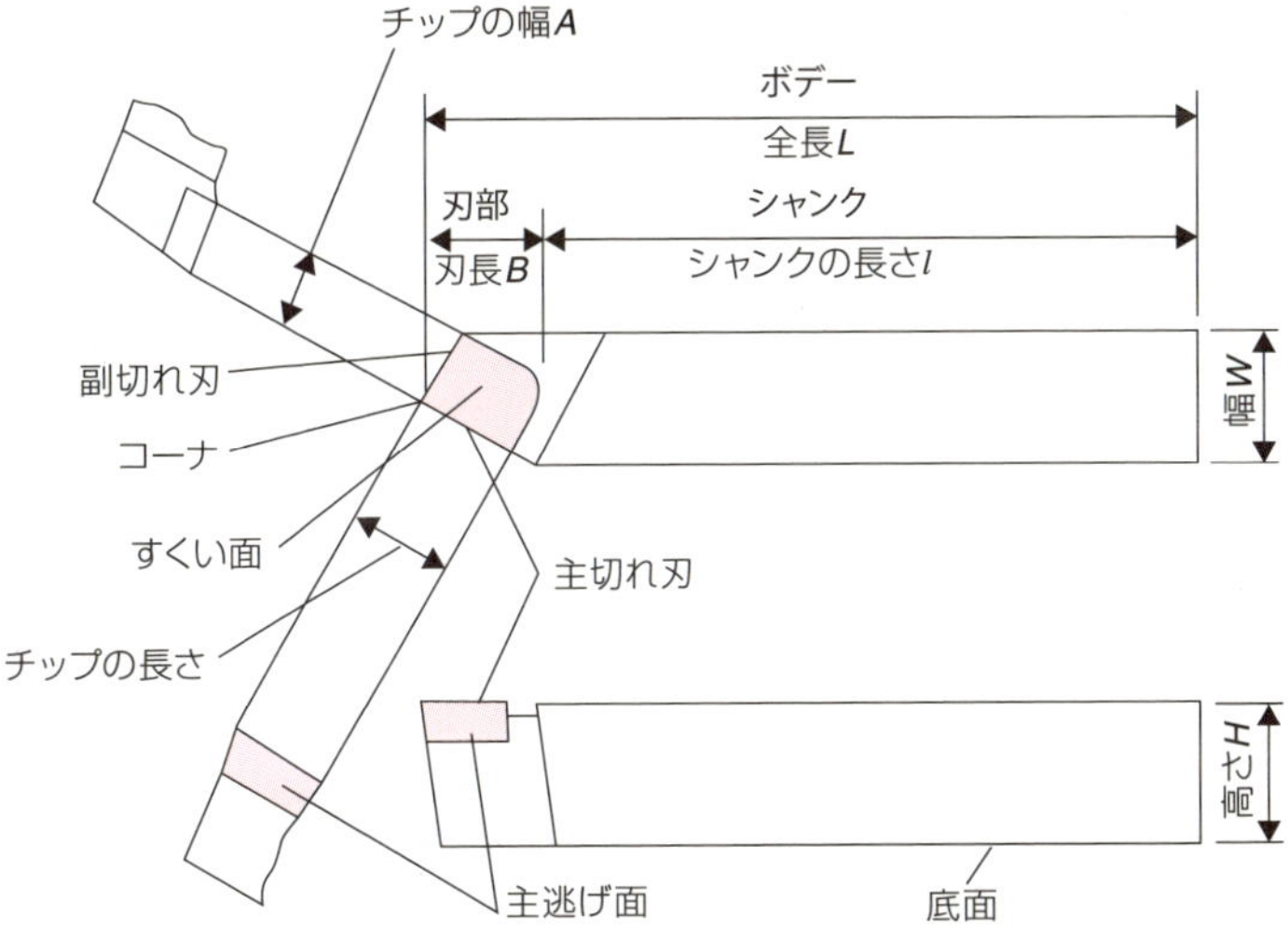

用語解説

バイト：シャンクの端に切れ刃をもつ切削工具で、オランダ語のbeitel（のみ）が語源と言われている

9 「切る」と「削る」は違う

「切る」と「削る」の違いを考える

一口に切削と言いますが、「切る」と「削る」には違いがあります。

鉛筆を削ると言いますが、鉛筆を切るとは言いません。またカンナで木材を削ると言いますが、カンナで木材を切るとは言いません。

では「切る」と「削る」にはどのような違いがあるのか考えてみましょう。シャープな包丁《ほうちょう》でリンゴの皮をむき、その皮をリンゴに巻き付けると、元の形に戻ります。

ではリンゴが鋼材でできていたらどうでしょう。この場合は、シャープな包丁だと、刃先が弱いので、すぐに破損してしまいます。そのため鋼材のリンゴの皮をむくには、刃物が破損しないように、バイト（切削工具）を用います。この場合は、リンゴの皮を巻き付けても、リンゴは元の形には戻りません。

シャープな包丁でリンゴの皮をむく場合が「切る」で、バイトで鋼材のリンゴの皮をむく場合が「削る」と言えます。

すなわち切削において、切りくずが変形し、その組織も変化する場合が「削る」で、切りくずが変形せず、またその組織も変化しない場合が「切る」です。

通常、鋼材の工作物をバイトで切削すると、切り込みの約3倍の厚さの切りくずが生じます。このように通常の切削では、切りくずが大きく変形し、またその組織も変化します。そして大きな切りくずの変形により、発熱もまた大きくなります。

この場合、刃先をシャープにする（すくい角を大きくする）と切りくずの厚さは小さくなります。そして切り込みと切りくず厚さが一致するときが、切りくずが変形しないことになるので、「切る」状態と言えます。

しかしながら鋼材などの切削では、シャープな刃物では、刃先が破損するので、どうしても「削る」ことになります。

要点BOX

- ●切りくずが変形し、その組織も変化—削る
- ●切りくずもその組織も変化せず—切る
- ●刃先をシャープにすると切りくずも薄くなる

リンゴの皮をむく

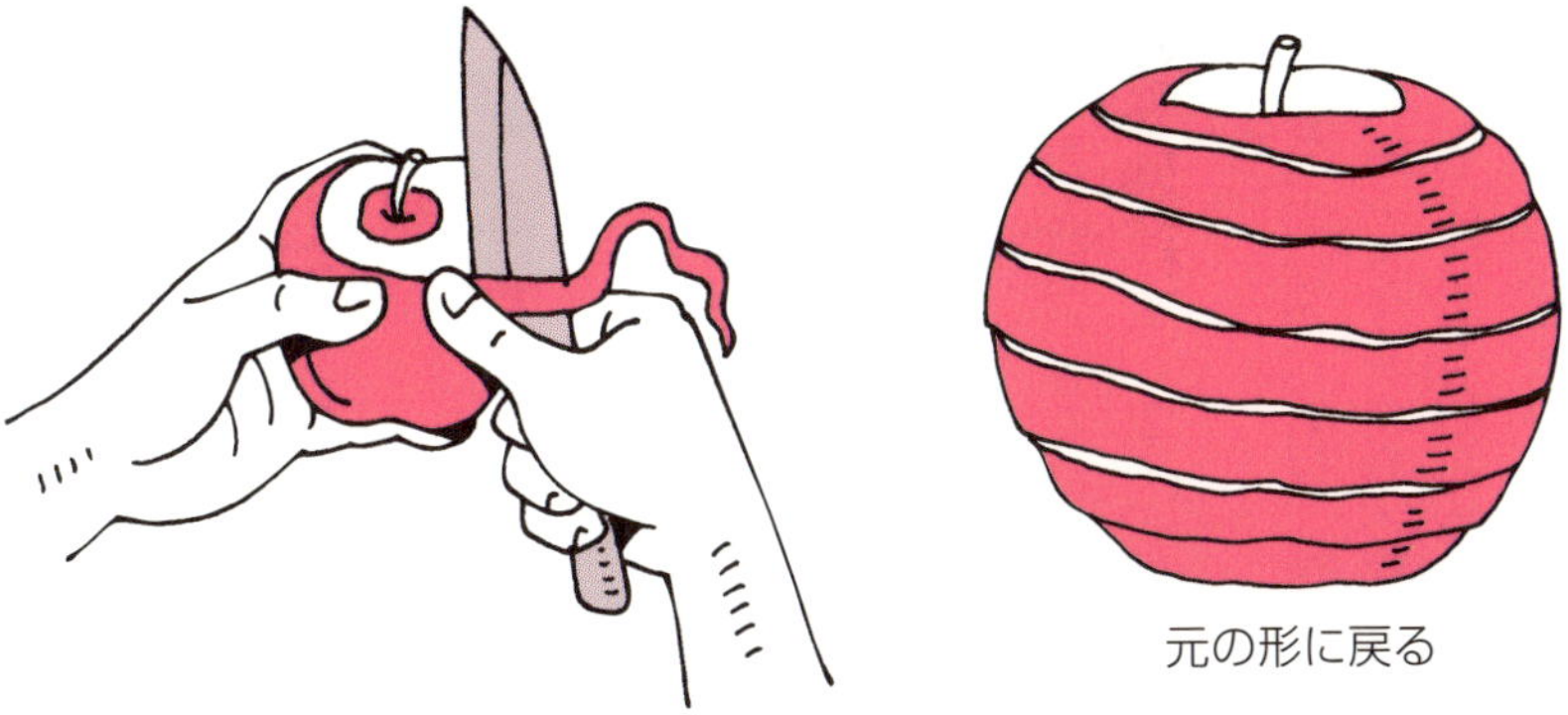

鋼材のリンゴを削る

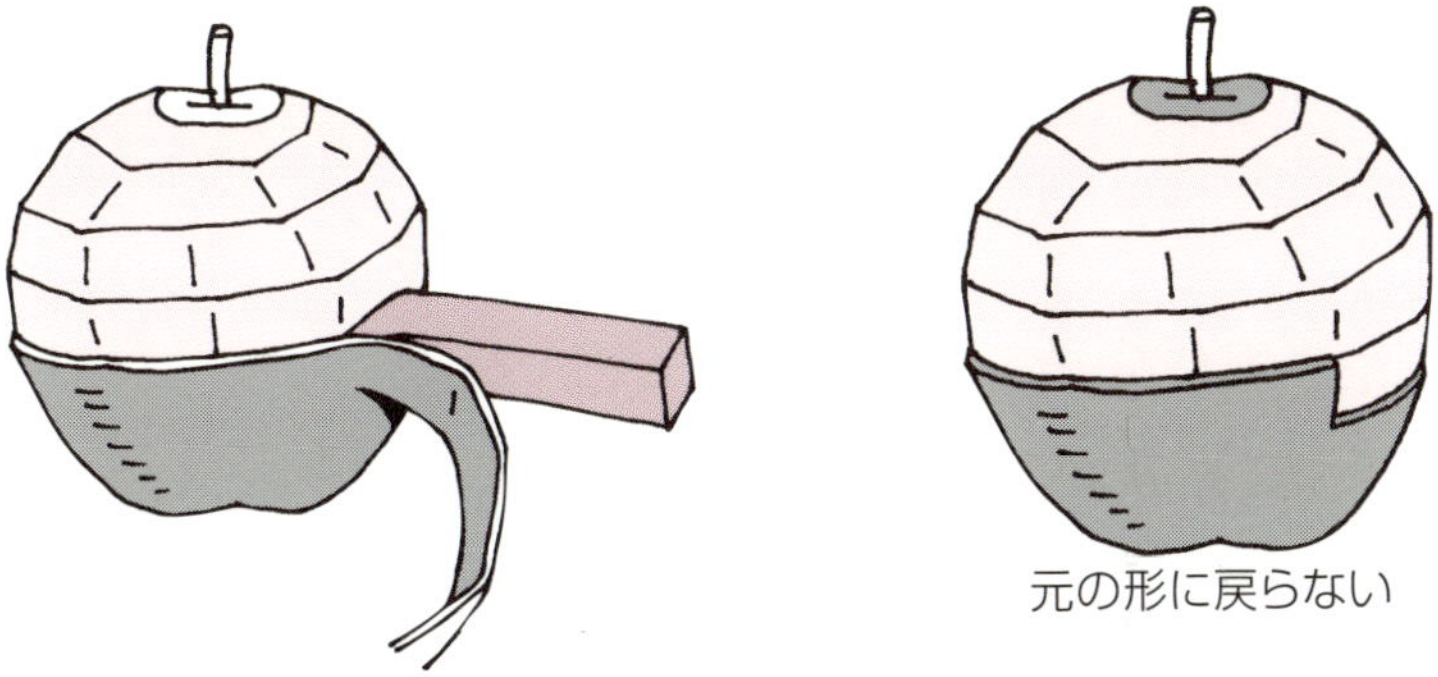

切りくずが変形する

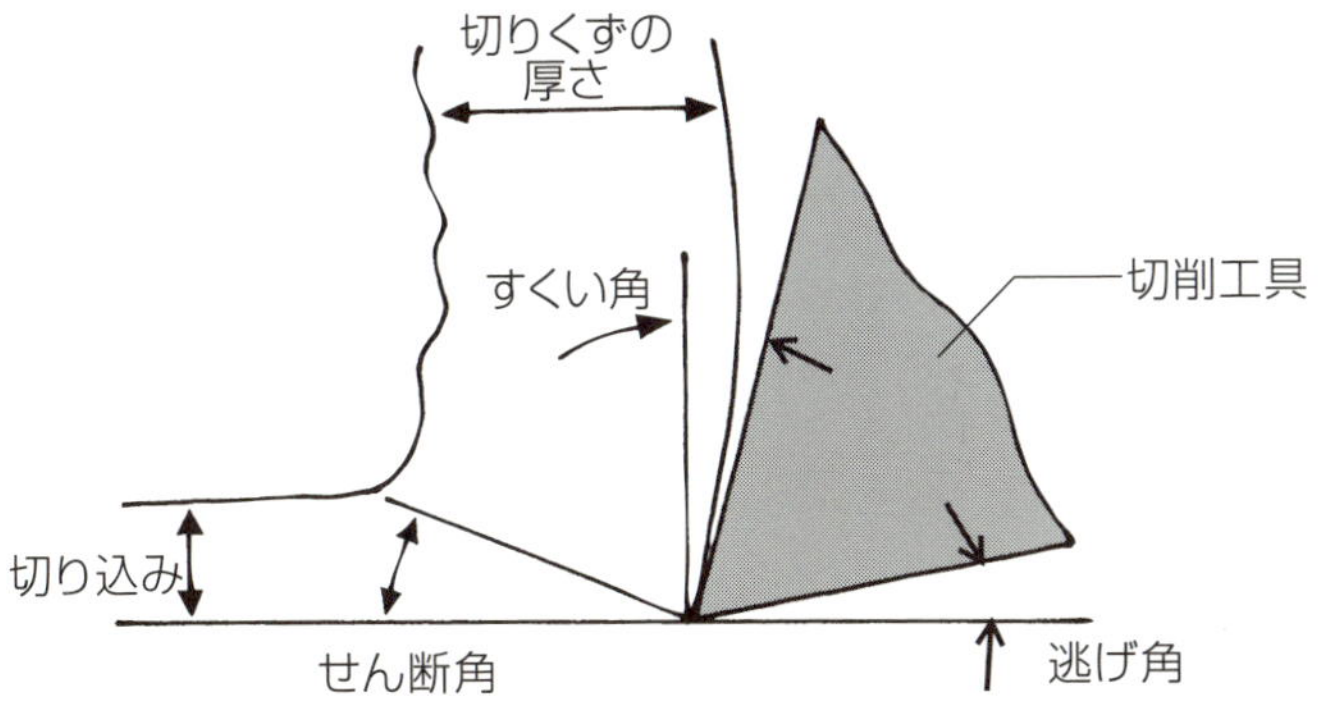

10 バイト（刃物）の切れ味とは

バイトの切れ味を見える化する

海苔《のり》巻きを包丁《ほうちょう》で切るときなど、この包丁は切れ味が良いとか、悪いとか言いますが、刃物の切れ味とは何でしょう。

摩耗したバイトを研ぎ直すと、切れ味が良くなります。この場合の切れ味とは、刃先の鋭さを言っています。鋭利なバイト（すくい角が大きい）で鋼材などの工作物を切削すると、薄くて長い切りくずが流出します。

一方、すくい角の小さなバイトで切削すると、同じ切り込みの場合でも、厚くて短い切りくずとなります。

しかしながら刃物の切れ味、あるいは刃先の鋭さと言っても、コンピュータや新人の作業者には理解できませんね。ではバイトの切れ味を数値化、あるいは定量的に表現するにはどうしたらよいでしょう。

そこでバイトで工作物を切削しているときの材料の変形する様子を映像で見ると、その刃先近傍で、材料にせん断変形が生じていることが観察されます。このせん断変形とは、四角形のマッチ箱が平行四辺形になるような変形です。

バイトの刃先近傍でせん断変形を生じている面をせん断面とし、工作物の仕上げ面とのなす角を「せん断角」と呼べば、このせん断角の大小により、刃物の切れ味の善し悪しを表現することができます。

バイトのすくい角が小さいと、切削時のせん断角が小さく、厚い切りくずが流出します。一方、すくい角を大きくし、刃先を鋭利にすると、せん断角が大きくなり、薄くて長い切りくずが出ます。

切削時に切りくずが大きく変形すると、切削抵抗が大きく、また発熱量も大きくなります。

そのため、せん断角が大きなときがバイトの切れ味が良い状態です。そしてこのせん断角は、バイトのすくい角、切り込みおよび切りくず厚さより、計算することができます。

要点BOX

- ●バイトの切れ味の数値化
- ●せん断角の大小で切れ味の善し悪しを表現
- ●せん断角は計算できる

のり巻きを切る

研削したバイト

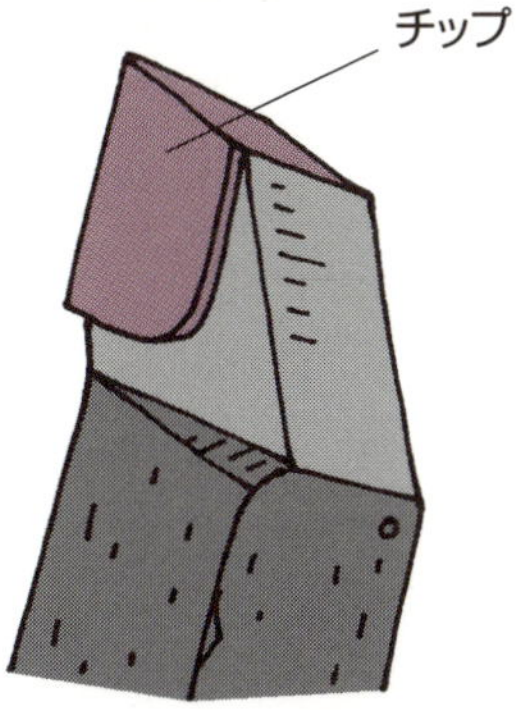

薄くて長い切りくず

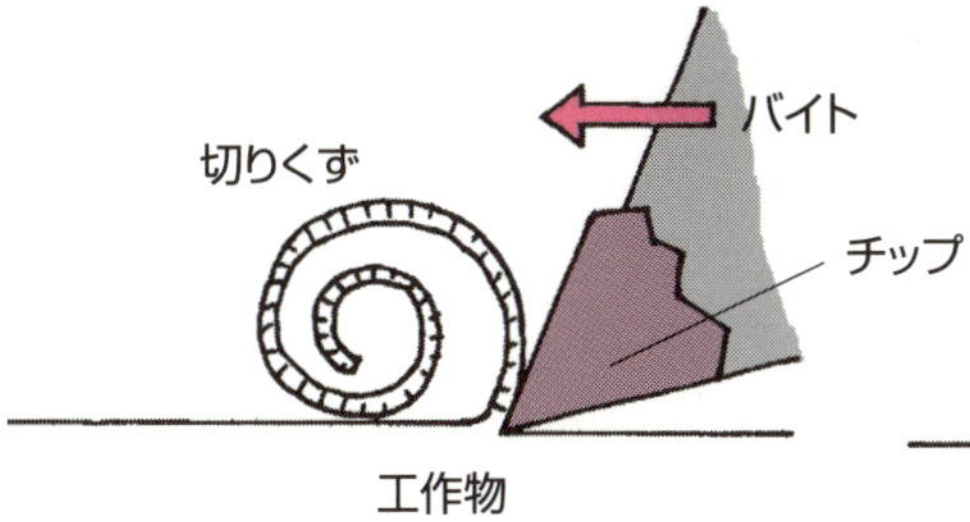

切れ味が良い

厚くて短い切りくず

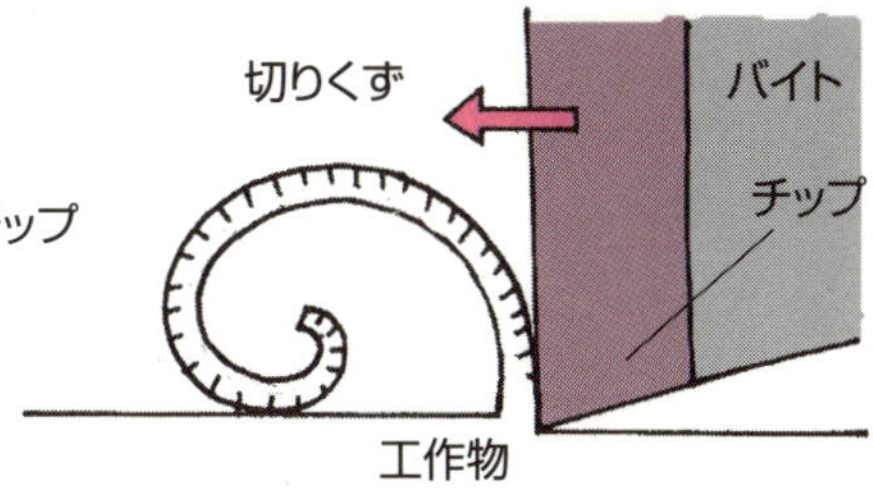

切れ味が悪い

せん断角とは

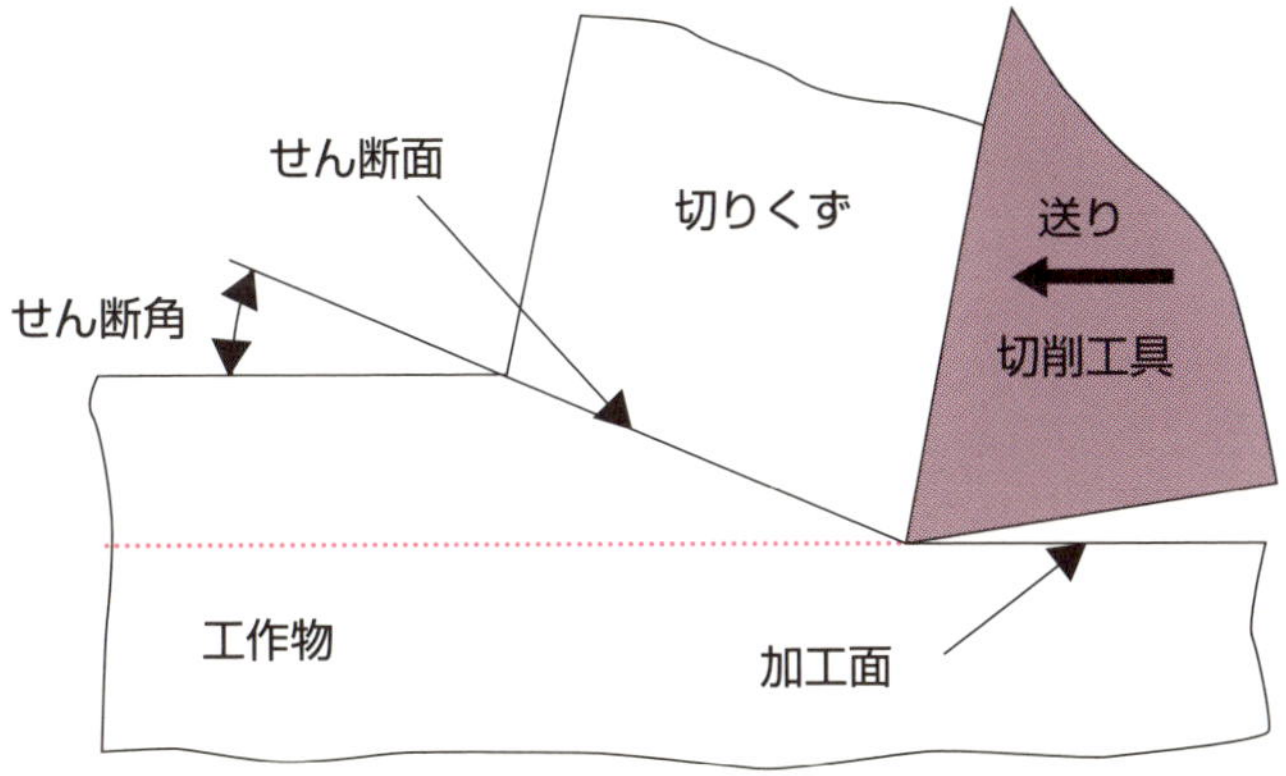

せん断角の大小で
刃物の切れ味を表現。
せん断角大→バイトの
切れ味が良

（中村）

11 刃物の切れ味を良くするには！

すくい角を大きく、切削速度を速く、そして潤滑

切削時に刃物の切れ味を良くするにはどうしたらよいでしょう。

まずバイトを研いで、その刃を鋭利にすることですね。ではバイトで鋼材工作物を旋削する場合のすくい角とせん断角の関係を見てみましょう。

すくい角が10度のとき、せん断角は約9度で、厚い切りくずが流出します。そこですくい角を大きくし、20度にすると、せん断角が約16度と大きくなり、薄い切りくずが流出するようになります。

このようにバイトのすくい角を大きくし、その刃先を鋭利にすると、切れ味が良くなります。

これは、刃物が破損しない範囲で、そのすくい角を大きくした方が、切れ味が良くなるということです。

次に切削速度です。昔、巨人軍の王選手が、麦わらの束を日本刀で切って、練習をしたそうです。調子の良いときは、日本刀で麦わらの束が、すぱっと切れますが、調子が悪いと切れなかったそうです。すなわち、日本刀のヘッドのスピードが速いほど、その切れ味が良く、麦わらの束が切れたのでしょう。

そこで切削速度とせん断角の関係を見てみることにします。

超硬バイトで鋼材を切削した場合、切削速度が１００ｍ／minの場合は、せん断角が約21度ですが、切削速度を高くし、２００ｍ／minにすると、その値は約25度となり、薄い切りくずが流出し、切れ味が良くなります。

このように超硬バイトで鋼材などを切削する場合、切削速度を高くした方がその切れ味が良くなります。

そして次が潤滑です。切削時には、バイトのすくい面は流出する切りくずにより摩擦されます。そのため切削時にバイトに切削油剤を供給した方が、潤滑効果により、その切れ味が良くなります。

このように切削時に刃物の切れ味を良くするには、すくい角、切削速度および潤滑が重要です。

要点BOX

- ●すくい角とせん断角の関係
- ●切削速度とせん断角の関係
- ●切削時はバイトに切削油剤を

すくい角とせん断角

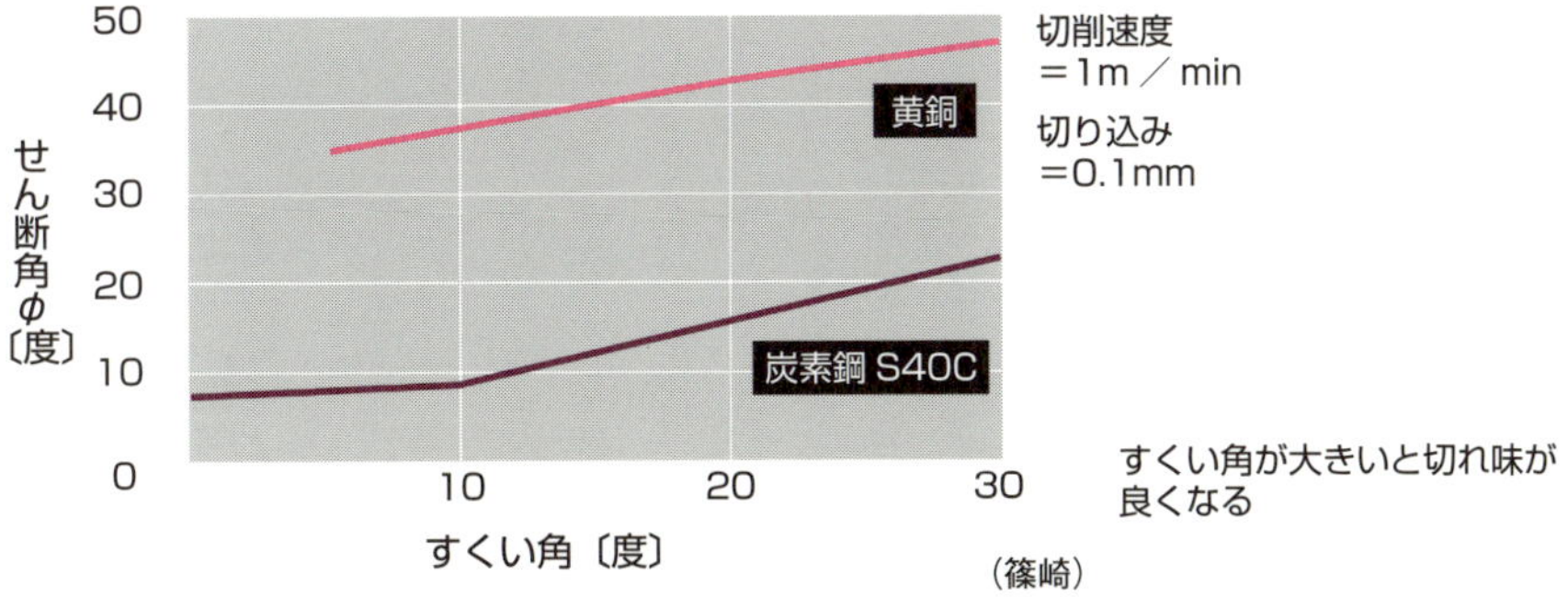

切削速度とせん断角

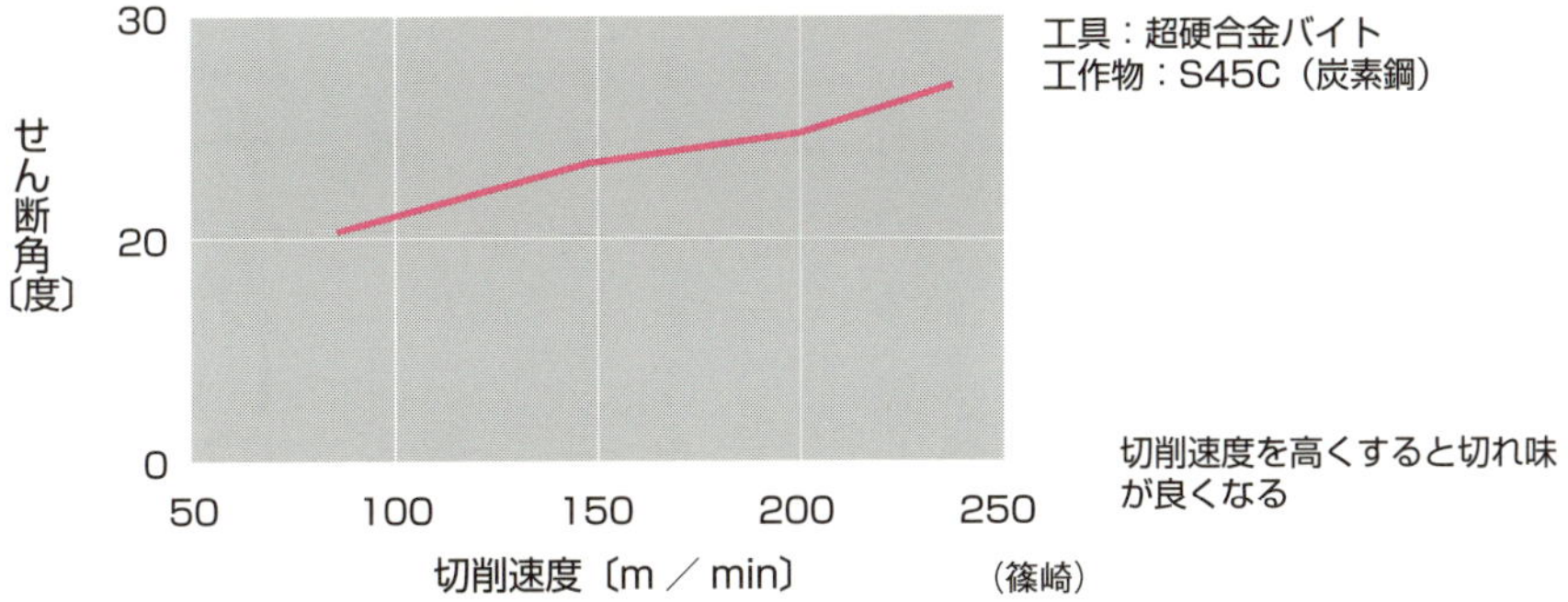

切削油剤の供給

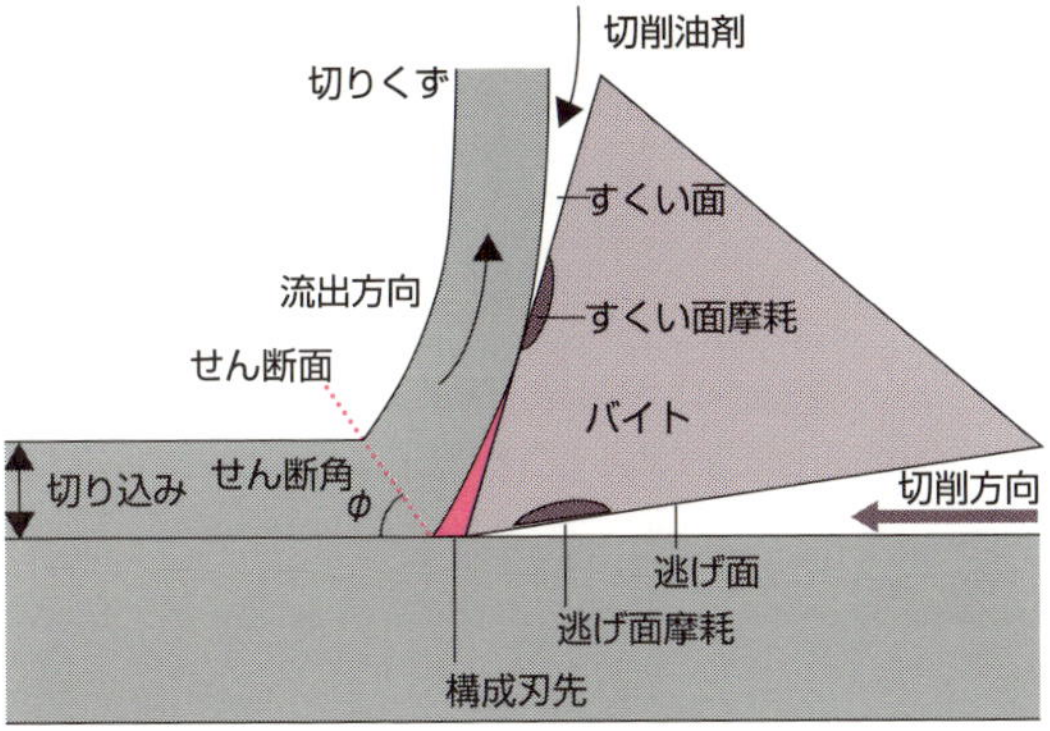

潤滑効果

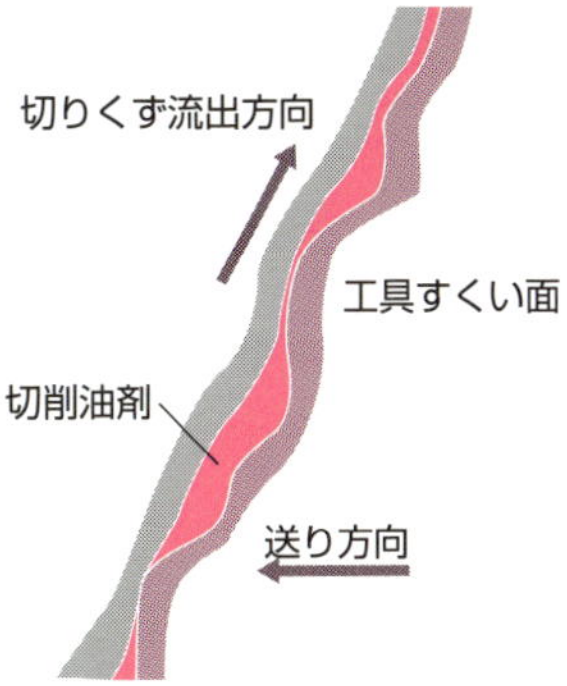

用語解説

せん断角：せん断面と切削方向のなす角

12 バイトには高温高圧が作用する

切削工具には高温・高圧に強い材料を

旋盤を用い、バイトで工作物を切削する場合を考えて見ましょう。

旋削時の切り込みと送りの積は切削断面積となります。たとえば、切り込みを２・５㎜とし、送りを０・４㎜／revとすれば、切削断面積は１㎟となります。

また工作物の強さは、材料によって決まっています。材料のカタログなどを見ると、破壊強さが載っているでしょう。しかしながら、旋削などの場合は、送りによって材料の強度が変化します。

この現象は寸法効果と呼ばれています。すなわち、除去される材料の体積が大きいと、そこに含まれる欠陥も大きくなり、その材料の強度が低下するのです。

そこで旋削時には、工作物材料の破壊強度に代わり比切削抵抗（単位切削断面積当たりの主切削抵抗）が用いられています。

たとえば、工作物が中鋼で、送りが０・４㎜／revならば、比切削抵抗は２４５０Ｎ／㎟となります。

ではこのときの切削抵抗を求めてみましょう。この場合、切削断面積は１㎟なので、バイトの刃先には２４５０Ｎ、約２５０kgfの切削力が作用します。切削では、バイトの刃先、約１㎟に約２５０kgfの切削力が作用するなんて驚きですね。

またそのとき、バイトは非常に高温にさらされます。せん断による切りくずの変形、工具すくい面と切りくずの摩擦、そしてバイトの逃げ面と工作物の摩擦による発熱により、バイトの刃先は非常に高温になります。通常、切削温度は熱電対を用いて測定されています。たとえば、切削速度が１００ｍ／minで、送りが０・４㎜／revの場合、その平均的な切削温度は約９００度となります。

このように、超硬バイトを用いた通常の切削では、その刃先に非常な高温・高圧が作用しています。そのため切削工具には、硬さとともに、高温・高圧に強い材料が必要とされます。

要点BOX
- ●寸法効果で材料の強度が変化
- ●工作物材質と比切削抵抗の関係
- ●切削速度と切削温度

工作物材料と比切削抵抗

工作物材料	引張強さ〔MPa〕およびかたさ	各送りに対する比切削抵抗Ks〔N/㎟〕				
		0.1〔mm/rev〕	0.2〔mm/rev〕	0.3〔mm/rev〕	0.4〔mm/rev〕	0.5〔mm/rev〕
軟鋼	520	3610	3100	2720	2500	2280
中鋼	620	3080	2700	2570	2450	2300
硬鋼	720	4050	3600	3250	2950	2640
工具鋼	670	3040	2850	2630	2500	2400
工具鋼	770	3150	2850	2620	2450	2340
クロムマンガン鋼	770	3830	3250	2900	2650	2400
クロムマンガン鋼	630	4510	3900	3240	2900	2630
クロムモリブデン鋼	730	4500	3900	3400	3150	2850
クロムモリブデン鋼	600	3610	3200	2880	2700	2500
ニッケルクロムモリブデン鋼	900	3070	2650	2350	2200	1980
ニッケルクロムモリブデン鋼	352HB	3310	2900	2580	2400	2200
硬質鋳鉄	46HRC	3190	2800	2600	2450	2270
ミーハナイト鋳鉄	360	2390	1930	1730	1600	1450
ネズミ鋳鉄	200HB	2110	1800	1600	1400	1330

（三菱マテリアル）

切削速度と切削温度

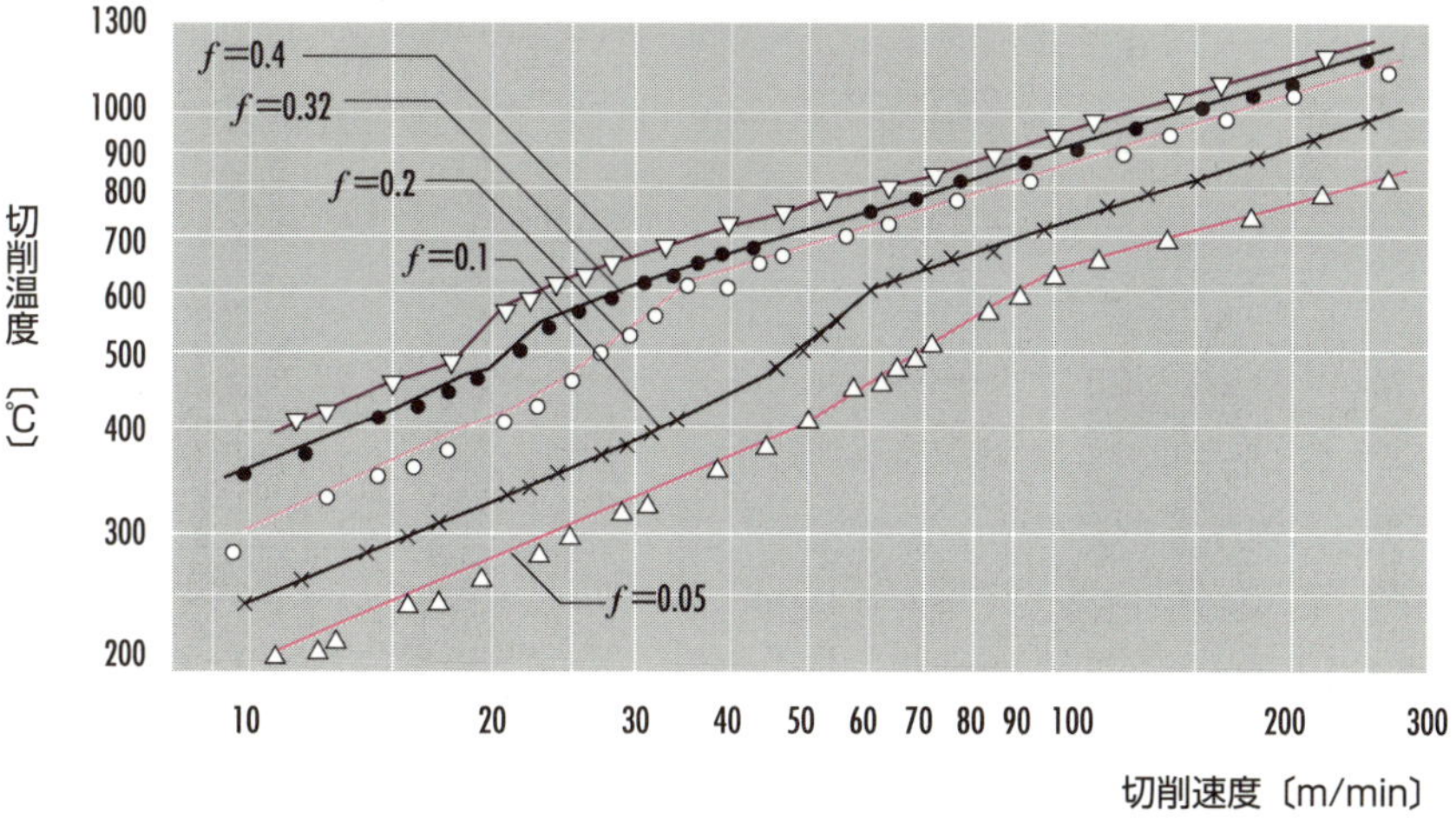

工作物：S55C　工具材料：超硬 P10　送り：変化（*f*）mm/rev

13 構成刃先とは

構成刃先の防止法

旋盤を用い、超硬片刃バイトで鋼材丸棒の端面を切削すると、切削速度の高い外周部近傍は光沢面になりますが、内周部は梨地《なし》になってしまいます。

その原因は構成刃先によるものです。工作物の中心部近傍では、バイト切れ刃の先端に、工作物の一部分が堆積し、刃先に代わって切削をします。この工作物の一部分がバイトなどの刃先に堆積した物を構成刃先と呼んでいます。そしてその構成刃先の角度は約30度です。

鋼材工作物の切削時には、構成刃先が発生し、次第に成長します。そしてその大きさが最大になると、分裂が始まり、そして脱落します。そのため、切削時の切りくずの面を見ると、その面に構成刃先が付着し、粗くなっています。一方、構成刃先が付着していない場合は、その面は滑らかです。

また、切削時にに構成刃先が付着すると、設定した切り込みよりも、その値が大きくなります。そして構成刃先の生成と脱落により、実際の切り込みがランダムに変化し、仕上げ面が梨地状になります。このように切削時に構成刃先が付着すると、工作物の表面粗さが悪化するので、通常の切削では、構成刃先の発生を防止する必要があります。

鋼材の切削では、高速で切削し、切削温度がその再結晶温度である６００度を超えるようにすると、構成刃先は消失します。

しかしながら、高速度工具鋼の場合は、切削速度を高くすると、刃先が軟化してしまいます。そのため構成刃先の角度が約30度であることを利用して、切削工具のすくい角をその値以上にします。

また刃先に振動を付加したり、切削油剤を用いて構成刃先の凝着を防止します。しかしながら、これらの方法では、切削時の構成刃先の付着を完全に防止することはできません。

要点BOX
- ●構成刃先生成と脱落
- ●構成刃先はなぜできる
- ●構成刃先を消すには

切りくずと構成刃先

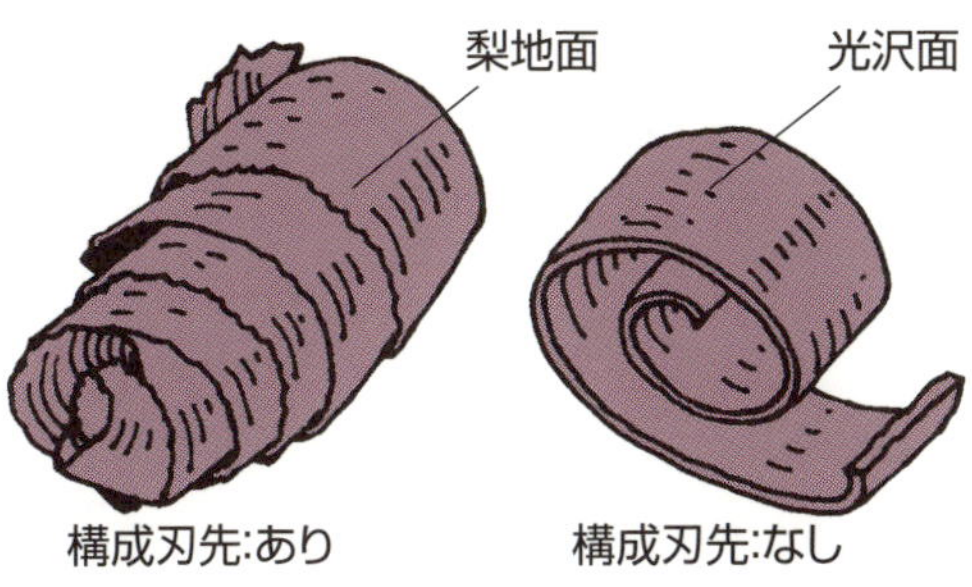

構成刃先の角度は約30度

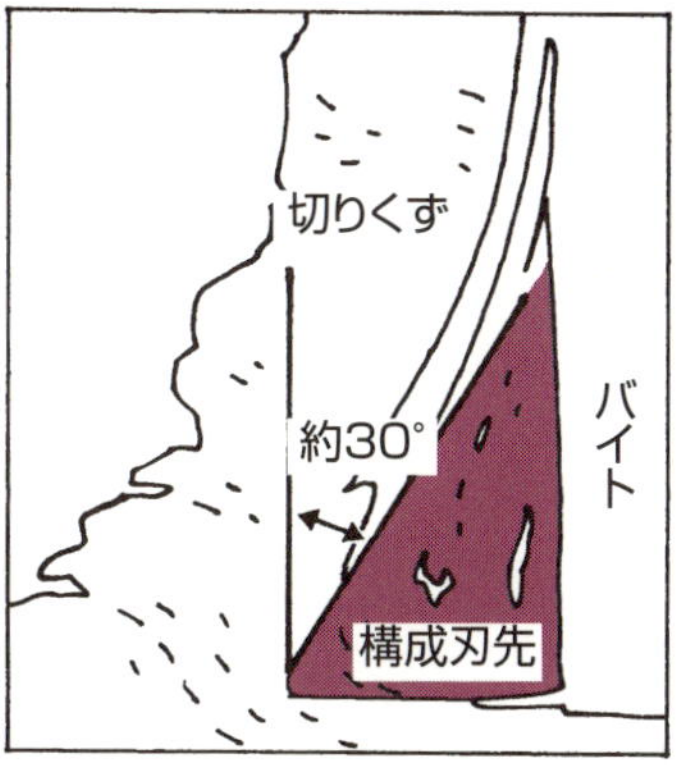

構成刃先の生成～脱落サイクル

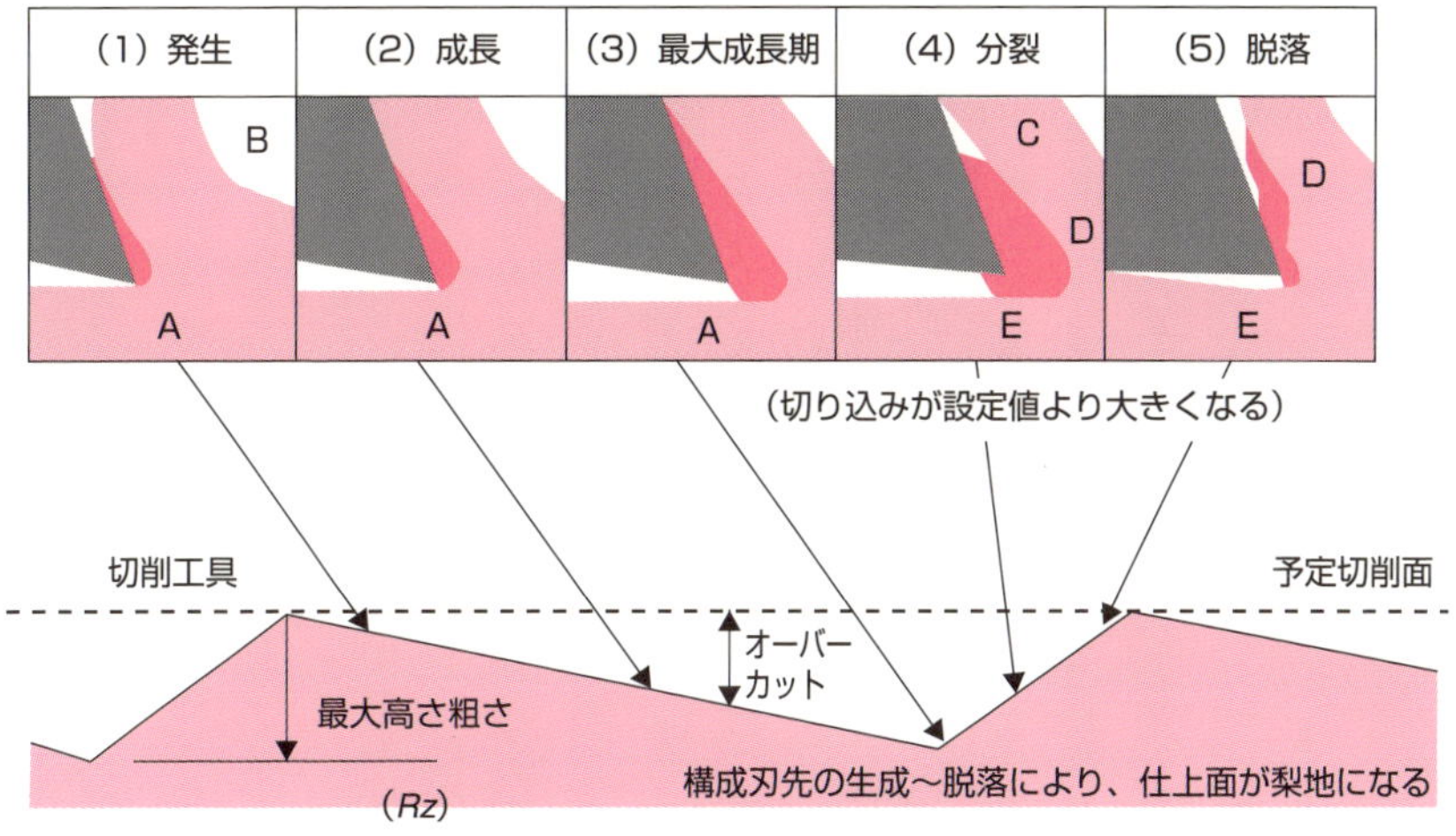

構成刃先を消すには

構成刃先を消す！

- 高速で切削し、切削温度を工作物の再結晶温度以上にする
- 振動を付加し、構成刃先の付着を防止する
- 切削工具のすくい角を 30 度以上にする（高速度工具鋼）
- 切削油剤を用い、切削工具と切りくず間に潤滑膜を作る

14 切削時の切りくずを観察しよう！

切りくずのいろいろ

各種材質の工作物を切削すると、いろいろな形態の切りくずが観察されます。

鋼材などの旋削時に最も多く見られるのが流れ形の切りくずです。この切りくずはバイトのすくい面に沿って連続的に流出します。そのため切削抵抗の変動が少なく、表面粗さも良好です。

また鋳鉄や黄銅などの切削において見られるのがせん断形の切りくずです。この場合は、断片的な破片が滑りによって生じ、バイトのすくい面に沿って連続的に流出します。そのため流れ形と比較し、せん断形は切削抵抗の変動が多少大きく、仕上げ面もまた粗くなります。

むしり形の切りくずは鉛などの延性材料を切削する場合によく見られるもので、バイトのすくい面に材料が粘着し、き裂が刃先先端より下方に生じ、分離するものです。そしてき裂形はバイトのすくい面で材料が圧縮され、き裂が刃先の前方に生じて分離するものです。

このように工作物材質や切削条件によっていろいろな形態の切りくずが生じます。たとえば、同じ流れ形の切りくずであっても、その形状や色に違いがあります。

鋼材旋削時には、もつれ形、長いらせん形および短いらせん形などが生じます。またその色も茶、青およびに紫などいろいろです。

鋼材切削時の切りくずの色は、酸化膜の厚さによる干渉色で、切削温度に依存します。酸化膜が厚いと青色に、また薄いとわら色になります。そのためバイトの切れ味が良いときは、切削温度が低いので、わら色に、また悪くなると、温度が高くなり、順次、青色に変化します。

このように切りくずの形状、色および裏面状態などを見れば、切削状態の善し悪しが分かります。

要点BOX

- ●すくい面に沿って流出する流出形切りくず
- ●同じ流れ形でも形状や色に違いがある
- ●切りくずの形状、色から切削状態が分かる

いろいろな切りくず

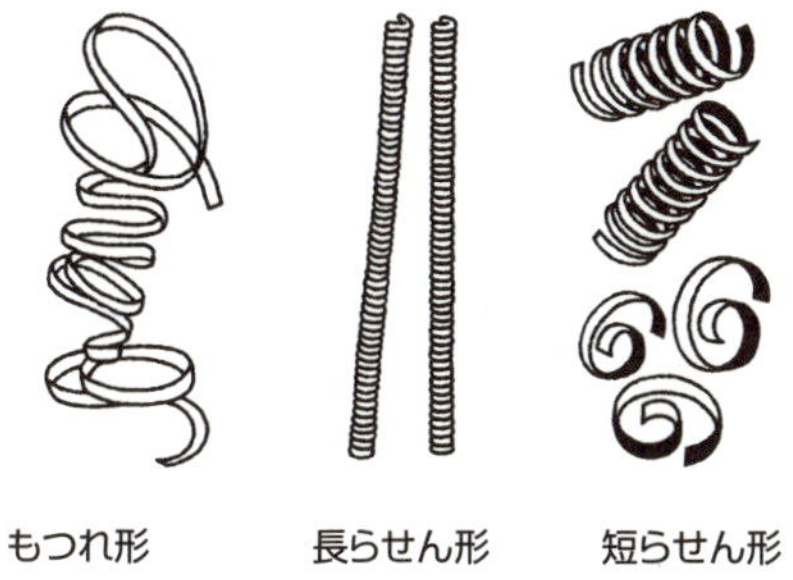

切りくず形態

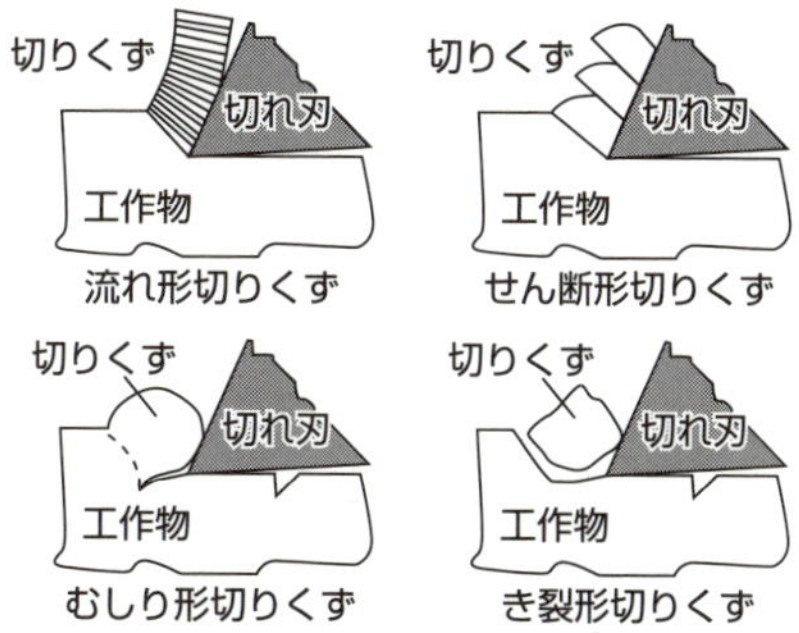

切削条件と切りくず形態

切りくず形状			
	流れ形	すくい角:大、切り込み、送り:小、切削速度:高	軟鋼
	せん断形	すくい角:小、切り込み:大	鋳鉄、黄銅(4:6)
	き裂形	すくい角:小、切削速度:低	鋳鉄
	むしり形	すくい角:小、切り込み:大、切削速度:低	鉛など延性材料

バイトの切れ味と切りくずの特徴

切れ味	切りくず形状	切りくずの色		切りくず裏面	バ リ
		ステンレス	鋼		
良 ↕ 不	つる巻状 ↕ うず巻状	うすい黄金色 ↕ 濃い黄金色	濃紺 ↕ にぶい紫色	なめらか ↕ うねり、付着物	小 ↕ 大

用語解説

バリ:切削時に工作物のエッジ近傍に発生する小さな突起物で、かえりとも言う

15 刃物は摩耗する

逃げ面摩耗、すくい面摩耗の発生

工作物を刃物で切削すると、刃先には高温・高圧が作用するので、摩耗が生じます。

旋削時には、バイトに逃げ面摩耗やすくい面摩耗および境界摩耗などが生じます。逃げ面摩耗は、フランク摩耗とも呼ばれ、バイトの逃げ面に生じる摩耗で、横逃げ面と前逃げ面の摩耗に区分けされます。またすくい面摩耗は、クレータ摩耗とも呼ばれ、バイトのすくい面に生じる摩耗です。

そして、バイトの逃げ面摩耗量は、通常、その摩耗幅により、またすくい面摩耗量は、その摩耗の深さにより示されます。また工具摩耗は、切削温度の影響が小さな機械的摩耗と、切削温度の影響が顕著な熱的摩耗とに分けられます。

超硬バイトを用いた鋼材の旋削では、切削速度が１５０ｍ／min以下の場合は逃げ面摩耗が、また１５０ｍ／minを超えると、すくい面摩耗が支配的になると言われています。すなわち、切削速度が１５０ｍ／min以下の場合は、切削温度が低いので、機械的摩耗により逃げ面摩耗が進行し、１５０ｍ／minを超えるようになると、切削温度が高くなり、熱的な摩耗によりすくい面摩耗が急激に進むと思われます。

新しいバイトを用いて、鋼材を旋削した場合の切削時間、あるいは切削長さと逃げ面摩耗幅との関係を調べると、初期摩耗域、定常摩耗域および急激摩耗域の三つの摩耗域が見られます。

初期摩耗域は切れ刃のマイクロチッピングが支配的な領域で、定常摩耗域は切削長さに比例して摩耗が進行する領域です。そして急激摩耗域は、バイトの切れ味が悪くなり、切削温度の上昇に伴う熱的な摩耗も加わり、摩耗が急激に進行する領域です。

この場合、切削速度を変えると、工具摩耗の進行状態も変化し、切削速度が高いほど、工具摩耗が急激に増大します。

要点BOX

- ●逃げ面摩耗とすくい面摩耗
- ●切削速度と摩耗の進行
- ●切削温度が高いほど工具摩耗は増す

逃げ面摩耗とすくい面摩耗

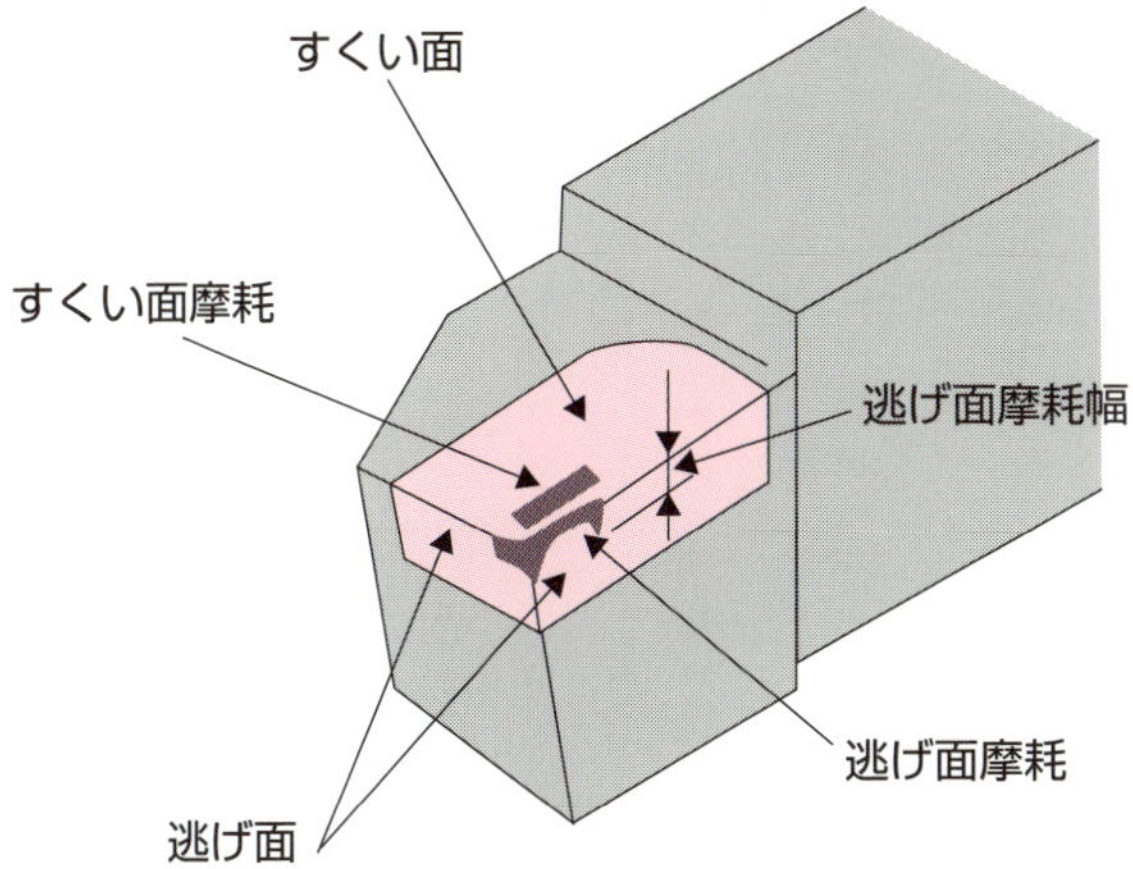

逃げ面摩耗幅

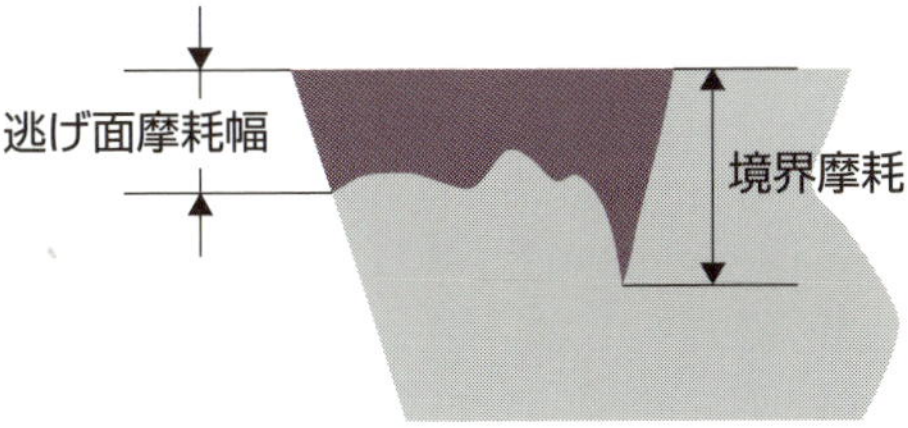

すくい面摩耗深さ

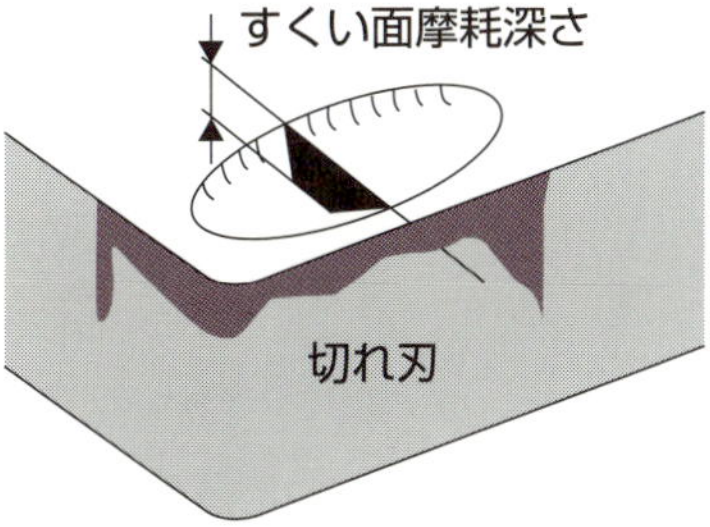

切削速度と工具摩耗

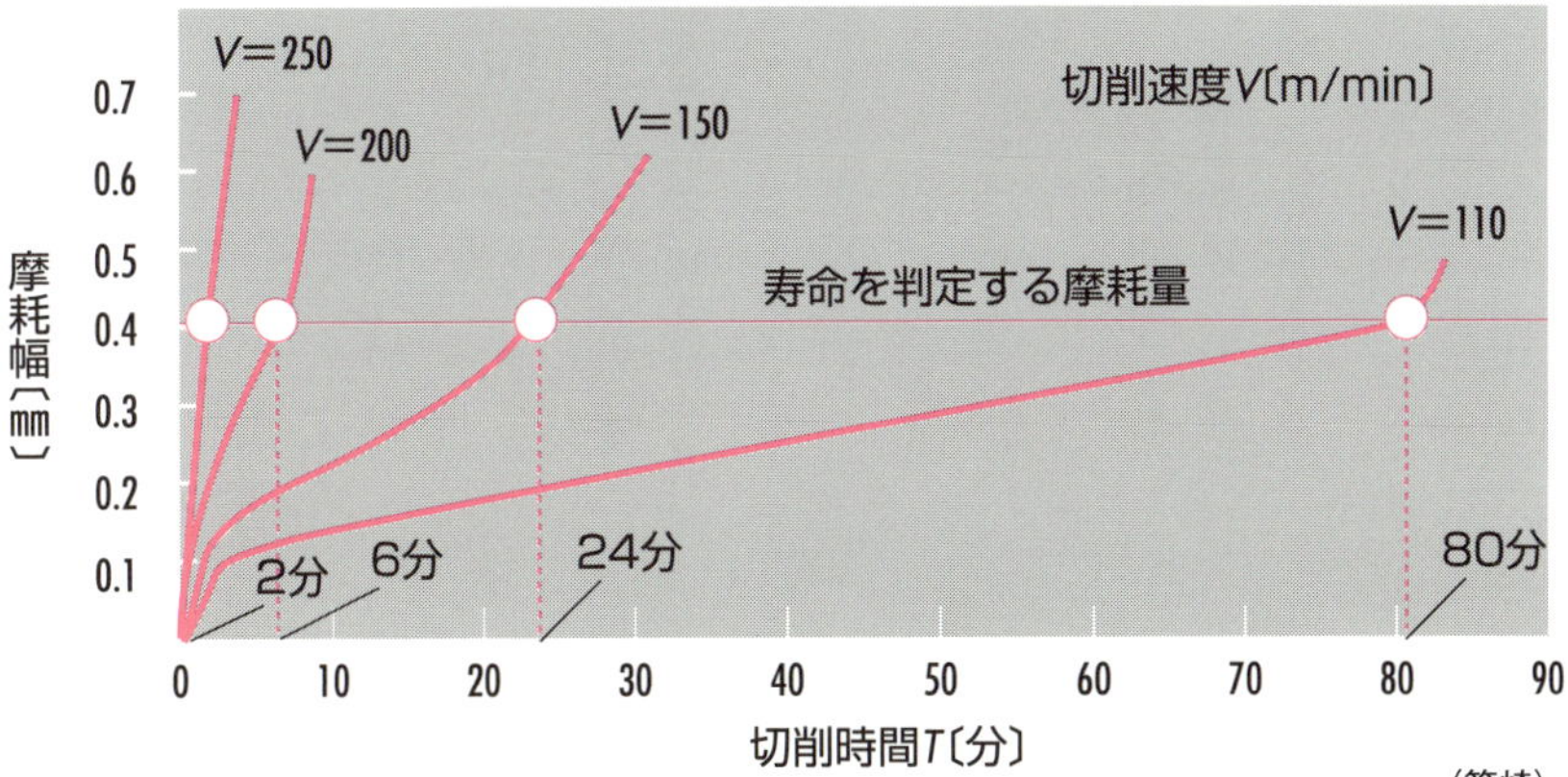

（篠崎）

16 刃物をいつ研ぎ直すか

刃物の再研削時期の判定

刃物は切削していると摩耗するので、研ぎ直し（再研削）が必要になります。

刃物が工具寿命に至らず、十分に切れるのに、それを研ぎ直せば不経済です。また刃物が工具寿命に達し、切れ味が悪くなっているのに、それを研ぎ直さなければ、不良品を作ってしまいます。そのため刃物をいつ研ぎ直すか、あるいはいつ工具交換をするかという問題は非常に重要です。

切削加工の自動化に際しては、刃物の工具寿命がばらつかず、安定しており、かつその寿命予測ができることが必須の条件となります。一般的な旋削の場合は、バイトの逃げ面摩耗幅、あるいはすくい面摩耗深さで工具寿命が評価されています。

その他、加工寸法・精度、表面粗さ、切削抵抗、切りくずの色や形、バリの大きさおよび切削音などで工具寿命が評価される場合もあります。

工作物が特殊鋼で、逃げ面摩耗幅で工具寿命を評価する場合は、通常、その値が0・4㎜に達したときを寿命としています。

鋼材旋削時の切り込みと送りを一定にし、この寿命基準に基づいて、切削速度と工具寿命との関係を調べ、その実験式を求めたのが工具寿命方程式（テーラーの工具寿命方程式）です。

いろいろな工具材料と工作物材質との関連において、工具寿命方程式の実験定数（*n*値、*C*値）を求めておけば、切削条件に対応した工具寿命予測が可能になります。

この実験式の両対数をとれば、切削速度と工具寿命との関係は直線になります。これが便覧やカタログなどによく載っている*V*・*T*線図と言われるものです。

この*V*・*T*線図を用いれば、所要の工具寿命に対応した切削速度、あるいは所要の切削速度に対応した工具寿命を求めることができます。

要点BOX

- ●工具寿命の判定基準例
- ●工具寿命方程式
- ●*V*-*T*線図による判定

工具寿命の判定時期は

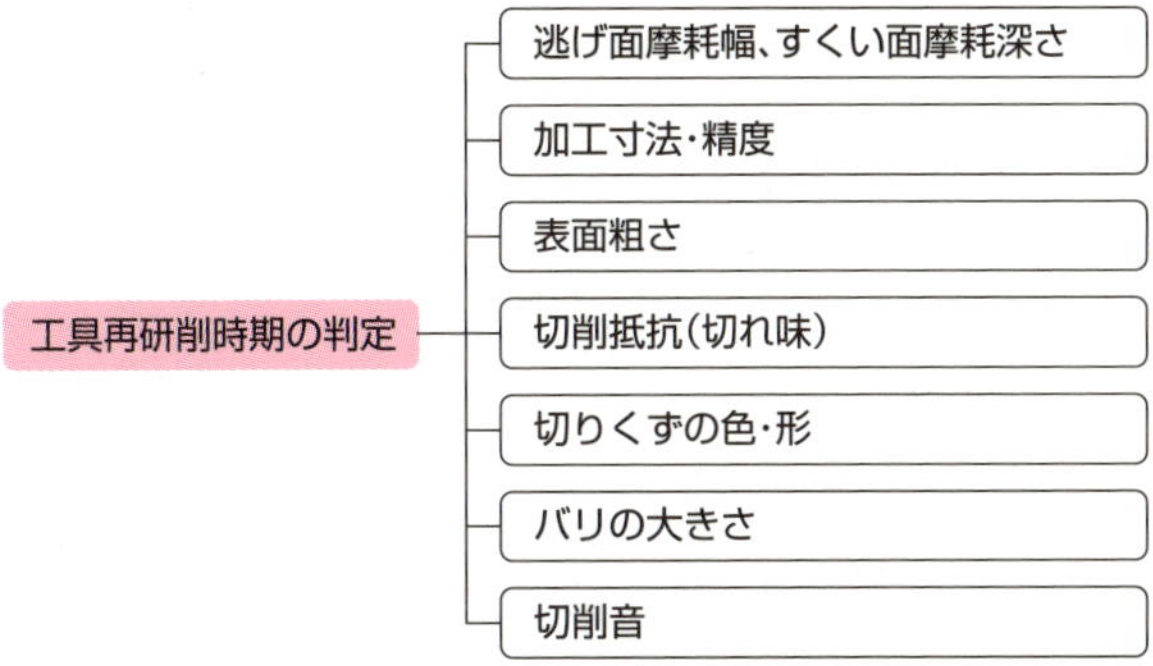

工具寿命方程式

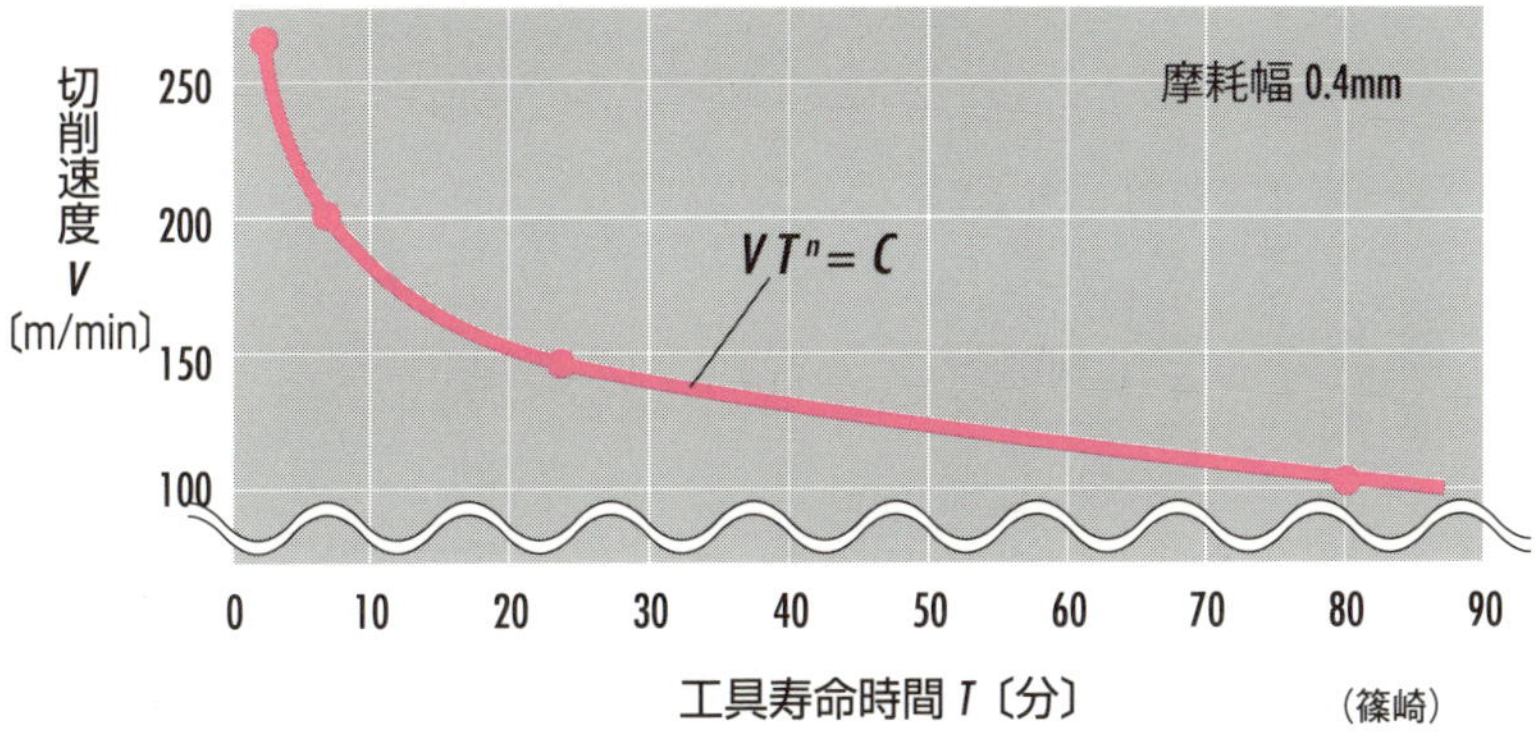

(篠崎)

V-T線図

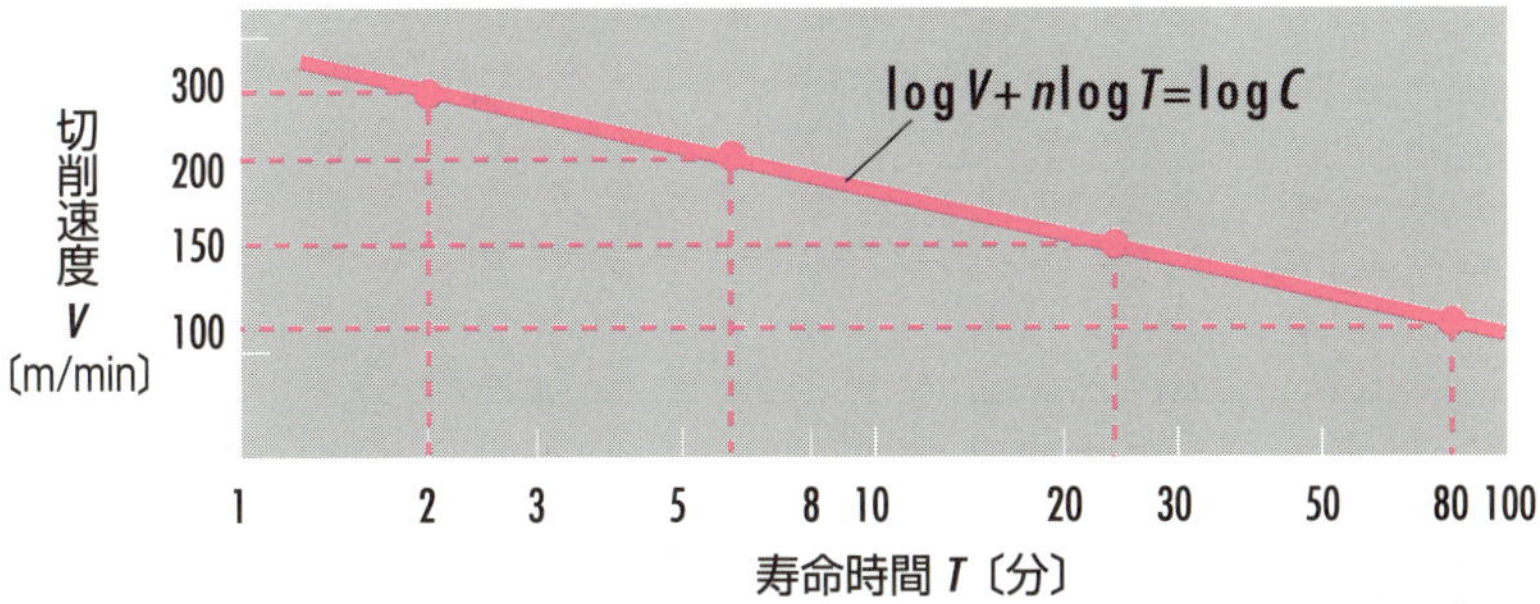

(篠崎)

17 バイトのコーナ半径と表面粗さ

指定された表面粗さに工作物表面を切削する

機械加工図面を見ると、通常、そこには表面粗さの記号が表示されています。そのため加工に際しては、その指定された表面粗さに工作物表面を切削する必要があります。

鋼材を旋削する場合には、一般的にチップブレーカの付いた超硬バイトを用います。この横切れ刃と前切れ刃の角部は研削により丸められており、その半径はコーナ半径、あるいはノーズ（鼻）半径と呼ばれています。

スローアウエイチップの場合、コーナ半径には、その値が0から2・4㎜のように多くの種類があります。このようなコーナ半径の異なるバイトを用いて、一定の送りで工作物を切削した場合でも、いろいろな表面粗さの仕上げ面が生じます。この粗さ曲線の山の高さ（*Rp*）と谷の深さ（*Rv*）の最大値を足した値が最大高さ粗さ（*Rz*）と呼ばれるものです。

コーナ半径の等しいバイトで切削した場合でも、送りが異なると、最大高さ粗さには違いが生じます。この場合、送りが小さい方が最大高さ粗さは小さくなります。

また同じ送りの場合には、バイトのコーナ半径が大きい方が、最大高さ粗さは小さくなります。

このような場合、最大高さ粗さは、送りの2乗に比例し、コーナ半径の8倍に反比例します。

この表面粗さは幾何学的に得られるもので、切削時には工作物の盛り上がりなどがあり、実際の粗さとは、多少、異なります。

いま仮に、コーナ半径が0・4㎜のバイトを用い、0・3㎜／revの送りで切削すれば、最大高さ粗さは約0・028㎜となります。

このようにバイトのコーナ半径と送りが分かれば、おおよその表面粗さが予測できます。

また図面指定された表面粗さと、バイトのコーナ半径が分かれば、その粗さを満足する送りが計算により、求まります。

要点BOX

- ●最大高さ粗さとは
- ●スローアウェイチップのコーナ半径
- ●コーナ半径、送りと表面粗さ

最大高さ粗さとは

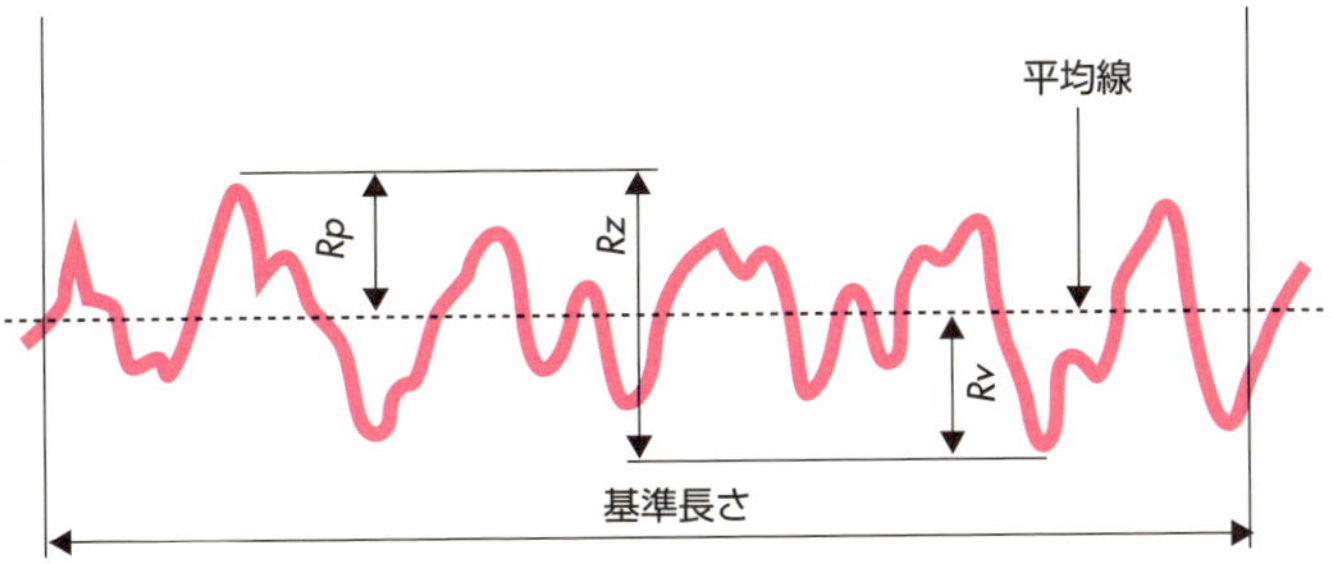

Rp ：山の高さ
Rv ：谷の深さ
Rz ：最大高さ粗さ
$Rz=Rp+Rv$
平均線：山の面積と谷の面積が等しくなる線

スローアウェイチップのコーナ半径

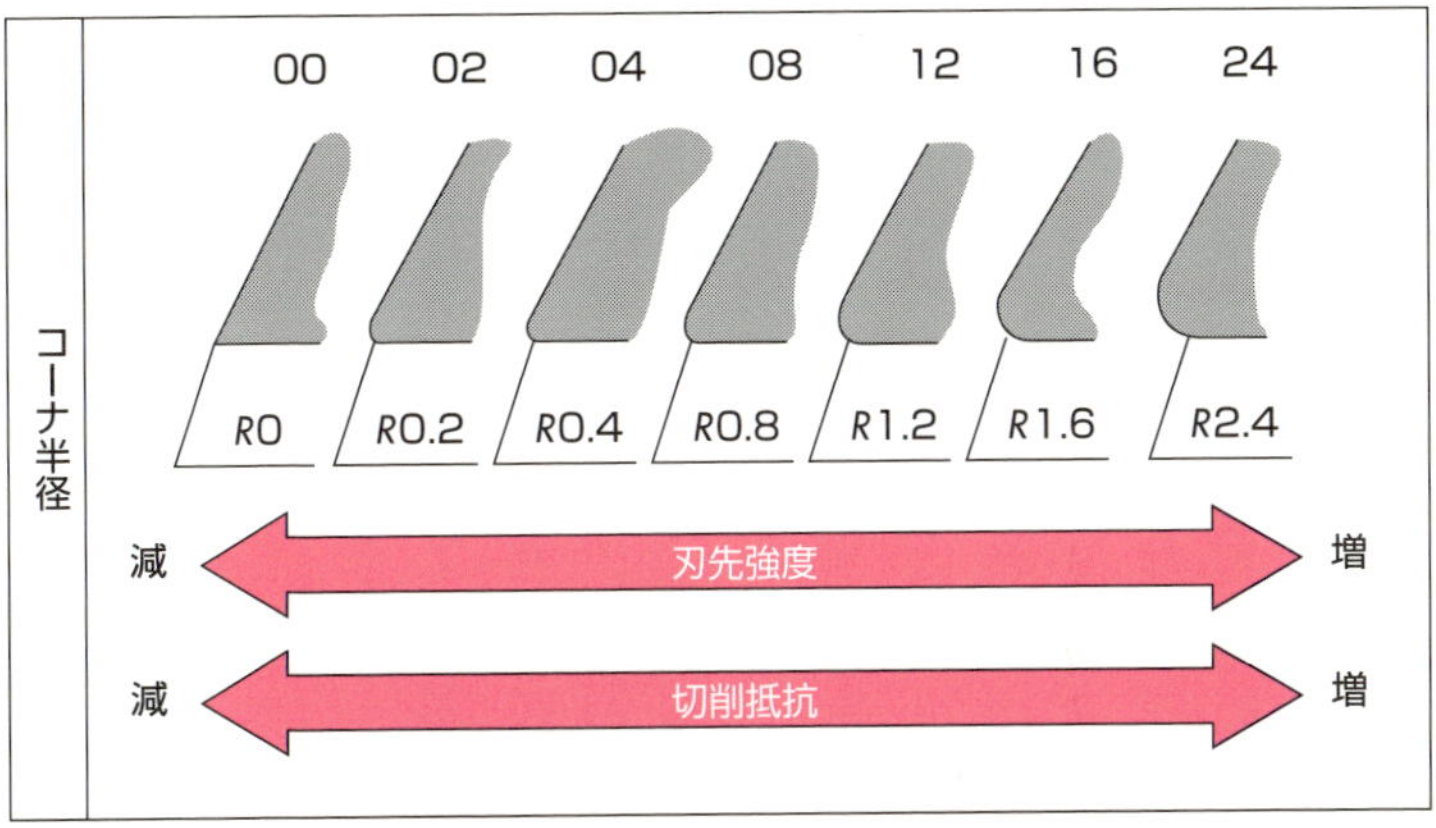

コーナ半径、送りと表面粗さ

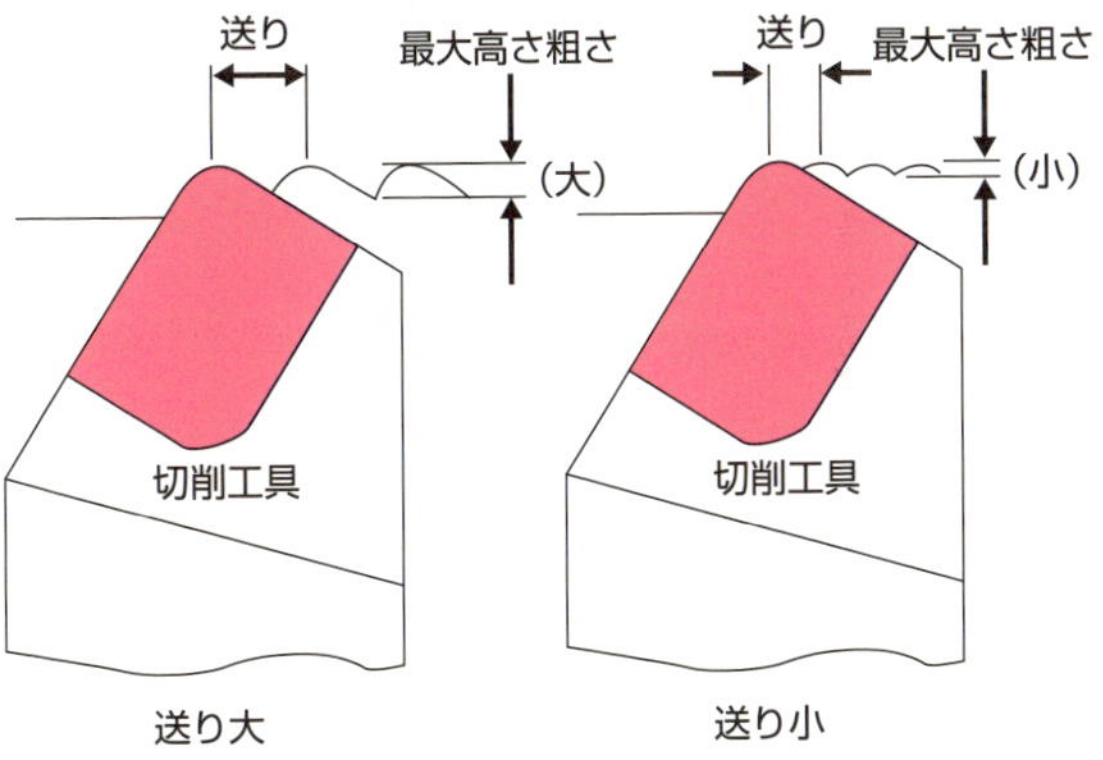

$$Rz=\frac{f^2}{8r}$$

Rz ：最大高さ粗さ
f ：送り　*r* ：コーナ半径

18 切りくずを切断する

切りくず処理は重要

　鋼材を超硬バイトを用いて切削すると、流れ形の切りくずが流出します。この切りくずが刃物台、工作物およびバイトなどに巻き付くと、製品品質の悪化、工具損傷および稼働率の低下などを招きます。加えて作業者の安全への障害になります。そのため、とくに機械加工の自動化、無人化に際しては、切りくず処理が非常に重要な問題になります。

　通常の旋盤作業においては、超硬バイトの横切れ刃に平行に、幅が約3㎜で深さが約0・5㎜の溝を設けて、流れ形の切りくずを切断します。バイトに設けるこの溝をチップブレーカと呼びます。切削時には、流れ形の切りくずがチップブレーカによりカールし、その端面がバイトの逃げ面に当たって切断されます。

　チップブレーカの設け方と切削条件とにより、工作物衝突形、渦巻き形および逃げ面衝突形が生じます。

　しかしながら、鋼材切削時の切り込みや送りが小さいと、切りくずの切断ができません。そのため仕上げ切削時にいかに切りくずを切断するかが問題になっています。

　このように鋼材旋削時には、チップブレーカの幅と送りとの関係でいろいろな形状の切りくずが生成されますが、通常の切削では、短らせん形で、その巻数が1巻きから10巻き程度の切りくずが処理しやすいと言われています。

　また鋼材切削時の切り込みDと送りFの関係で、切断範囲（D-F線図）を示しますが、通常、ブレーカ幅の約1／5～1／10の送りにすると切りくずを切断することができます。

　この場合、ブレーキング作用が弱い場合はもつれ形や連続螺旋形の切りくずとなり、強すぎると、激しく飛散する破片形の切りくずになります。

　チップブレーカの幅が広すぎたり、その深さが浅すぎたり、また送りが小さすぎると、ブレーキング作用が弱くなります。

要点BOX

- ●チップブレーカの設け方と切断条件
- ●仕上げ研削時の切りくず切断
- ●チップブレーカの作用と切りくず

切りくず処理の必要性

問題点

- 切りくずの激しい飛散
- 加工物や工具への切りくずの巻きつき
- 工具周辺への切りくずの集・堆（たい）積

→

障害

- 無人化・自動化への障害
- 多刃化・高速化・高能率化への障害
- 工作機械の精度への障害
- 製品品質への障害
- 作業者の安全への障害
- 工具寿命の低下
- 稼働率の低下

（タンガロイ）

チップブレーカによる切りくずの切断

切りくず / 回転 / チップ

切りくずがカールし、バイト逃げ面に当たって切断

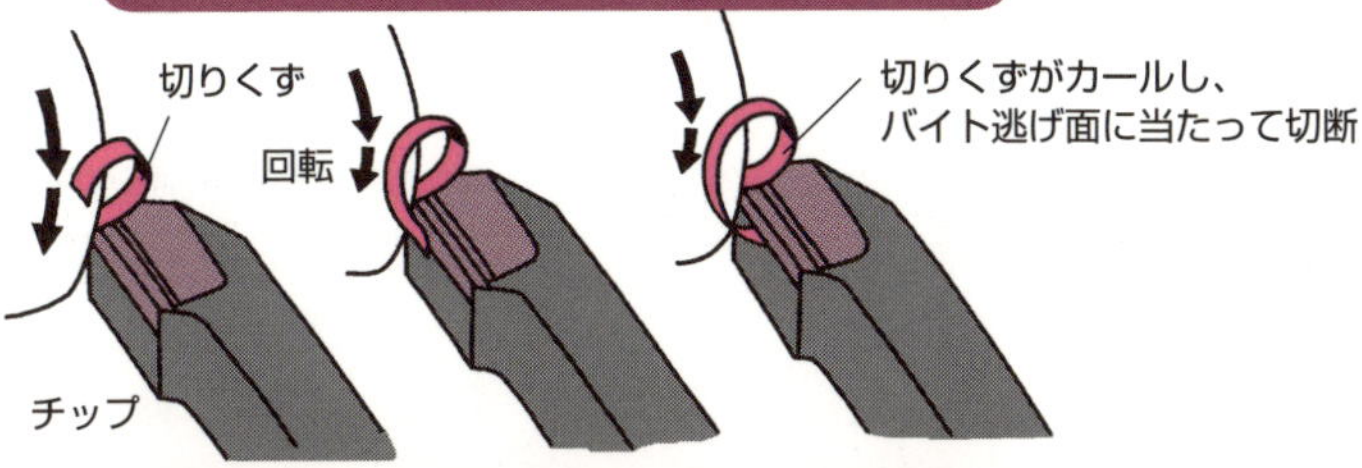

チップブレーカの作用と切りくず

分　類	もつれ形	連続螺旋形	短螺旋形 9字形	C字形	U字形	超片形 連続U字形
切りくず形状模式図	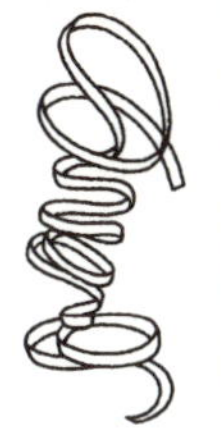				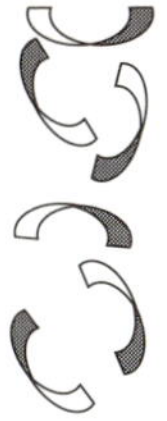	
作業への影響と好ましい範囲	加工物や工具に絡みつき作業に障害。切りくずはかさ張る。	途切れなく連続し作業に障害。	無理のない切りくず。	最もよく見られる切りくず形状。	かさ張らない切りくず。	激しく飛散する。連続するものは振動を伴い、工具寿命にも悪影響。
			←好ましい範囲		→	
ブレーキング作用	弱い	←			→	強い
ブレーカ幅	広い	←			→	狭い
ブレーカ深さ	浅い	←			→	深い
送り	小さい	←			→	大きい

（タンガロイ）

19 切削加工の所要動力とは

切削に必要とされる動力

切削加工の所要動力とは、切削に必要とされる動力のことです。

いま旋盤で工作物を外周切削する場合を考えてみましょう。旋盤には、主軸を駆動するためのモータが装備されています。そのため、通常は、そのモータの定格馬力を超えて切削することはできません。

旋盤を駆動すると、切削をしない場合でも、ベルトや歯車などでエネルギーの損失が生じます。ここではこの損失を機械損失仕事と呼びます。

切削時に旋盤に与えられたエネルギーから、この機械損失仕事を引いた残りが、切削に有効に使用されたエネルギーです。

旋盤に与えられたエネルギーのうち、有効に切削に使用されるエネルギーの割合は機械効率係数と呼ばれています。

切削時にはバイトに切削力が作用します。この切削力は工作物の材質と送り（寸法効果）に依存する比切削抵抗と切削断面積の積で与えられます。この場合、切削断面積は切り込みと送りの積になります。

また仕事は荷重と距離の積なので、切削仕事は切削力と切削距離の積で与えられます。この場合、切削距離は切削速度と時間（単位時間）の積です。したがって切削に必要な動力は、比切削抵抗、切り込み、送りおよび切削速度のすべての積を機械効率係数で割った値となります。

この場合、切削速度は通常、分単位で表されるので、秒単位に、またｍ単位から㎜単位に変換する必要があります。そのため分母は60、１０００および機械効率係数の積となります。

いまここで、軟鋼を切り込み３㎜、切削速度１２０ｍ／min、そして送り０・２㎜／revの条件で切削する場合の所要動力を求めると、その値は４・65kWとなります。この場合、比切削抵抗は３１００Ｎ／㎟で、機械効率係数を80％としています。

要点BOX

- ●旋盤は切削しなくてもエネルギーを消耗
- ●機械損失仕事と機械効率係数
- ●切削に必要な動力

切削に必要な主な動力

旋盤の能力は

主軸はモータで駆動される

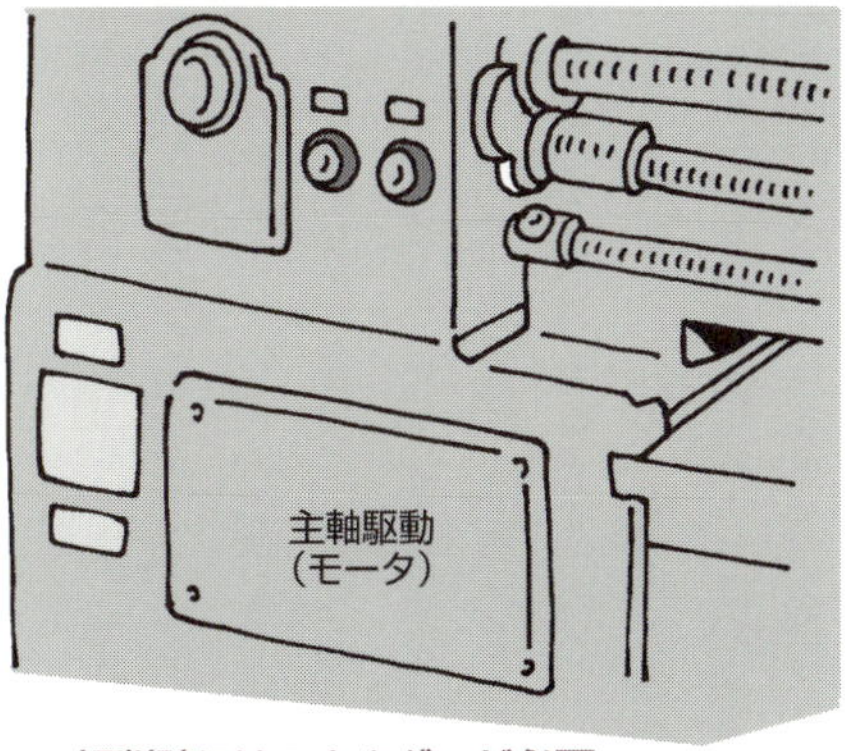

動力はベルトや歯車で伝達される

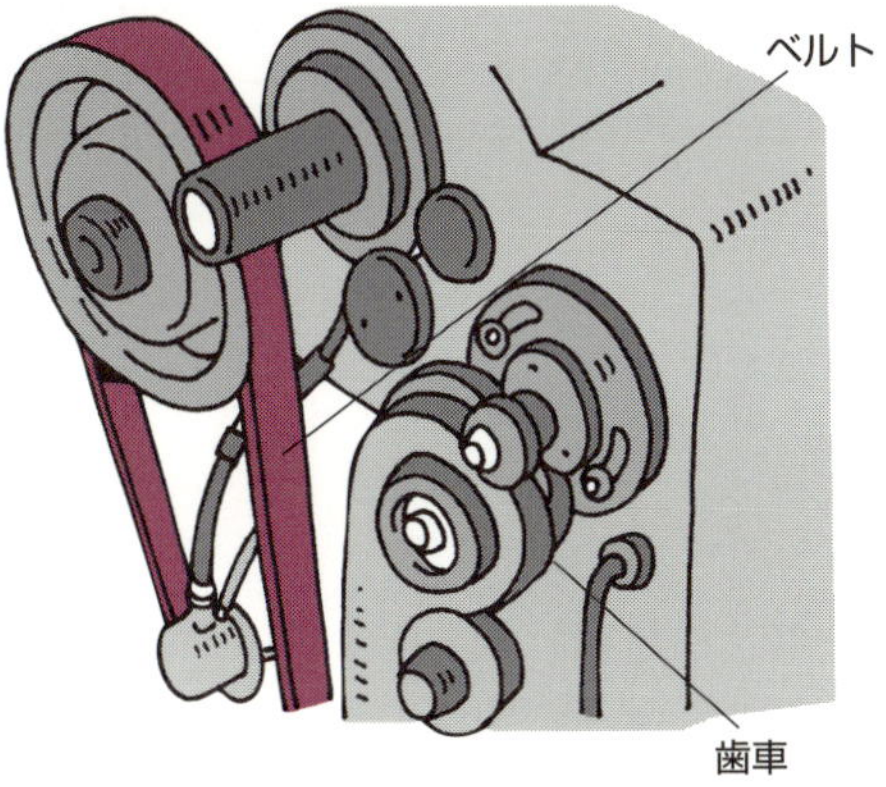

切削時にはエネルギーが必要

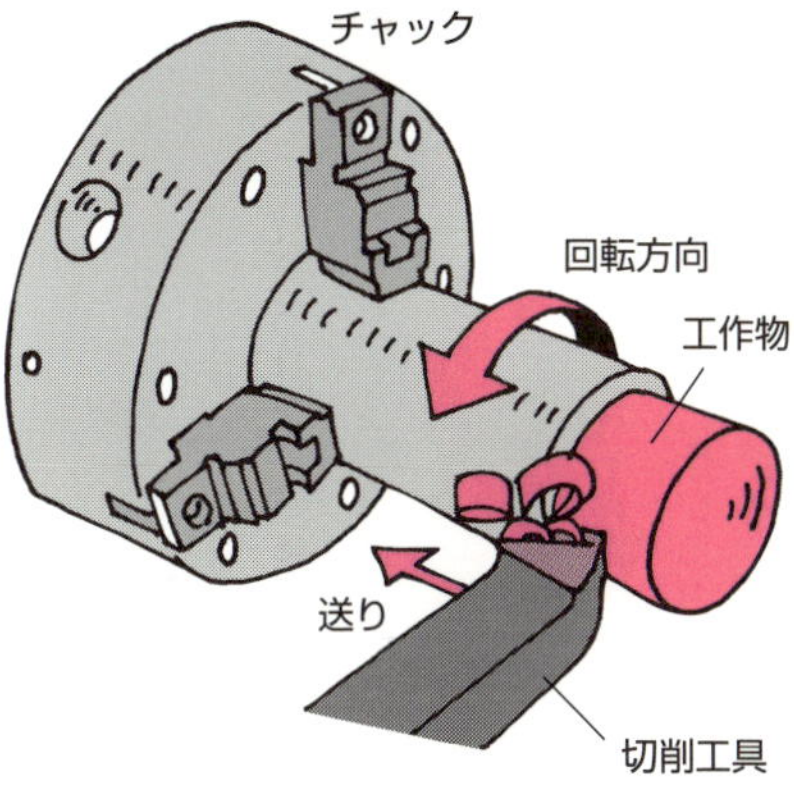

バイトには切削力が作用する

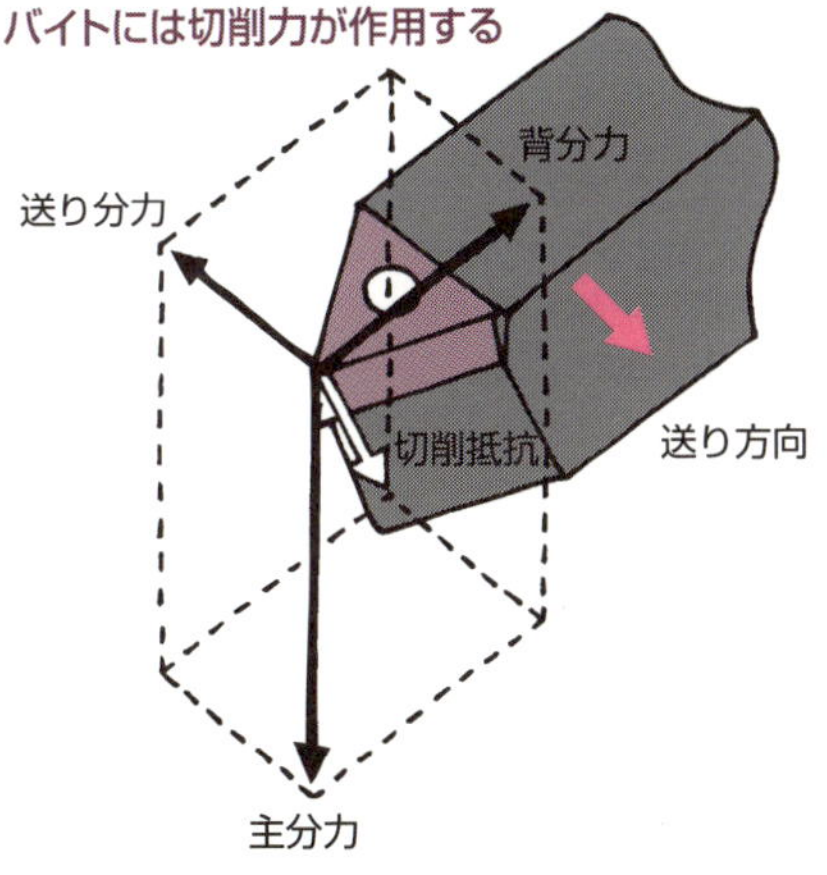

$$Ne=\frac{t\times f\times V\times Ks}{60\times 1000\times \eta}$$

Ne：切削に必要な動力〔kW〕

t：切込み量〔mm〕

f：バイト送り量〔mm/rev〕

V：切削速度〔m/min〕

Ks：比切削抵抗〔N/mm^2〕

η：機械効率〔約 80～85%〕

20 切削に用いる主な測定具

ノギス、マイクロメータ、ダイヤルゲージなどがある

切削加工において最も多く用いられるのがノギスです。

このノギスは工作物の外径、内径および深さなどを測定するもので通常、0・05㎜または0・02㎜の単位で測定ができます。一般的に用いられているノギスはM形で、このほか、デジタル方式のものもあります。

またノギスとともに多く用いられているのが外側マイクロメータです。このマイクロメータは工作物の外径や長さを測定するときに用いられ、通常、0・01㎜単位までの測定が可能です。

旋盤作業などで、工作物の外径を測定する場合、通常、荒びき（取りしろが多い）にはノギスを用い、仕上げ（取りしろが少ない）にはマイクロメータを用います。荒びきにマイクロメータを用いると、0・5㎜の読みとり間違いをする場合があります。

また内側マイクロメータは、工作物の内径や溝幅などを、そしてデプスマイクロメータは穴や溝などの深さを測定するのに用いられます。いずれも0・01㎜単位での測定ができます。

そして工作物の平面度、平行度および心振れなどの測定や工作機械の精度検査に多く用いられるのがダイヤルゲージです。

このダイヤルゲージには、スピンドル形（標準形）やてこ式のものなどがあります。通常は、スピンドルの動きを拡大することにより、0・01㎜単位での測定が可能です。

また、高精度のダイヤルゲージには0・001㎜単位の測定ができるものもあります。

ハイトゲージ（高さゲージ）はバーニヤの目盛りを用いて、0・02㎜単位での工作物の高さの測定やけがきに用いられます。また用途によって、HB形、HM形およびMT形の3種類があります。

またユニバーサルベベルプロトラクタ（角度定規）は角度の測定に用いられ、バーニヤ付きのものでは、角度を5分単位で読みとることができます。

要点BOX

- ●切削加工で多用されるノギス
- ●0.01㎜まで測定できるマイクロメータ
- ●平面度、平行度検査にはダイヤルゲージ

いろいろな測定具

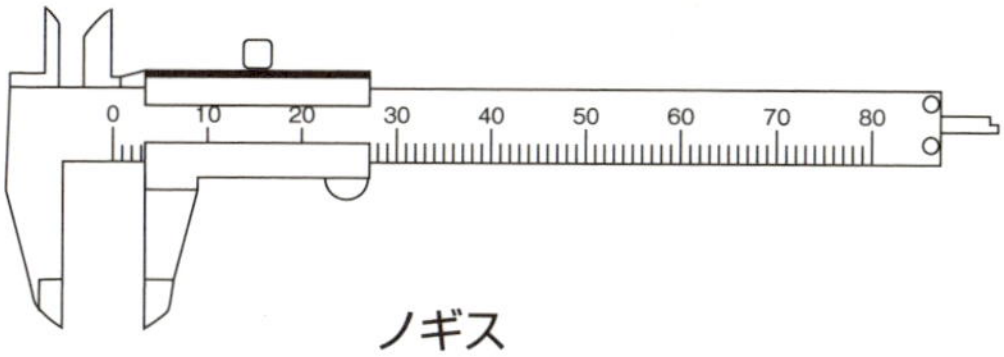

ノギス

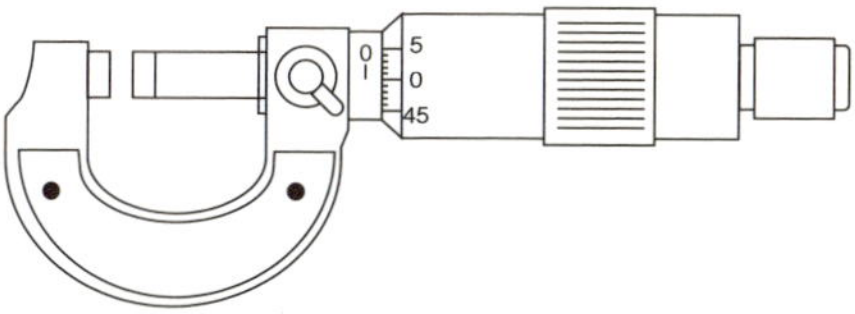

外側マイクロメータ

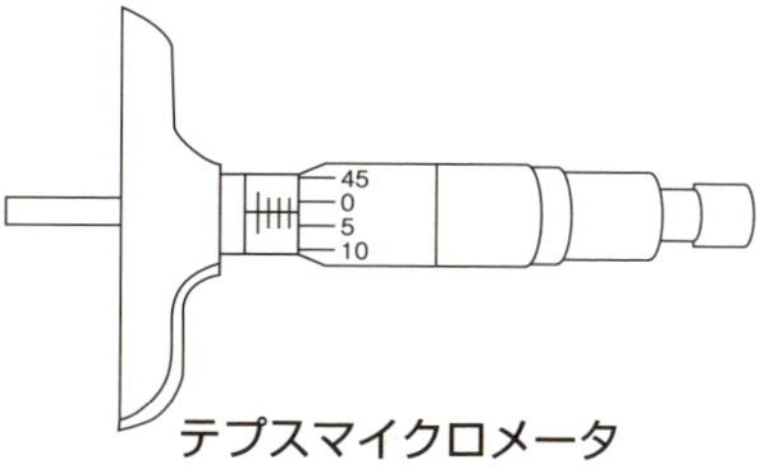

テプスマイクロメータ

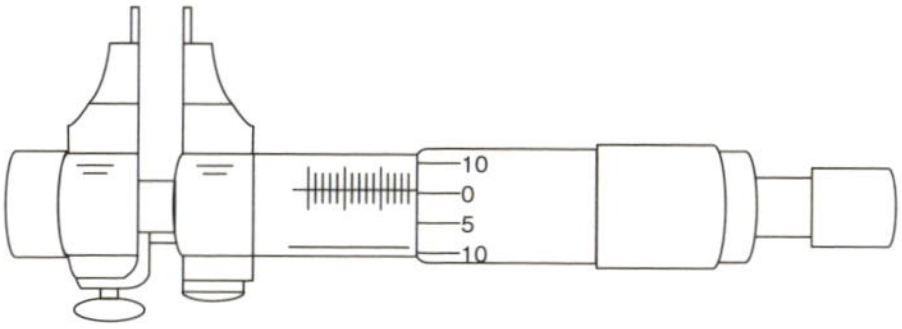

内側マイクロメータ

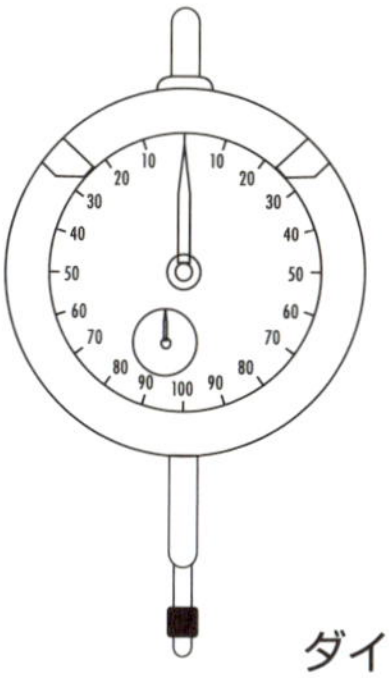

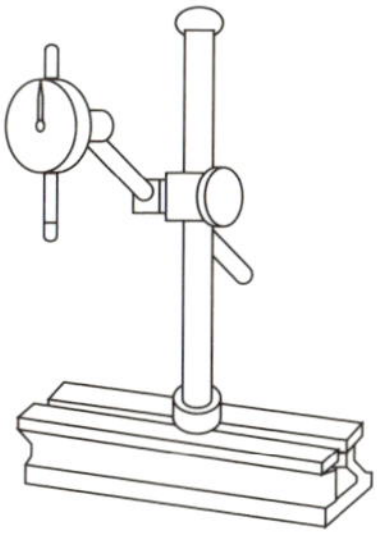

ダイヤルゲージ

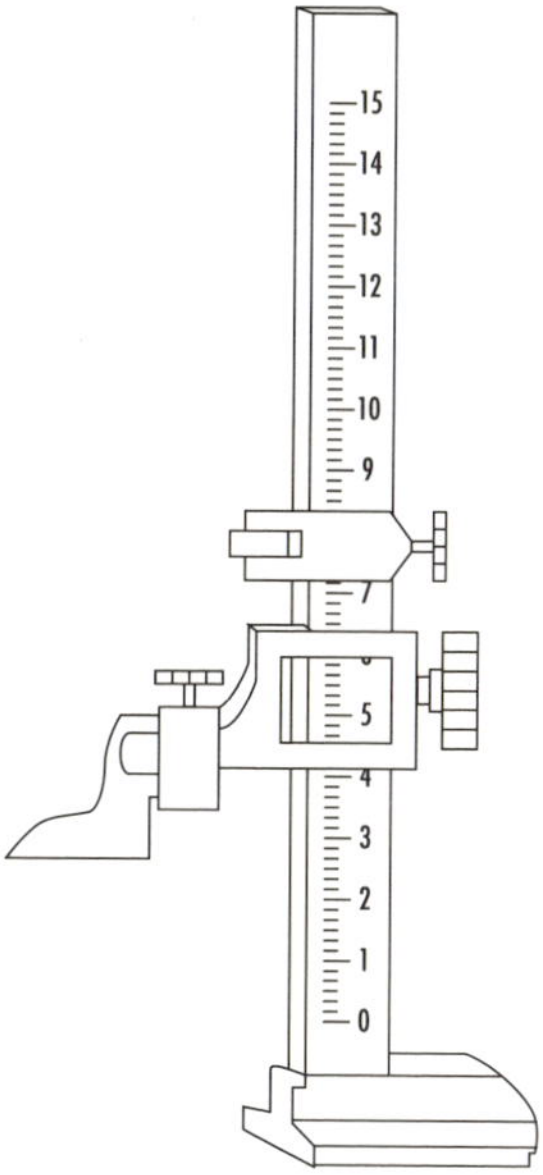

ハイトゲージ

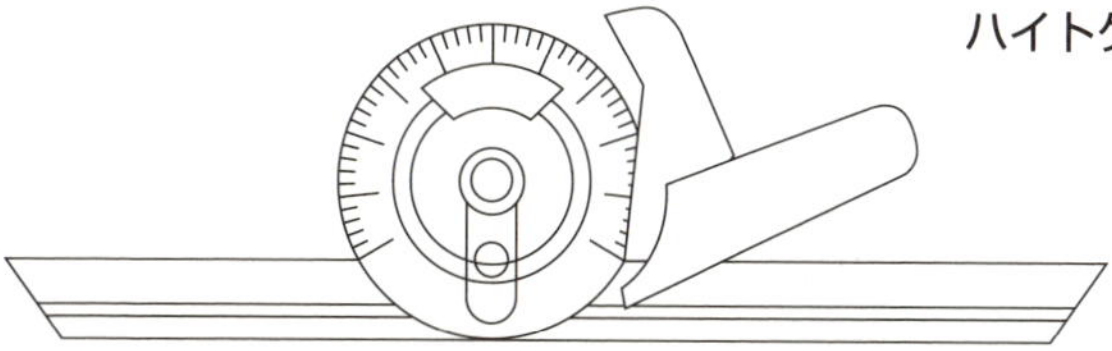

ユニバーサルベベルプロトラクタ

Column

切削加工技術は古代よりハイテク

モノづくりの歴史は人間の進化の歴史です。そして切削加工技術は、古代より、基盤技術でハイテクです。人間は石器を作り、火を使うことを覚え、そして土器を作り、金属を発見しました。このような人間の歴史は、道具の開発の歴史でもあり、創意工夫の歴史でもあったと言えます。

現在でも、自動車、金型および工作機械産業などを支えているのは切削加工技術などの基盤技術なのです。

現在、モノづくりにコンピュータ技術が導入され、私たちには切削加工技術などの基盤技術の重要性が認識されにくくなっています。

工作機械は、マシン・ツールで、機械化された工具の意です。すなわち、工作機械を使いこなすのは人です。たとえ、工作機械にコンピュータが装備され、自動化が進んだとしても、ソフトがなければ、ただの箱です。このソフトもツールと呼ばれています。すなわちソフトを作るのも人で、またそれを使いこなすのも人なのです。そして物を削っているのは、切削工具（刃物）であり、コンピュータではありません。

みなさんはモノづくりの自動化は、コンピュータにより行われたと思っているかも知れませんが、切削工具の切れ味が悪く、その工具寿命がばらついていては、自動化などできません。すなわちモノづくりの自動化を行うには、作業者がコンピュータ技術とともに、切削加工技術を熟知していることが必須の条件なのです。

自動車を運転する場合も、その構造を理解し、法規をよく知っておくことが大切ですね。切削加工も同じです。切削加工を上手に行うには、単なる操作方法を学ぶだけではだめで、その物理的な意味合いや知識を習得しておくことが大切です。基本ができていないと、高度な技術を身につけることはできません。まずしっかりと切削の基本を勉強しましょう。

第2章

切削工具材料のいろいろ

21 工具材料にはどんな特性が必要なの？

切れ味がよく、硬く、刃こぼれしない

　一般的に、優れた刃物とはどんなものか考えてみましょう。

　まず刃先が硬く、切れ味が良いことがポイントになります。また摩耗が生じにくく、良好な切れ味が長く持続することも大切です。加えて切削時に刃こぼれが生じにくいことも条件と言えるでしょう。

　切削工具の場合はとくに、切削時に刃先が工作物に食い込む必要があるので、硬さが大切になります。

　切削時には、通常、工作物よりも、少なくとも3倍以上の硬さの刃物が必要で、理想的には、5倍以上の硬さがあるとよいと言われています。

　そのため切削工具には、酸化アルミニウムのような酸化物、ダイヤモンド、炭化チタンおよび炭化タングステンなどの炭化物、そして立方晶窒化ホウ素、窒化ケイ素および窒化チタンなどの窒化物が多く使用されています。

　しかしながら硬い物質は、通常、脆《もろ》いので、切削時に刃こぼれが生じやすくなります。たとえば、フライス削りの場合は、切削部分と非切削部分があるので、切削工具には衝撃力や繰返し応力が作用し、刃こぼれが生じやすくなります。

　そのため切削工具には硬さとともにじん性（タフネス）が必要になります。

　また切削時には切削工具の刃先に、通常、高温・高圧が作用するので、工具材料としては、高温特性に優れ、耐摩耗性が高いことが大切です。たとえば、ダイヤモンドは非常に硬いのですが、熱に弱いので、高温が作用する鋼材などの切削には適していません。

　そのため一般的には、切削温度があまり高くならない非鉄や非金属の切削に用いられています。

　これらの特性のほか、工具材料としては、化学的に安定していることや切削工具に加工しやすいこともポイントになります。

要点BOX

- ●刃先が固く、切れ味がよい
- ●硬さとともにじん性も必要
- ●高温特性にすぐれ、耐摩耗性

硬い物質とその例

- 硬い物質
  - 酸化物 ― 酸化アルミニウム(Al_2O_3) 酸化ケイ素(SiO_2)
  - 炭化物 ― ダイヤモンド(C) 炭化チタン(TiC) 炭化タングステン(WC)
  - 窒化物 ― 立方晶窒化ホウ素(CBN) 窒化ケイ素(Si_3N_4) 窒化チタン(TiN)

刃先には高温・高圧が作用する

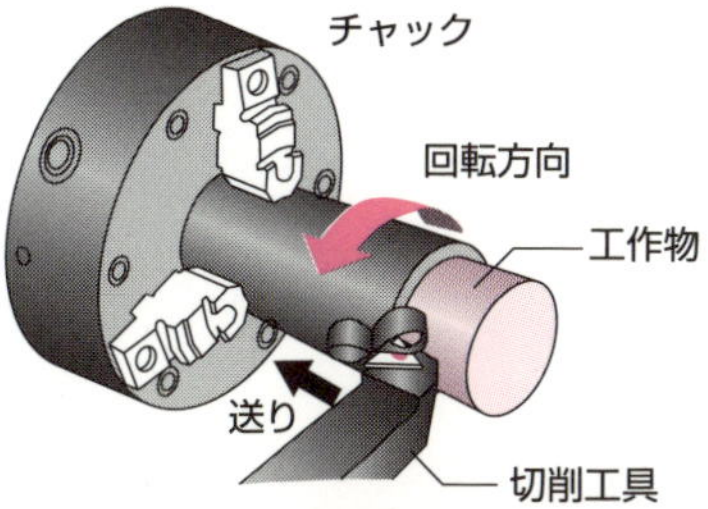

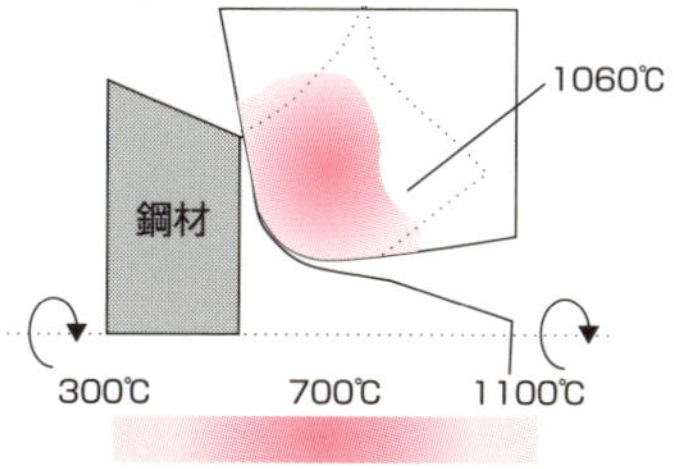

(野村)

正面フライスには衝撃力が作用する

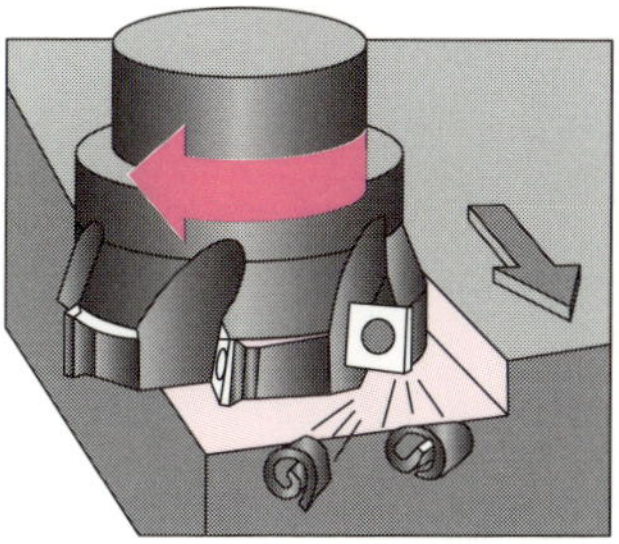

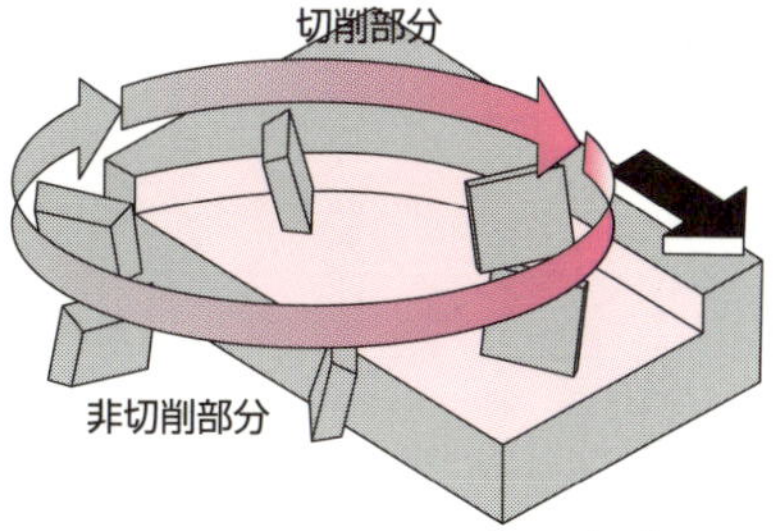

(三菱マテリアル)

工具材料の具備すべき特性

- 工具材料の具備条件
  - 耐摩耗性が高いこと ┐ 基本的特性
  - 耐欠損性の高いこと ┘
  - 高温特性に優れていること ― 熱的損傷の少ないこと
  - 化学的に安定なこと ― 化学的損傷の少ないこと
  - 作りやすいこと ― 工具費として安価であること

22 工具材料の開発の歴史

❶材料を制する者は技術を制す

　工具は石器、青銅器、そして鉄器へと発展し、昔から「材料を制する者は技術を制する」と言われています。

　現在のトルコのアナトリア地方に興ったヒッタイトが、当時の大国、エジプトと互角に戦うことができたのも製鉄技術を持っていたからです。その後、長い間、鉄の時代が続きました。

　１８００年代は、鉄で鉄を切削する時代でした。すなわち、炭素工具鋼や合金工具鋼を焼入れして切削工具として用いていました。

　切削では、刃先に高温・高圧が作用します。そのため鉄で鉄を切削する場合は、切削速度を高くすることができません。その後、１８９８年にテーラーが高速度工具鋼２種を開発し、切削速度が飛躍的に高くなりました。これが18-4-1合金と言われるもので、18%タングステン、４%クロム、１%バナジウムを含む合金鋼です。

　またタングステンは偏在しており、その価格が変動するので、その使用量を低減し、代わりにモリブデンを多く入れた高速度工具鋼９種（現在のＳＫＨ51）が開発されました。その後、１９２５年にドイツのグリップ社から「ウイディア」という商品名で超硬合金が販売されました。この超硬合金は炭化タングステンの粉末をコバルトで焼結したものです。

　そして１９３５年にセラミック工具が当時のソ連で開発されました。この工具は酸化アルミニウムを主体とするものです。また１９６８年に米国のＧＥ社からＣＢＮ砥粒が市販されて以来、ＣＢＮ焼結体工具が実用化され、現在、広く普及しつつあります。このように新しい切削工具材料の開発により、切削速度が高くなり、生産性も向上しています。

　これらの新しい工具材料を開発した国は、当時、あるいは現在の大国です。材料を制す者は技術を制すと言えます。

要点BOX
●工具は石器、青銅器、鉄器へと発展
●鉄で鉄を切削する
●切削工具材料の開発で切削速度が高速化

工具材料の変遷

石器

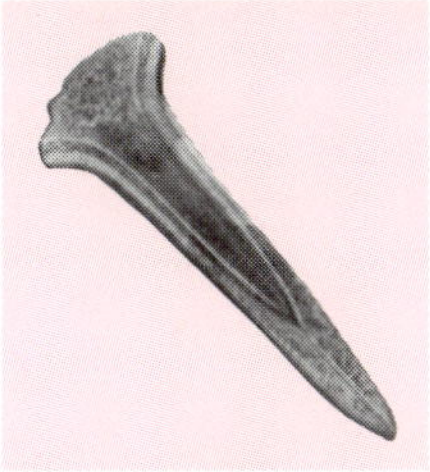

青銅器

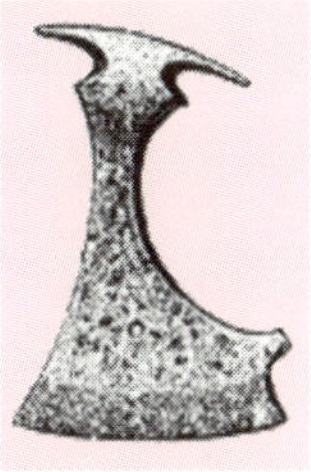

鉄器

工具材料の開発年次

(1900以前)	炭素工具鋼(SK)合金工具鋼(SKS)
	高速度工具鋼(ハイス)が開発される
1900	
1920	超硬合金(粉末冶金法 WC-Co系)の開発
	サーメット工具の開発
1940	セラミック工具の開発
	ダイヤモンド焼結体(人工ダイヤモンド)の開発
1960	コーティング技術の工具への適応
1980	超硬工具市場の本格化・超微粒子超硬合金・粉末ハイス
2000	コーテッド超硬合金
	DLC研究が活発化
(現在)	c-BN焼結体工具の本格化

(京都府織物・機械金属振興センター)

切削工具の開発年代と切削速度

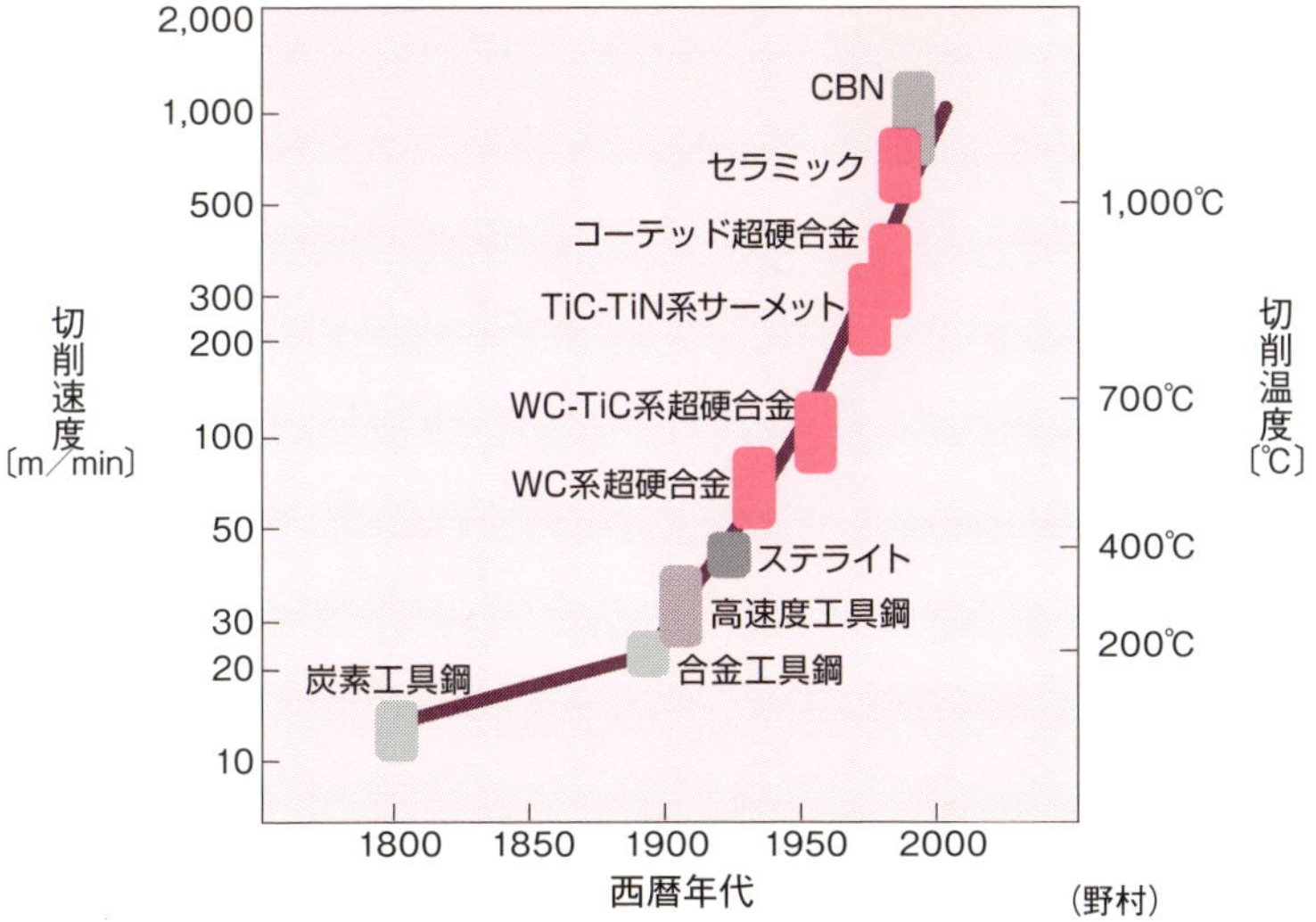

(野村)

23 工具材料の位置づけ

硬く刃先が摩耗しにくく、じん性が高い工具材料を

切削工具には、高温・高圧が作用します。そのため工具材料としては、硬く、刃先が摩耗しにくいことが条件となります。また多刃工具の場合は、断続切削となるので、刃先に衝撃力が作用します。そのため刃こぼれが生じにくいようにじん性（タフネス、ねばさ）が高いことも重要です。

通常、硬く、工具摩耗が生じにくい工具材料は脆く、じん性が低いという特性があります。

まず硬度という点で見ると、ダイヤモンドが非常に高く、次いでＣＢＮで、そして高速度工具鋼や炭素工具鋼は低いことが分かります。

しかしながら、ダイヤモンドは常温では非常に硬度が高いのですが、高温になると、その値が急激に低下します。そのため比較的、切削温度が低い非鉄や非金属の切削に用いられます。

またＣＢＮ焼結体工具は、硬さという点ではダイヤモンドに劣りますが、高温硬度が高いので、焼入れ鋼材の切削にも適用が可能です。

一方、じん性という点では高速度工具鋼が最も高くなっています。すなわち、高速度工具鋼は、硬さが小さいので、高速切削はできませんが、ほかの材料と比較し、振動に強く、断続切削に向いていることが分かります。

そして、工具材料の中で硬さとじん性を兼ね備えているのが超硬合金です。とくに結晶粒径を小さくした微粒子超硬はじん性が高く、耐衝撃性に富んでいるので、多刃工具に多く適用されています。

このように硬度の高い工具材料は、耐摩耗性が大きいので、高速切削が可能ですが、じん性が小さく、振動に弱いので、精度の高い工作機械を用いた軽切削に向いていると言えます。

したがって、工具材料を選択する場合は、使用する機械の精度や加工の方法などに応じて、その硬さとともにじん性を考慮することが大切です。

要点BOX

- 硬度ではダイヤモンド、次いでCBN
- じん性では高速度工具鋼
- 硬さとじん性兼備は超硬合金

工具材料の硬さとねばさ(じん性)

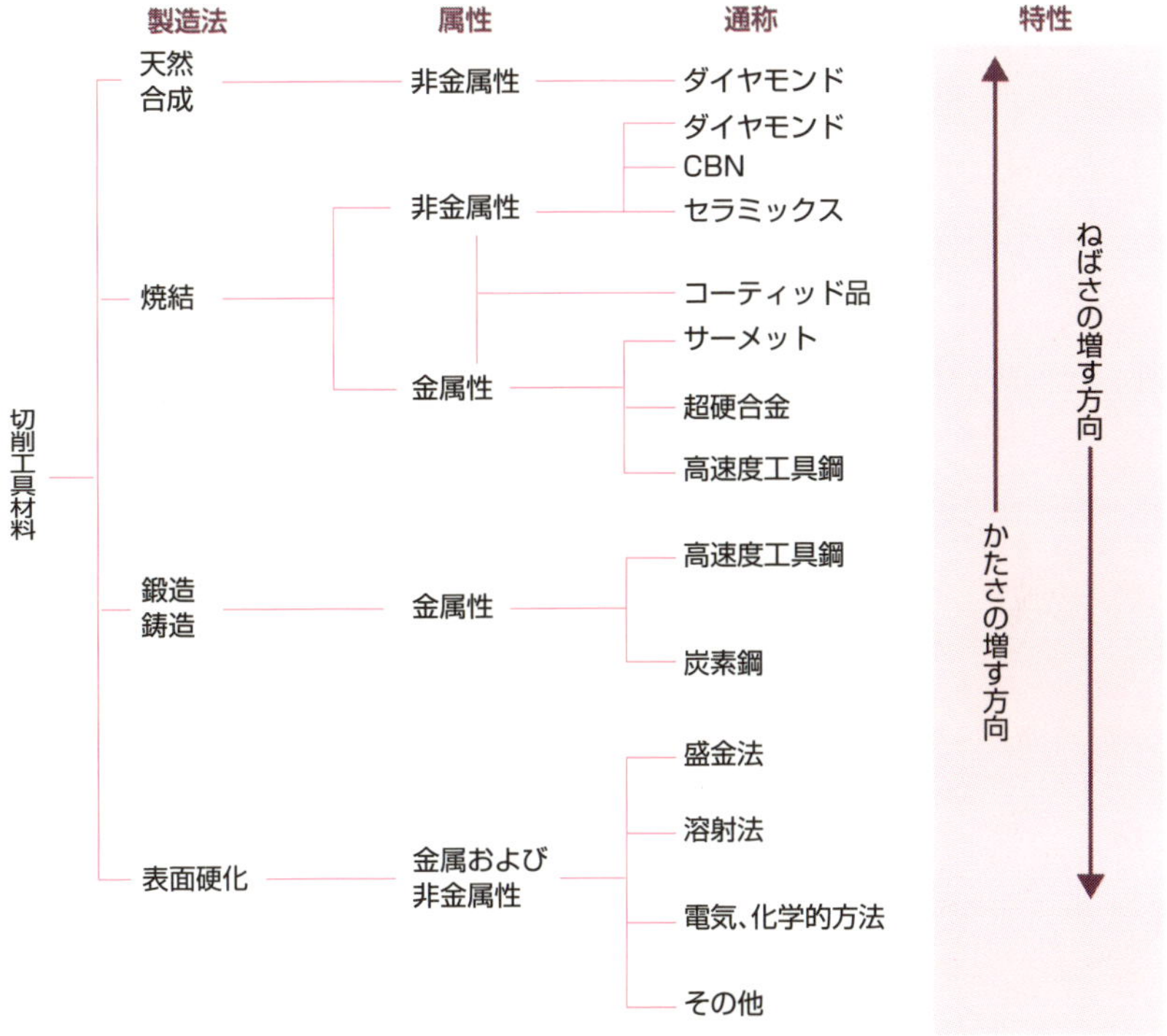

工具材料の位置づけ

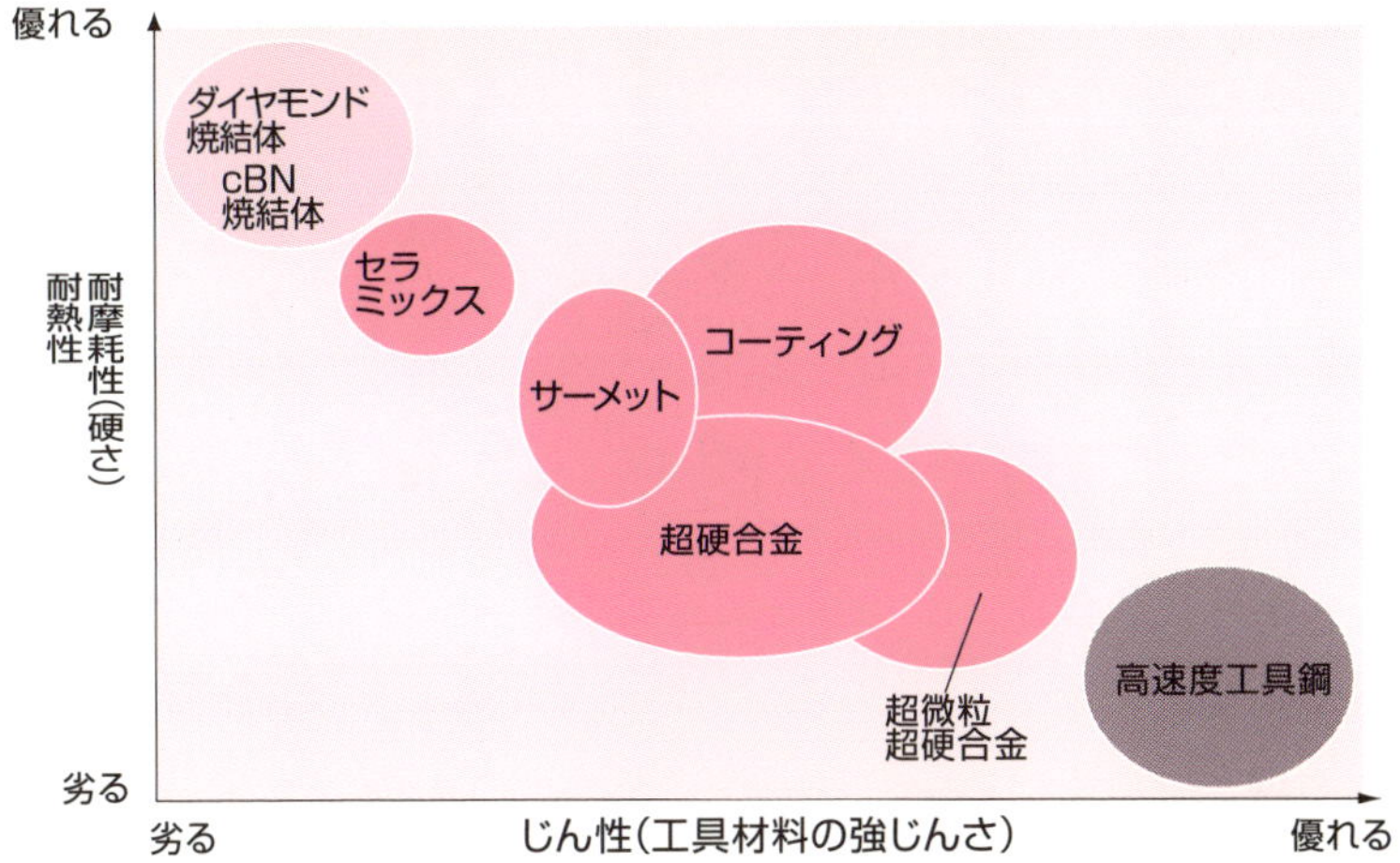

(野村)

24 工具鋼とは

工具鋼のいろいろ

刃物や工具に用いられる鋼を工具鋼と言います。工具鋼には炭素工具鋼、合金工具鋼および高速度工具鋼があります。

炭素工具鋼は、不純物の少ない０・６%から１・５%の炭素を含み、特別に合金元素を添加していない鋼です。通常、この炭素工具鋼はバイトのほか、ヤスリ、平きさげ、ポンチ、およびたがねなどに用いられています。

また合金工具鋼は、焼入れ性を良くし、焼割れやひずみの発生を防止するために、タングステン、クロム、マンガン、モリブデン、バナジウムなどを添加したもので、一般的に、バイト、ダイス、タップ、ドリルなどに用いられています。

そして高速度工具鋼は、高温下での特性を高めるために、鋼にクロム、タングステン、モリブデン、バナジウムなどの金属成分を多量に添加したものです。この高速度工具鋼には、タングステン系のもの（タングステンハイス）とモリブデン系のもの（モリブデンハイス）があります。

開発された当初の高速度工具鋼はＳＫＨ２種で、18-4-1合金と呼ばれているタングステンハイスです。すなわち、タングステンが18%、クロムが４%、そしてバナジウムが１%を含有する合金鋼です。このタングステンハイス（ＳＫＨ２〜ＳＫＨ１０）は一般的な切削工具に用いられています。

タングステンの含有量を減らし、代わりにモリブデンを多くしたものがモリブデンハイスで、じん性を必要とするような一般的な切削工具（ＳＫＨ40〜ＳＫＨ59）に使用されています。また高速度工具鋼にはその作り方により、溶解ハイスと粉末ハイスがあります。

溶解ハイスは合金鋼を電気炉で溶解して作ったもので、結晶粒径にばらつきがあります。また粉末ハイスは粉末冶金法で作られたもので、結晶粒径のばらつきが少なく、じん性に富んでいます。

要点BOX

- ●炭素工具鋼、合金工具鋼、高速度工具鋼
- ●タングステンハイスとモリブデンハイス
- ●溶解ハイスと粉末ハイス

主な工具鋼

主な工具鋼		
主な工具鋼	炭素工具鋼	0.6%～1.5%の炭素を含有し、 特別に合金元素を添加しない鋼
	合金工具鋼	炭素工具鋼にタングステン、クロム、マンガン、 モリブデン、バナジウムなどを添加し、 性能を向上した工具鋼
	高速度工具鋼	高温下での特性を高めるために、鋼に クロム、タングステン、モリブデン、バナジウム などの金属成分を多量に添加したもの

高速度工具鋼による主な製品

エンドミル　　ドリル　　タップ

タングステンハイスとモリブデンハイス

高速度工具鋼	タングステンハイス	18-4-1合金と呼ばれるSKH 2種が原型 タングステン、クロム、バナジウムを含有 一般的な切削用（SKH2～SKH10）
	モリブデンハイス	タングステンの含有量を減らし、代わりに モリブデンを多くしたもの。じん性を必要とする 一般切削用（SKH40～SKH59）

溶解ハイスと粉末ハイス

高速度工具鋼	溶解ハイス	合金鋼を電気炉で溶解して作ったもの 結晶粒径にばらつきがある
	粉末ハイス	粉末冶金法で作られたもの 結晶粒径のばらつきが少なく、じん性に富む

25 超硬工具とは

超硬合金でつくった切削工具

超硬工具とは超硬合金でできた切削工具のことです。そして切削に多く用いられるバイト、正面フライス、およびエンドミルなどが超硬合金で作られています。この超硬合金は粉末冶金法という非常に高度な技術により製造されています。

まず炭化タングステンや炭化チタンなどの硬質材料の粉末と、コバルトやニッケルなどの金属粉末を均一に混合します。そしてドライスプレー（噴霧乾燥）により、乾燥造粒します。この方法により、流動性の高い球状の粒が造られます。

この球状の粒を型に込め、圧縮成形し、真空中で、約１４００℃で焼結します。

そして、その焼結体を研削し、場合によってはコーティングを施して、超硬チップなどの製品に仕上げます。

超硬合金が開発された当初は、その品質にばらつきがありました。そのため、機械加工の自動化は困難でした。現在はこの製造工程が改善され、再現性のよい、また品質のばらつきが少ない製品が作られています。そして自動化が進んでいます。

このように自動化に際しては、制御技術とともに、切削工具の製造上の再現性が保たれ、かつ工具寿命のばらつきが少ないことが前提条件になっています。

この超硬合金には、Ｐ種、Ｍ種、およびＫ種の３種類があります。

Ｐ種は、炭化タングステン、炭化チタンおよび炭化タンタルをコバルトで固めたもので、旋削時に流れ形の切りくずが流出する工作物（鋼、合金鋼、ステンレス鋼など）に用いられます。

Ｋ種は炭化タングステンをコバルトで固めたもので、き裂形の切りくずが出る鋳鉄、非鉄金属および非金属などの切削に用いられます。

そしてＭ種は特殊用途で、ステンレス鋼、鋳鉄、ダクタイル鋳鉄などの切削に用いられます。

要点BOX

- ●超硬合金の製造工程
- ●超硬合金の種類とその用途
- ●超硬合金にはP、M、Kの3種類がある

超硬合金で作った切削工具

超硬バイト

正面フライス

超硬合金の製造工程

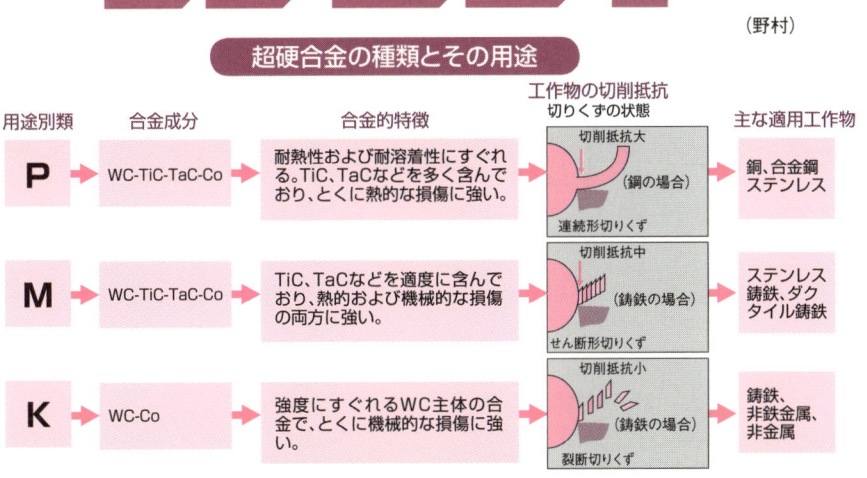

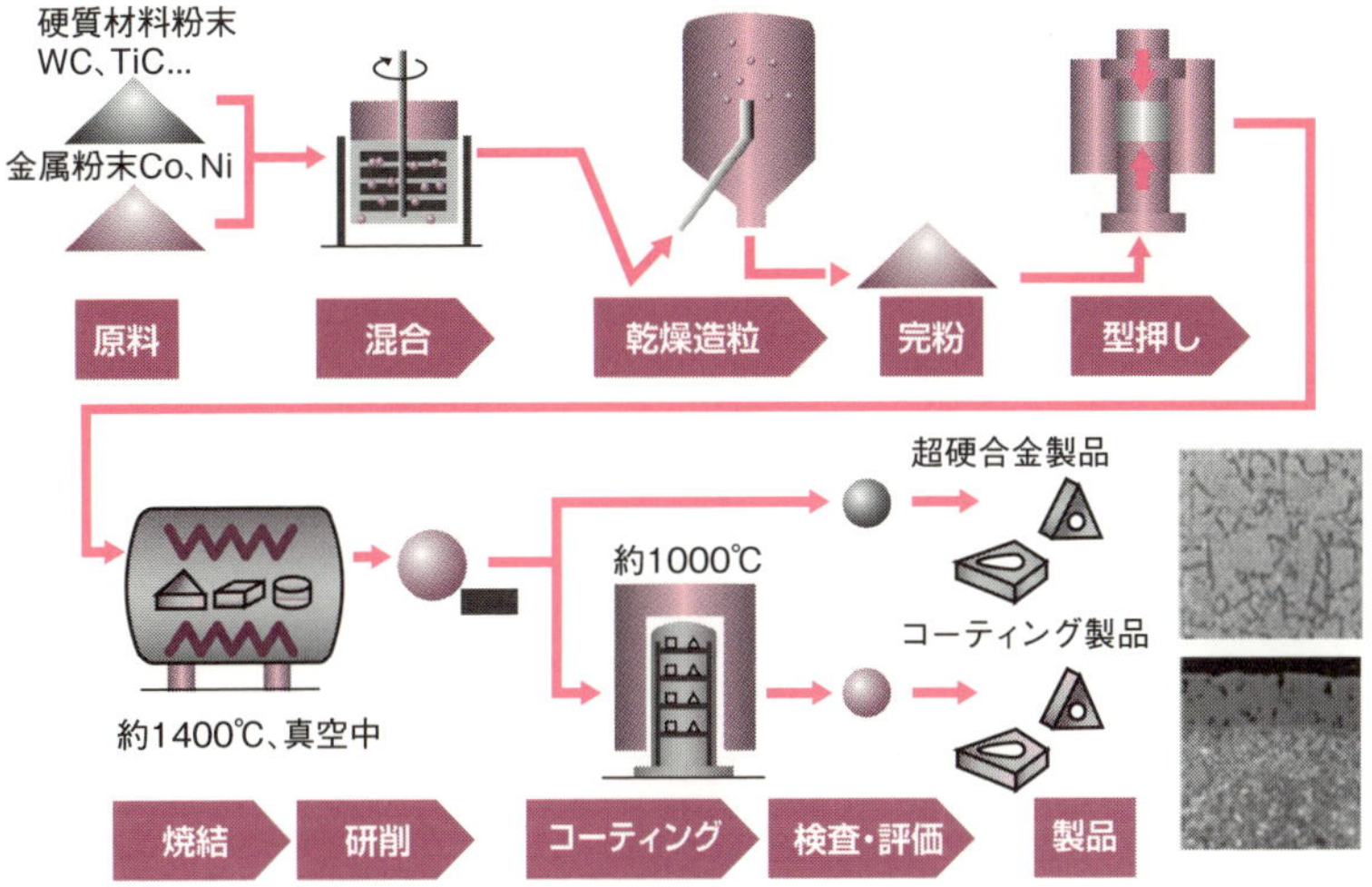

（野村）

超硬合金の種類とその用途

用途別類	合金成分	合金的特徴	工作物の切削抵抗 切りくずの状態	主な適用工作物
P	WC-TiC-TaC-Co	耐熱性および耐溶着性にすぐれる。TiC、TaCなどを多く含んでおり、とくに熱的な損傷に強い。	 切削抵抗大 （鋼の場合） 連続形切りくず	鋼、合金鋼 ステンレス
M	WC-TiC-TaC-Co	TiC、TaCなどを適度に含んでおり、熱的および機械的な損傷の両方に強い。	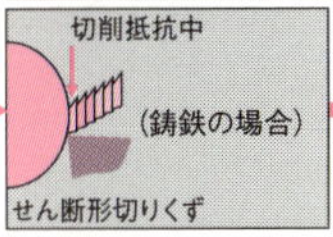 切削抵抗中 （鋳鉄の場合） せん断形切りくず	ステンレス 鋳鉄、ダクタイル鋳鉄
K	WC-Co	強度にすぐれるWC主体の合金で、とくに機械的な損傷に強い。	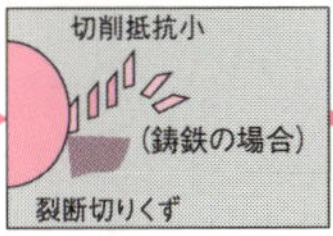 切削抵抗小 （鋳鉄の場合） 裂断切りくず	鋳鉄、非鉄金属、非金属

26 サーメットとセラミックスとは

超硬合金とサーメットはどこが違う

サーメットは、セラミックとメタルの両先頭部をとった合成語です。言い換えれば、セラミックメタルとも言えましょう。

では超硬合金とサーメットとは何が違うのか考えてみることにします。

形状・寸法の同じスローアウエイチップの場合は、一見すると、両者の違いは分かりません。サーメットと比較し、超硬合金の方が少し重いだけです。

サーメットも超硬合金もともに耐熱性複合材料で、違いはありません。しかしながら、炭化タングステンを主成分としてそれを金属結合剤で焼結したものを超硬合金と呼んでいます。

一方、サーメットは、炭化チタンや窒化チタンを主成分とし、それを金属結合剤で焼結したものです。

このサーメットには、炭化チタンと他の炭化物を主成分とするものと、炭化チタンと窒化チタンを主成分とするものとがあります。

通常、サーメットは超硬合金と比較し、鉄との親和性が低いが、チッピングを生じやすいので、硬度の低い鋼材の軽切削に用いられています。とくに後者は高品位な表面が必要な仕上げ切削に多く使用されます。

また、セラミックスを区分けすると、酸化アルミニウムを主成分とするものと窒化ケイ素を主成分とするものとがあります。

そして酸化アルミニウムを主成分とするものには、純粋にそれだけのものと、それに炭化チタンを添加したものとがあります。

前者は色が白いので、白セラと、また後者は黒いので、黒セラと呼ばれることもあります。

また、窒化ケイ素を主成分とするものはじん性が高いが耐摩耗性が低いので、鋼の切削には適していません。通常、これらセラミックス工具は鋳鉄の切削に用いられます。

要点BOX

- ●サーメットの特徴と用途
- ●切削用セラミックスの分類
- ●セラミックスの特徴と用途

サーメットとは

Ceramic

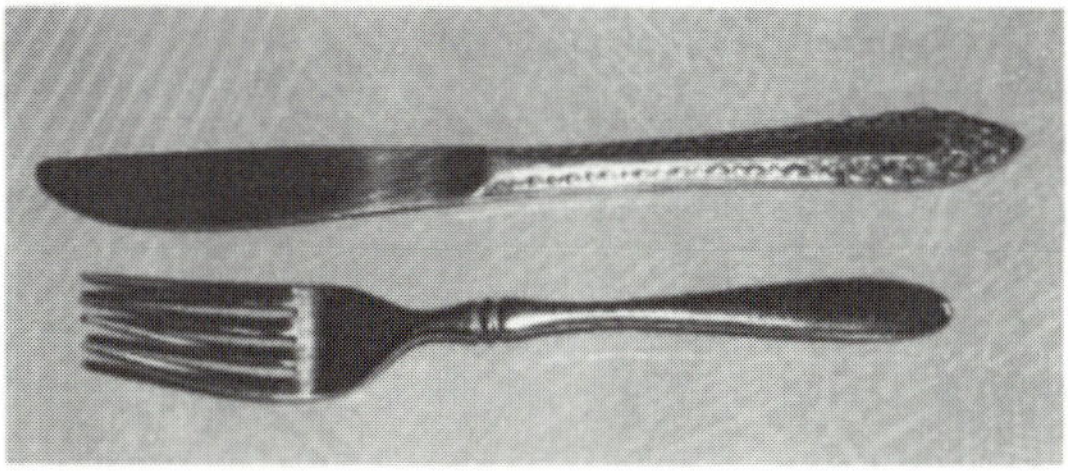

Metal

超硬合金とサーメットとは何が違うの?

- 耐熱性複合材料
  - 超硬合金 — 炭化タングステンを主成分とするもの
  - サーメット — 炭化チタンや窒化チタンを主成分とするもの

サーメットの特徴と用途

- サーメット
  - TiC＋炭化物 — 耐摩耗性が高い 欠損しやすい — 低切り込み・低送り 高〜中速連続切削
  - TiC＋TiN — 耐摩耗性、じん性が高い 工作物との親和性が低い — 高速〜低速まで 高い表面品位が要求される場合

セラミックスの特徴と用途

- セラミックス
  - Al_2O_3 — 最も硬い 耐摩耗性が高い — 鋳鉄の高速低送り 連続切削
  - Al_2O_3＋TiC — 純アルミナと比較しじん性が高い — 鋳鉄の汎用、連続切削 軽度の断続切削
  - Si_3N_4 — じん性が高いが、耐摩耗性が低い — 熱衝撃・機械的衝撃に強い 鋼材の切削には不適

用語解説

サーメット：セラミックとメタルの両先頭部をとった合成語

27 焼結体工具とは

焼結体工具はＣＢＮとダイヤモンド

焼結体工具には、ＣＢＮ（立方晶窒化ホウ素）とダイヤモンドの2種類があります。

ＣＢＮは天然には存在せず、人工的に造られた物質です。この物質は硬度が４７００㎏／㎟と非常に高く、切削工具材料の中ではダイヤモンドの７０００㎏／㎟に次ぐ硬さをもっています。

また、ダイヤモンドの耐熱性が約６００℃であるのに対し、ＣＢＮは約１３００℃と非常に高いのが特徴です。そのため、鉄系の高硬度材の切削に適用されています。

ＣＢＮ焼結体もダイヤモンド焼結体もともに、それぞれの原料粉末を高温（約１３５０℃）・高圧（約５万気圧以上）下で焼結し、そしてそのチップを切削工具に加工したものです。

ＣＢＮ焼結体工具の場合、その含有量が多いほど、耐熱合金、チルド鋳鉄および高速度工具鋼など、硬度が高い難削材の切削が可能になります。

またＣＢＮの含有量が少なく、結合剤の量が多い場合は、その硬度は低下しますが、じん性が高くなるので、低硬度材や断続切削に適用されます。

このように、ＣＢＮ焼結体工具は焼入れ鋼材などの切削ができると言っても、重切削は困難です。通常、焼入れ鋼材の場合、その推奨切削条件は、切削速度が１００～１２０ｍ／min、切り込みが０・１～０・５㎜、そして送りが０・05～０・２㎜／rev程度です。

一方、ダイヤモンド焼結体工具の場合は、鉄との反応性が高いので、鋼材の切削には不向きで、アルミニウム合金や銅合金などの非鉄金属やＦＲＰ（繊維強化プラスチック）などの非金属の切削に用いられています。そしてダイヤモンド焼結体工具の場合の推奨切削条件は、アルミニウム合金（シリコン含有）の切削で、切削速度が２００～１３００ｍ／min、切り込みが０・05～０・２㎜、そして送りが０・05～０・２㎜／rev程度です。

要点BOX

- ●ダイヤモンドと立方晶窒化ホウ素
- ●焼結体工具ができるまで
- ●焼結体工具の種類と特徴

焼結体工具ができるまで

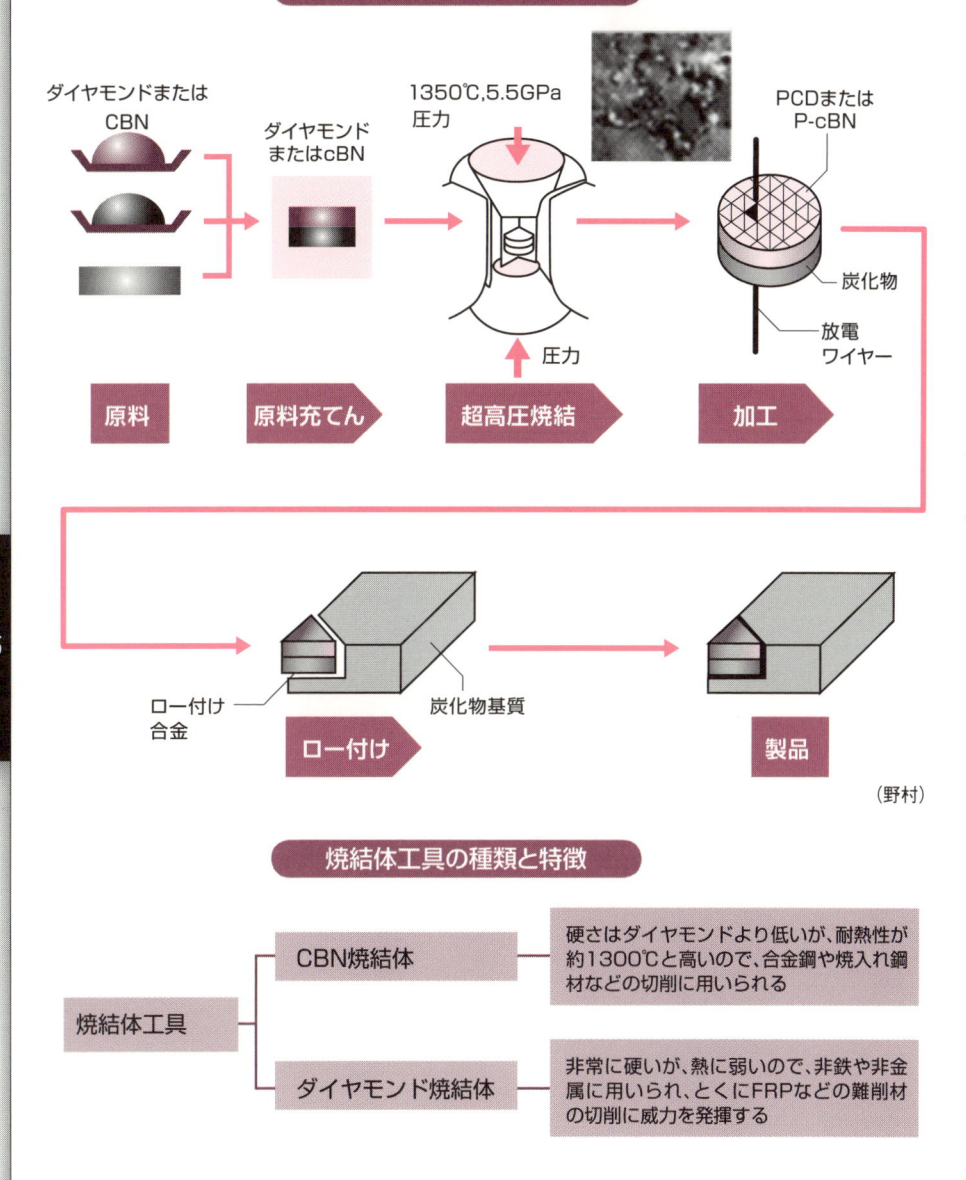

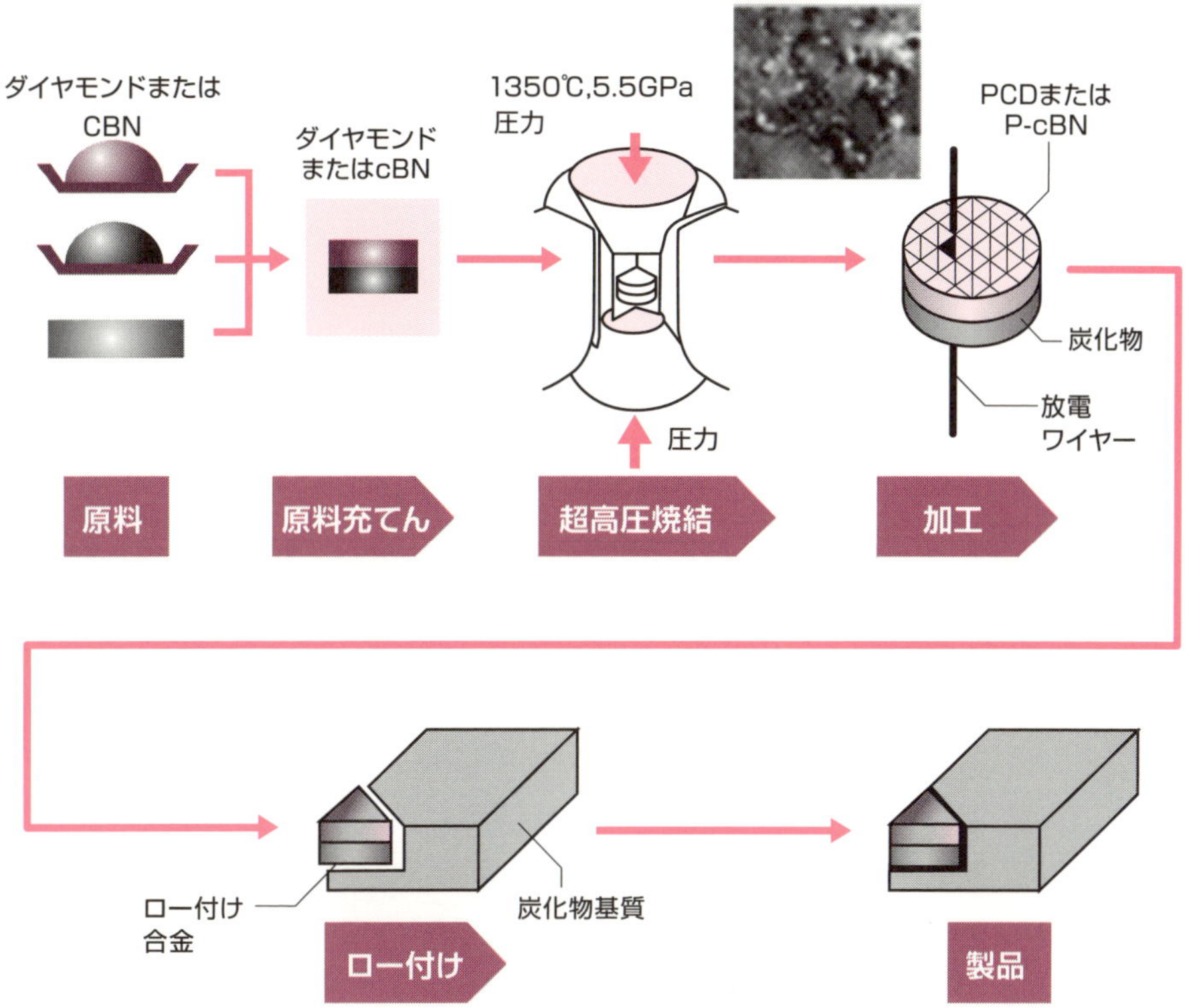

（野村）

焼結体工具の種類と特徴

- 焼結体工具
  - CBN焼結体：硬さはダイヤモンドより低いが、耐熱性が約1300℃と高いので、合金鋼や焼入れ鋼材などの切削に用いられる
  - ダイヤモンド焼結体：非常に硬いが、熱に弱いので、非鉄や非金属に用いられ、とくにFRPなどの難削材の切削に威力を発揮する

用語解説

PCD工具：Poly Crystalline Diamond（多結晶ダイヤモンド）工具のこと

Column

工具材料は先端技術の固まり

古代には、切削工具材料が、石から青銅へ、そして鉄へと変化しました。そして農業などの生産性が向上し、人間の生活は豊かになりました。このように切削工具材料は、当時の先端技術の固まりでした。

鋼材をバイト（切削工具）で切削すると、通常、その刃先には約1000℃の高温と、数百キログラムという力が作用します。このような厳しい条件下で切削が行われているので、それに耐えられる切削工具材料は先端技術の固まりと言えます。

昔は、鉄で鉄を削る時代でした。そして18－4－1合金として有名な高速度工具鋼が開発され、切削速度が飛躍的に高くなり、生産性が向上しました。その後、超硬合金がウイディアという商品名で市販され、また切削速度が高くなりました。現在でも、高速度工具鋼や超硬合金は、切削工具の中心的な役割を果たしています。

続いてセラミック工具が開発され、現在は、多結晶CBN（立方晶窒化ホウ素）やダイヤモンドの焼結体が先端工具材料となっています。これらの焼結体は、高温・高圧条件下で作られるので、ハイテク中のハイテクと言えます。そしてこれらの工具材料を開発したのは世界の主要生産国で、古代と同様に、材料を制する者（国）は技術を制すると言えます。

新しい工具材料が開発されると、切削速度が高くなり、生産性が飛躍的に向上します。そのため切削加工においては、作業目的に適合した工具材料の刃物を選択し、それを適切な条件下で使用することが大切です。また切削加工技術者は、常に新しい工具材料についての情報を広く集めておく必要があります。そしてモノづくり立国、日本において、次世代を担う画期的な工具材料が開発されることが期待されます。

第3章

切削油剤のいろいろ

28 切削油剤はなぜ必要なの？

切削油剤の潤滑作用で切れ味が良くなる

自動車のエンジンにはエンジンオイルが入っています。ではどうして車のエンジンにはオイルが必要なんでしょうか。

オイルがないと、走行時にエンジンが焼き付いてしまいます。エンジンオイルはその焼き付きを防止するための潤滑作用をしているのです。その他、エンジンを冷却したり、その内部を清浄にしたり、さびの発生を防止したりするような働きもしています。

また切削の場合でも、たとえば、のり巻きを包丁《ほうちょう》で切るとき、その包丁を少し水で濡らさないとくっついてしまい、上手に切れません。このように包丁を水で濡らすのは、潤滑のためです。

では鋼材を切削工具で加工する場合に、切削油剤がなぜ必要なのか考えて見ましょう。高速度工具鋼製のドリルを用いて鋼材に穴あけ加工をするような場合には、その刃先に切削油剤を供給します。

切削時に、刃先には高温・高圧が作用し、また工具のすくい面と切りくず間で摩擦が生じます。工具のすくい面と切りくずは、一見、面接触しているよう思えますが、表面には凹凸があるので、実際は、それらの凸部だけが接触しています。この接触部の面積は非常に小さく、その面積で荷重を受けるので、高温・高圧になります。その結果、自動車のエンジンと同様に、工具すくい面と切りくず間で焼き付きが生じます。

このような場合に、切削油剤を刃先に供給すると、工具すくい面や切りくずの表面に強固な油膜が形成され、そして固体接触が防止され、潤滑作用をします。

切削油剤のこの潤滑作用や冷却作用などで、切削工具の切れ味が良くなり、また工具摩耗が低減されるとともに、構成刃先の付着が抑制されるので、切削時の表面粗さが良好に保たれます。

切削加工では、目的に応じて適切な切削油剤を使用することが大切です。

要点BOX

- ●工作物への切削油剤の供給
- ●工具すくい面と切りくず間での焼き付き防止
- ●工具摩耗が低減、構成刃先の付着抑制

自動車とエンジンオイル

のり巻きを切る

包丁を少し水で濡らす

切削油剤を供給する

刃先に切削油剤を供給する

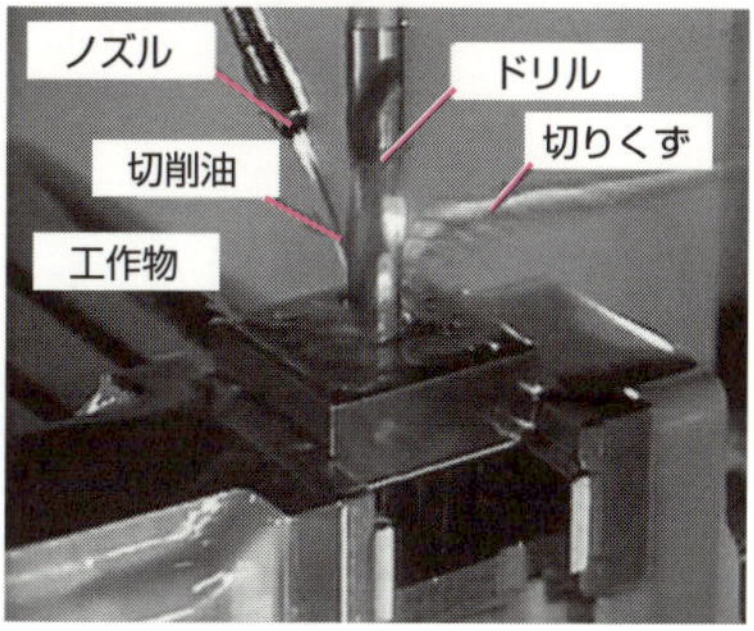

バイトには高温・高圧が作用する!

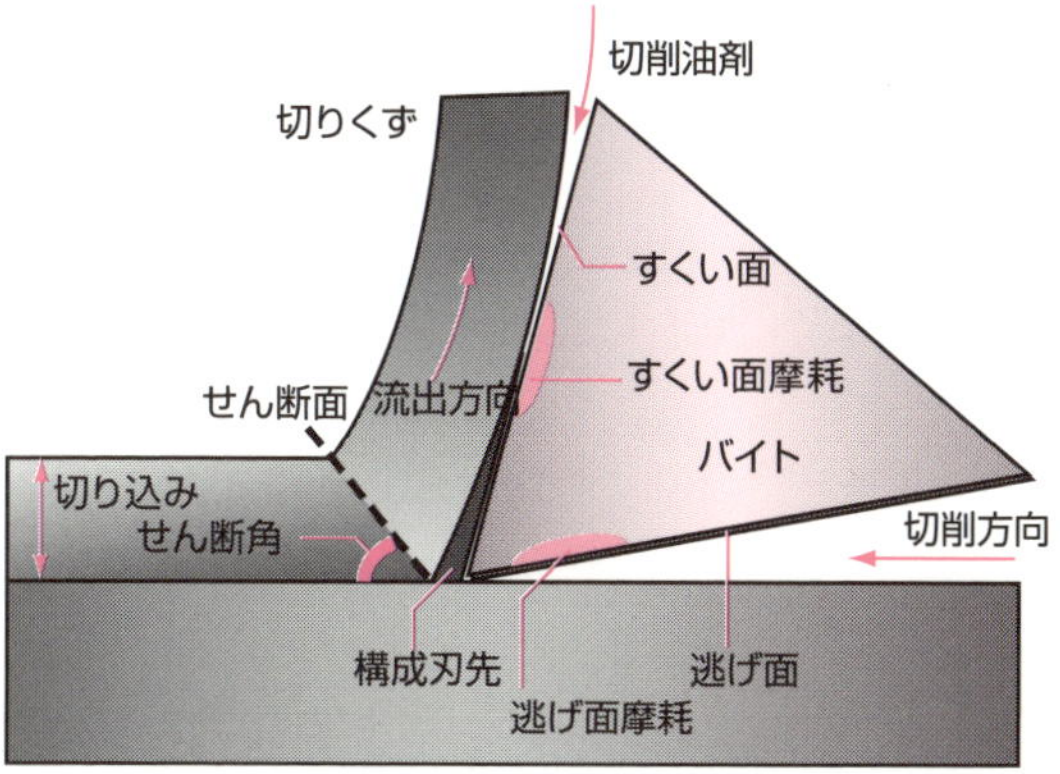

29 切削油剤にはどんな特性が必要なの？

切削油剤の働きとその効果

一口に切削油剤と言っても多くの種類があり、大きく区分けすると、不水溶性のものと、水溶性のものとになります。

また不水溶性の切削油剤は、油性形、不活性極圧形および活性極圧形に分類されます。

同様に、水溶性切削油剤は、エマルション、ソリューブルおよびソリューションに分類されます。

このように切削油剤には多くの種類がありますが、共通して必要とされる働きには、潤滑作用、浸透作用、冷却作用、抗溶着作用、さび止め作用、そして洗浄作用があります。

切削油剤の潤滑作用は、高温・高圧下で、切削工具と工作物の表面に強固な油膜を形成し、それらの摩擦を減らし、工具摩耗や切削抵抗を低減します。

また切削時には、切りくずの流出方向とは反対方向に切削油剤が供給されます。そのため、切削油剤が切削点に届きにくくなっています。したがって、切りくずの流出に逆らって、切削油剤を切削点近傍に到達させる働きが必要になります。浸透作用は、切削油剤を切削点近傍に到達しやすくします。

高速度工具鋼製の切削工具の場合は、切削速度を高くできないので、切削時に構成刃先が付着しやすくなります。抗溶着作用は、この構成刃先の発生を抑制します。

そして冷却作用は、切れ刃の温度を下げて、工具摩耗を低減するとともに、工作物の熱膨張を抑制し、加工精度を良好に維持します。

また、切削直後の工作物表面は非常に活性で、さびやすくなっています。さび止め作用は工作物のこの新生面を保護します。そして、工作物や工作機械のさびの発生を防止します。

また、洗浄作用は切りくずや汚れが工作物や工作機械に付着するのを防止し、それらを洗い流します。

要点BOX

●切削油剤の分類
●切削油剤の作用
●工作物や工作機械の洗浄作用

切削油剤の分類

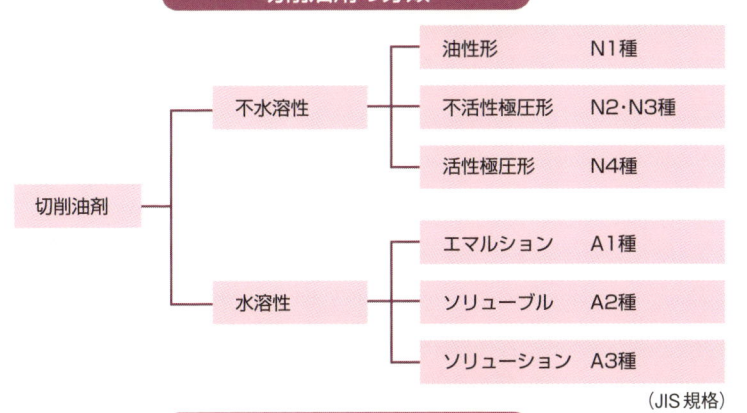

切削油剤	不水溶性	油性形	N1種
		不活性極圧形	N2・N3種
		活性極圧形	N4種
	水溶性	エマルション	A1種
		ソリューブル	A2種
		ソリューション	A3種

（JIS 規格）

切削油剤の作用

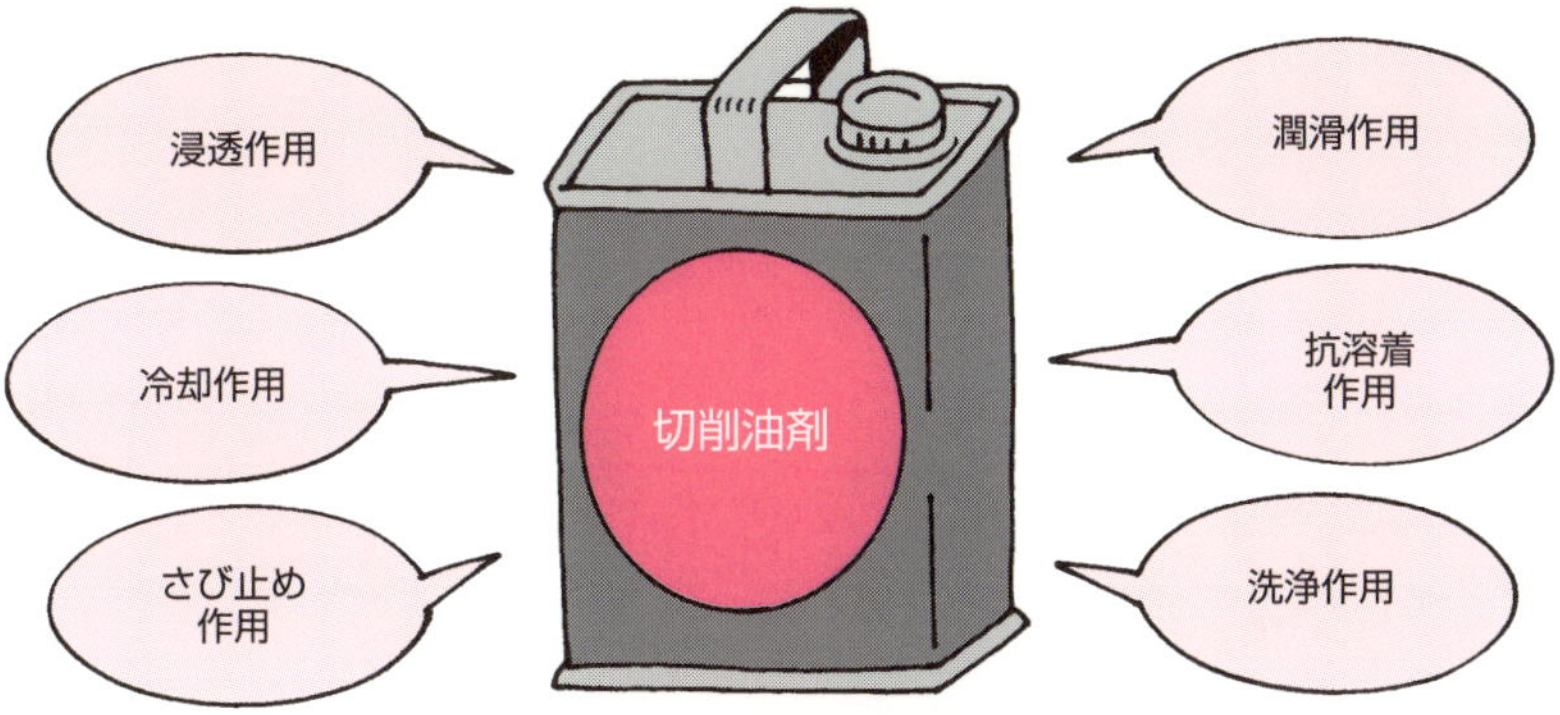

切削油剤の働きとその効果

切削油剤の働き	潤滑作用	摩擦を減らし、工具摩擦や切削抵抗を低減する
	浸透作用	切削点近傍に切削油剤を到達させる
	抗溶着作用	構成刃先の発生を抑制する
	冷却作用	切れ刃の温度を下げて工具摩耗を低減し、また工作物の熱膨張を抑制し、加工精度を維持する
	さび止め作用	切削直後の工作物新生面を保護する
	洗浄作用	切りくずや汚れを洗い流す

30 不水溶性切削油剤とは

不水溶性切削油剤の種類と特性

　切削時に、刃物の切れ味を良くし、工具寿命を長く保つために、切削油剤を使用しますが、一般に用いられているのが、不水溶性切削油剤で、ストレートオイルとも言われています。この不水溶性切削油剤は、基油、油性剤、極圧剤、およびその他の添加剤より成っています。

　また基油は、ベースオイルとも言われ、鉱油、合成油、および脂肪酸でできています。

　鉱油は、石油などの原油から不純物を精製して取り除いた油分のことです。また合成油は、鉱油にない特定の性能を与えるために、化学的に合成した化合物です。

　そして脂肪酸は、油脂のうち常温で液体のものです。

　油脂類や脂肪酸などは油性剤と言われ、金属の表面などに吸着し、強固な油膜を形成することにより、有効な減摩作用を行う物質です。しかしながら油性剤により形成される油膜は、高温・高圧になると、その効果が失われます。

　そのため高温・高圧下で金属表面と反応して焼き付きを防止する目的で添加されるのが極圧剤です。

　この極圧添加剤には、硫黄系、リン系および金属系のものがあります。

　通常よく使用される不水溶性切削油剤（硫化油）は、多少、黄色みがかっていますが、この色は硫黄によるものです。以前は、極圧剤として塩素が用いられていましたが、廃液の焼却時にダイオキシンを発生するので、現在は使用禁止になっています。

　この不水溶性切削油剤は、極圧添加剤を含むものと含まないものに分類されます。そして極圧剤を含む切削油は、硫黄系極圧添加剤を必須とし、その反応の強さによって、油性形Ｎ１種、不活性極圧形Ｎ２種とＮ３種および活性極圧形Ｎ４種に区分けされます。そして活性極圧形は銅板腐食が最も大きくなります。

要点BOX

- ●不水溶性切削油剤の構成
- ●ベースオイルとその成分
- ●焼き付き防止に極圧添加

不水溶性切削油剤とその構成

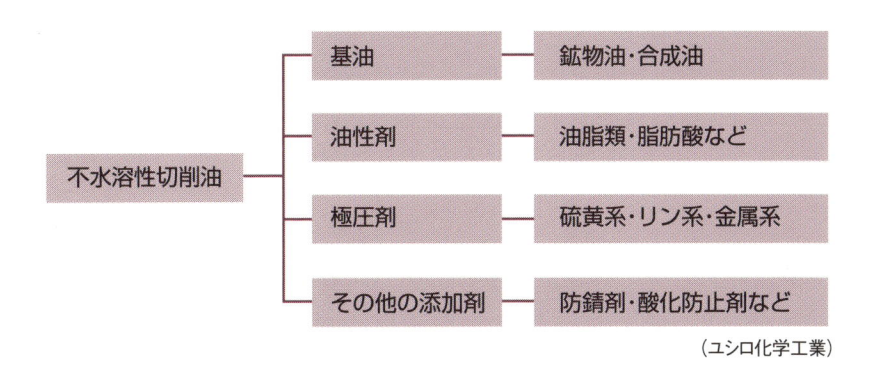

不水溶性切削油	基油	鉱物油・合成油
	油性剤	油脂類・脂肪酸など
	極圧剤	硫黄系・リン系・金属系
	その他の添加剤	防錆剤・酸化防止剤など

（ユシロ化学工業）

ベースオイルとその成分

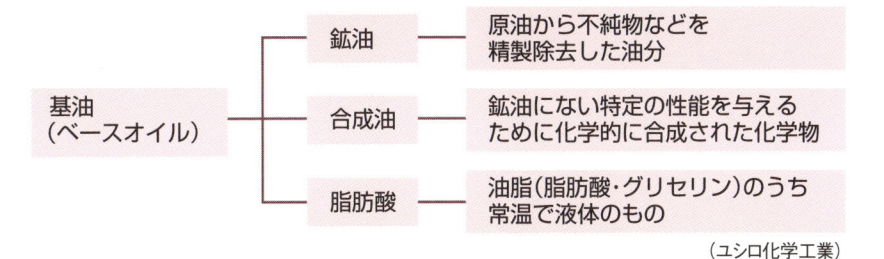

基油（ベースオイル）	鉱油	原油から不純物などを精製除去した油分
	合成油	鉱油にない特定の性能を与えるために化学的に合成された化学物
	脂肪酸	油脂（脂肪酸・グリセリン）のうち常温で液体のもの

（ユシロ化学工業）

不水溶性切削油剤の種類とその特性

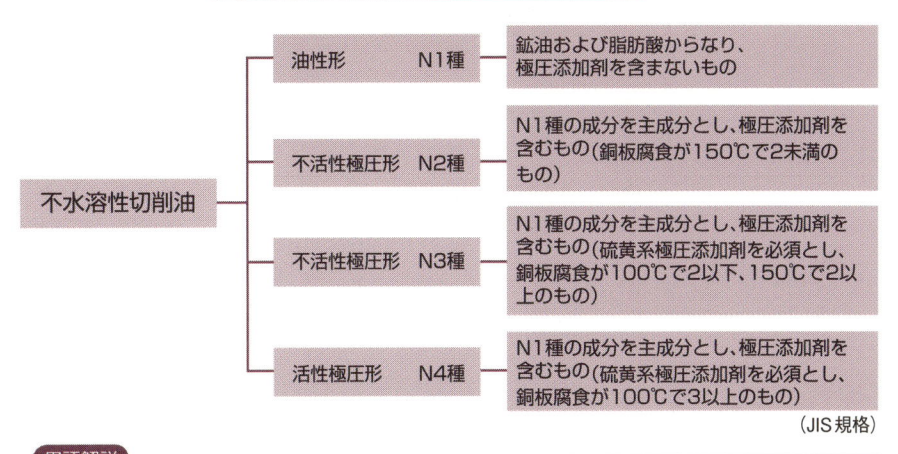

不水溶性切削油	油性形	N1種	鉱油および脂肪酸からなり、極圧添加剤を含まないもの
	不活性極圧形	N2種	N1種の成分を主成分とし、極圧添加剤を含むもの（銅板腐食が150℃で2未満のもの）
	不活性極圧形	N3種	N1種の成分を主成分とし、極圧添加剤を含むもの（硫黄系極圧添加剤を必須とし、銅板腐食が100℃で2以下、150℃で2以上のもの）
	活性極圧形	N4種	N1種の成分を主成分とし、極圧添加剤を含むもの（硫黄系極圧添加剤を必須とし、銅板腐食が100℃で3以上のもの）

（JIS 規格）

用語解説

極圧剤：切削時に摩擦局部の焼付きを抑制し、切削性の向上を図るために基油に添加する物質

31 水溶性切削油剤とは

水中に油が溶け込んだ水溶性切削油剤

水溶性切削油剤は水の中に油が溶け込んだものです。ではどうして油が水に溶け込むのか考えてみましょう。

容器の中に水と油を入れて攪拌すると、一見、それらが混合したように見えますが、静止した状態で放置すると、また元のように水と油に別れてしまいます。

この水と油を結びつける役割をしているのが界面活性剤です。このモデルは、水が好きな親水基《しんすいき》と、油が好きな(水が嫌いな)親油基で示されます。

水の中に界面活性剤を入れると、水が嫌いな親油基を内側に、また水の好きな親水基を外側にして、集団が形成されます。この集団はミセルと呼ばれています。

このミセルの中心部は親油基なので、油性物質があると、その油性物質をその内部に取り込みます。すなわち親油基が油を取り囲み、親水基を外側に向けた状態になります。このような現象は可溶化と呼ばれています。

この可溶化が生じると、親水基は水になじみやすいので、水と油が混じり合います。この水と油が混じり合った状態をエマルションと呼んでいます。

現在、水溶性切削油剤には、エマルション形、ソリューブル形およびソリューション形があります。

エマルション形は、水、油および界面活性剤からなり、油の粒子が大きいのが特徴です。たとえば、牛乳などがこのタイプです。

ソリューブル形は、水、油、界面活性剤、水溶性添加物および溶解物質からなり、エマルションと比較し、油の粒子が小さく、石けん液のように、光が透過する透明な液です。

そしてソリューション形は、油を全く含まず、水と溶解物質からなり、その粒子が非常に小さいのが特徴です。

要点BOX
- ●油が水に溶け込むメカニズム
- ●水と油が混じり合ったエマルション形
- ●ソリューブル形、ソリューション形もある

水と油はなぜ混ざるのか

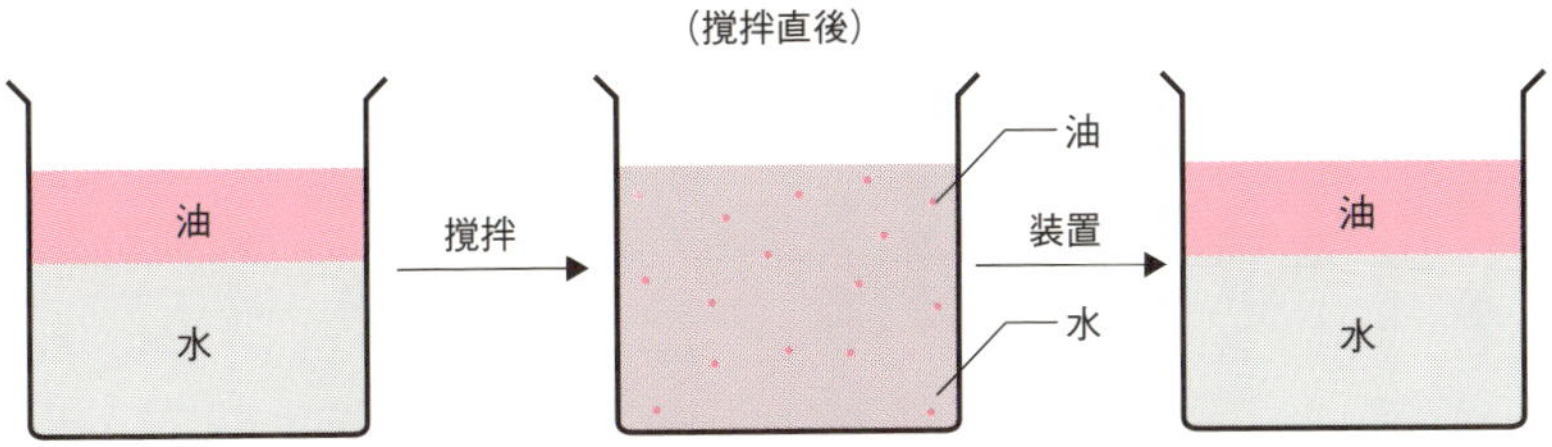

いろいろな水溶性切削油剤のモデル

水とエマルションモデル

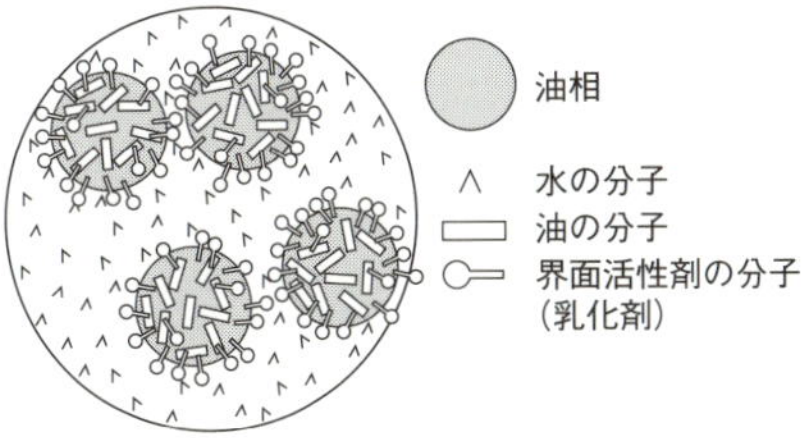

ソリューブルモデル

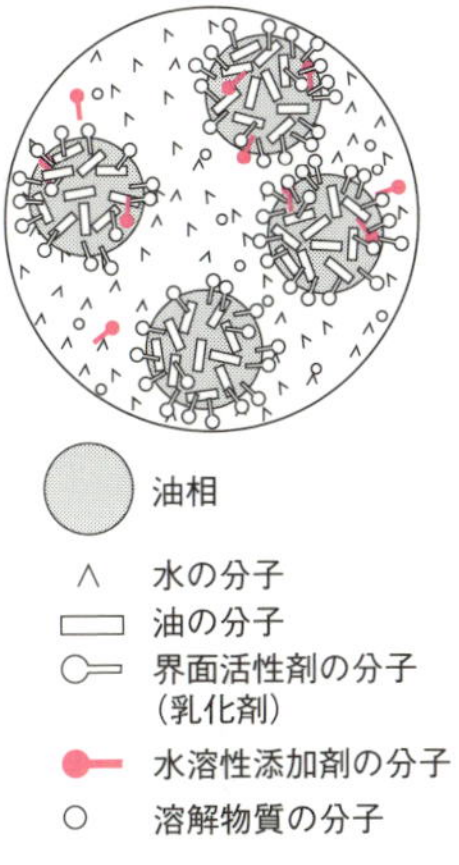

ソリューションモデル

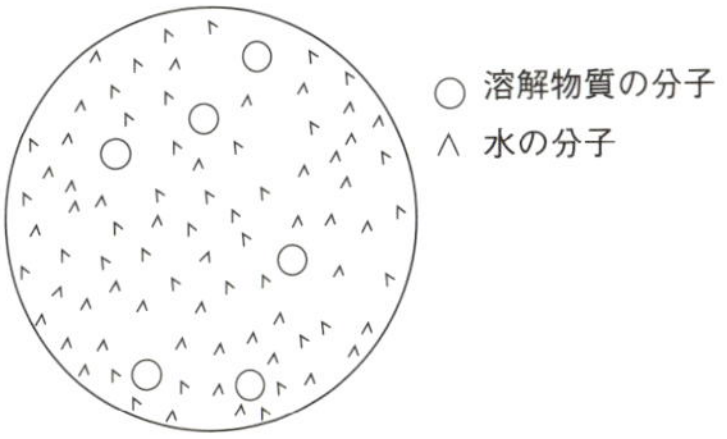

界面活性剤モデル

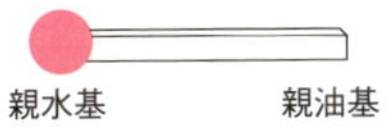

家庭で見られる水溶性油剤

ソリューブルタイプ

石けん液のように、油量が少ないために、粒子が小さく、光がよく透過する透明な液

エマルションタイプ

牛乳のように、互いに溶け合わない2種類の液体の一方が、他方に細かい粒子に分散した乳化状の液

32 添加剤はどのような役割をしているの？

切削油剤を助けるいろいろな添加剤

切削油剤には、多くの添加剤が入っています。

切削において、切削工具の切れ味を良くし、工具寿命を長く保つには、工具と工作物間の摩擦を低減する必要があります。切削工具と工作物は面接触しているようですが、実際は両面の凸部だけが接触しています。

油性剤は、低荷重下において、これらの表面（切削工具のすくい面など）に吸着して、強固な吸着膜を作ります。そして、金属同士の直接の接触を妨げ、摩擦や摩耗を減少する働きをしています。そのため、この油性剤は潤滑性向上剤とも言われています。油性剤としては、金属表面に対し吸着力の大きな高級脂肪酸や高級アルコールなどがあります。

また極圧剤は極圧添加剤とも言われ、ＪＩＳ規格では、切削時に摩擦局部の焼付き抑制、切削性の向上を図るために基油に添加する物質と定義されています。

この極圧添加剤は、油性剤が効きにくい高温・高圧下において、切削工具の表面に潤滑被膜を形成することにより、摩擦・摩耗を低減し、焼付きを防止する働きをしています。

また切削油剤が長く空気と触れていると、酸素と反応し、酸化（腐敗とも言われる）しますが、この酸化・劣化を低減するのが酸化防止剤です。

そして切削した金属の表面（新生面）は非常に活性で、さびやすくなっています。このような工作機械や工作物の防錆作用をするのがさび止め剤です。

腐食防止剤は、金属の表面に腐食防止被膜を形成し、その腐食を防止する働きをしています。

また、切削時にはオイルポンプを用いて切削油剤を供給しますが、このときにオイルミストや泡が発生します。このオイルミストや泡の発生を抑制するのがミスト抑制剤と消泡剤です。

要点BOX

- 添加剤の種類と作用
- 酸化・劣化を低減する酸化防止剤
- 防錆作用をするさび止め剤

添加剤の種類と作用

添加剤	種類	作用
添加剤	油性剤	摩擦・摩耗の減少
	極圧添加剤	摩擦・摩耗・焼付きの防止
	酸化防止剤	酸化の防止
	さび止め剤	さびの発生の防止
	腐食防止剤	腐食の防止
	ミスト抑制剤	油剤のミスト化の抑制
	消泡剤	泡の破壊と発生の防止

（ユシロ化学工業）

切削油剤の防錆作用

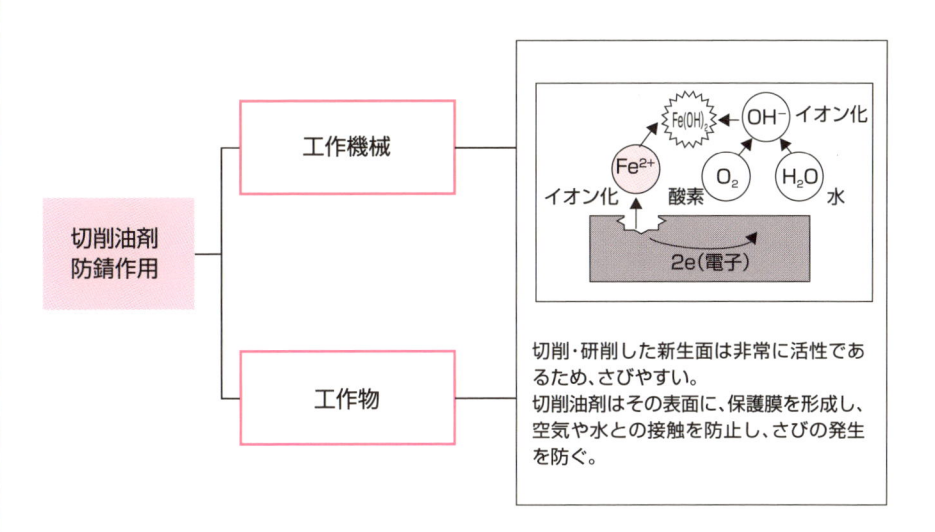

切削油剤防錆作用

- 工作機械
- 工作物

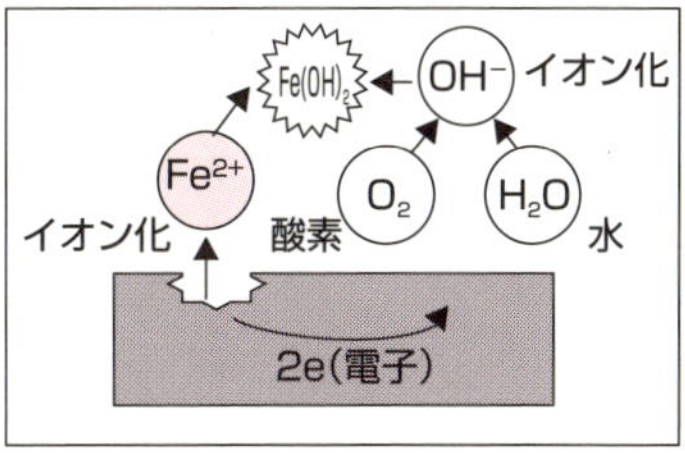

切削・研削した新生面は非常に活性であるため、さびやすい。
切削油剤はその表面に、保護膜を形成し、空気や水との接触を防止し、さびの発生を防ぐ。

用語解説

高級脂肪酸：脂肪酸のうち、分子中の炭素数の多いものの総称

33

水溶性切削油剤にはどんなものがあるの？

水溶性切削油剤の種類

　一口に水溶性切削油剤と言っても多くのものがあります。現在、ＪＩＳ規格により、水溶性切削油剤として、Ａ１種、Ａ２種およびＡ３種が定められています。

　Ａ１種はエマルションタイプとも言われ、水に溶かすと乳白色になります。家庭で見られる牛乳、バターおよびマーガリンなどもエマルションです。

　牛乳は水の中に油滴が分散しているタイプなので、親水系エマルションと言われています。

　またバターやマーガリンは、油の中に水滴が分散しているタイプなので、親油系エマルションです。

　通常、切削油剤として用いられているのは、鉱油と脂肪酸などの水に溶けない成分と界面活性剤から成り、比較的大きな粒径の油滴が水に分散しているタイプです。

　またＡ２種はソリューブルとも言われ、石けん液のように、小さな粒径の油滴が水に分散しているもので、水に溶かすと、外観が透明から半透明になります。

　そして、Ａ３種はソリューションタイプとも言われ、油を全く含まず、可溶性物質から成っています。通常、緑色などに着色されているものが多く、水で希釈すると、外観が透明になります。

　このように規格では、３種の水溶性切削油剤が定められていますが、一般的にはマイクロエマルションタイプ、シンセティックタイプ、およびバイオスタティックタイプなどの水溶性切削油剤も使用されています。

　マイクロエマルションタイプは、油滴の粒径が小さく、わずかに透明感のあるものです。またシンセティックタイプは合成の油性剤を潤滑剤として用いたものです。

　そしてバイオスタティックタイプは、成分の配合方法により、使用液がバクテリアの影響を受けにくくしたものです。

　通常、これら水溶性切削油剤は水で10〜１００倍程度薄めて用いられます。

要点BOX

- ●親水系と親油性エマルション
- ●水溶性切削油剤の通称
- ●水溶性切削油剤の特徴と用途

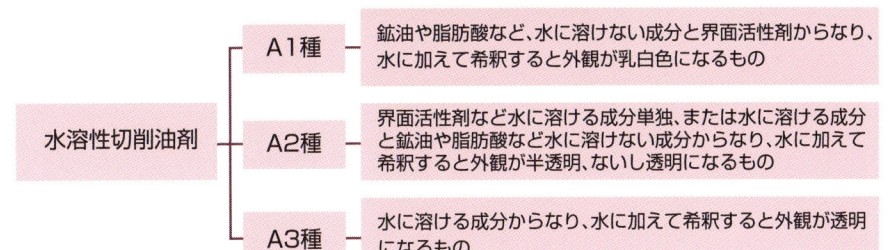

水溶性切削油剤の分類

水溶性切削油剤	A1種	鉱油や脂肪酸など、水に溶けない成分と界面活性剤からなり、水に加えて希釈すると外観が乳白色になるもの
	A2種	界面活性剤など水に溶ける成分単独、または水に溶ける成分と鉱油や脂肪酸など水に溶けない成分からなり、水に加えて希釈すると外観が半透明、ないし透明になるもの
	A3種	水に溶ける成分からなり、水に加えて希釈すると外観が透明になるもの

（JIS 規格）

水溶性切削油剤の通称

JIS分類	通　称
A1種	エマルションタイプ
A2種	（マイクロエマルションタイプ）
A2種	ソリューブルタイプ
A2種／A3種	ケミカルソリューションタイプ

（ケミック）

水溶性切削油剤の概略

通　称	概　略
エマルションタイプ	水に溶かすと乳白色になり、主に切削加工に用いる エマルション粒子が小さくわずかに透明感を感じるものを、マイクロエマルジョンと呼ぶ場合もある
ソリューブルタイプ	水に溶かすと透明から半透明になり、切削加工と研削加工の両方に用いる。緑などに着色している場合も多い
ケミカルソリューションタイプ	水に溶かすと透明になり、主に研削加工に用いる 緑などに着色している場合も多い
（シンセティックタイプ）	合成の油性剤を潤滑剤として用い、液劣化が少ない
（バイオスタティックタイプ）	成分の配合により、使用液がバクテリアの影響を受けにくい

（　）内は切削油剤の種類に対する分類というよりも成分や性能による分類

（ケミック）

34 水溶性切削油剤の性能と用途

持つ特性に応じて使い分ける

水溶性切削油剤の性能には、切削性能に直接に関わる一次性能と、作業環境や人体への影響などにかかわる二次性能とがあります。

潤滑性や極圧性などは切削工具の切れ味を良くし、摩耗を低減する働きをするので一次性能です。また切削油剤を切削点に到達しやすくするための浸透性、切りくずの排出をしやすくする洗浄性、そして切削熱を素早く除去し、良好な寸法精度を維持するための冷却性も一次性能です。

切削油剤の二次性能としては、低刺激性、べたつきの無さおよび消泡性などがあります。これらは作業環境を良好に保ち、人体への影響を低減するものです。

水溶性切削油剤を管理するうえで大切なものにpHがあります。このpHは、その液が酸性か、アルカリ性かを示すもので、pH1が強酸性で、pH14が強アルカリ性です。通常、水溶性切削油剤は防錆力を維持するために弱アルカリ性（8～10）になっています。そして表面張力（単位：dyn／cm）は数値が低いほど、浸透性や洗浄性が高いことを示します。

また耐圧荷重（kg／cm²）は焼付きまでの荷重を示し、その数値が大きいほど、潤滑性が高い切削油剤となります。

切削工具の切れ味に影響する潤滑性や極圧性という点では、エマルションタイプの切削油剤が最も高く、ケミカルソリューションタイプのものが最も低くなっています。

一方、冷却性という点では、水が比熱や熱伝導率が大きいので、最も優れています。そのため油を含まないケミカルソリューションタイプの切削油剤は冷却性が最も高く、エマルションタイプのものが最も低くなります。したがって、切削時に刃物の切れ味を重視するならばエマルションを、また冷却性ならば、ソリューションを用います。

要点BOX

- ●水溶性切削油剤の一次、二次性能
- ●水溶性切削油剤の特性
- ●水溶性切削油剤と特徴

水溶性切削油剤の一次・二次性能

一次的性能←→二次性能	潤滑性	切くずを滑らかに排出し、刃先を守り、仕上げ面精度を安定させる働き
	極圧性	刃先での工作物の溶着を防ぎ、正常切削を続ける性能
	浸透性	加工点に入り込み、油剤の性能を十分に発揮させる性能
	洗浄性	切りくずをすばやく排出させる性能、また機械をきれいに保つ性能もいう
	冷却性	加工熱による工作物の膨張を防ぎ、寸法精度を安定させる性能
	防錆性	機械や工作物をさびや腐食から守る性能
	切りくずの沈降性	切りくずや研削くずの沈降する速度
	安定性	使用液が分離したり、反応性生成物を作らない性能
	消泡性	泡立ちによるオーバーフローや、冷却性の低下を防ぐ性能
	べたつきの無さ	機械まわりのべたつきや、加工後の工作物の付着を防ぐ性能
	低刺激性	手荒れなどの皮膚障害、のどや目に対する刺激を起こさせない性能

（ケミック）

水溶性切削油剤の特性

	エマルション	ソリューブル	ケミカルソリューション
pH	8～10		
表面張力	30～40	30～40	50～70
耐圧荷重	6～12	6～12	1～3

（ケミック）

水と油の比熱と熱伝導率

	水	油
比熱〔cal/℃/g〕常温	1.0	0.4～0.5
熱伝導率〔cal/cm/sec/℃〕常温	1.4×10^{-3}	0.3×10^{-3}

水溶性切削油剤とその特徴

種　類	特　徴
エマルションタイプ	潤滑性が大きく、低速重切削に効果を発揮する 塗料に対する影響は比較的少ない。手荒れの頻度も一般的に少ない
ソリューブルタイプ	浸透性が大きく、高速軽切削で効果を発揮する 種類によっては塗装に対する影響の強いものもある
ケミカルソリューションタイプ	防錆力が強く、バイオスタティックでなくても腐敗は比較的少ない 種類によってはとそうや手荒れに対する影響がやや強いものもある
シンセティックタイプ	加工熱の影響を受ける部分で潤滑膜を形成 高速加工で特に効果を発揮
バイオスタティックタイプ	使用液が腐敗しにくい

（ケミック）

35 切削油剤をどのように選ぶの？

切削油剤の選び方

切削工具の切れ味を良くする潤滑性を重視するのか、あるいは高能率加工時の温度上昇を低減するための冷却性を重視するのかによって、切削油剤の選び方が違います。

潤滑性を重視するならば、不水溶性の切削油剤を選択し、冷却性を重視するならば水溶性のものを選びます。また切削直後の新生面は活性でさびやすいので、防錆性を重視するならば不水溶性切削油剤を選びます。そして切削時の油煙やオイルミストなどの作業性が問題になるならば、水溶性の切削油剤を選択します。

不水溶性切削油剤を選択する場合でも、仕上げ面精度の向上を主目的とするならば、活性タイプの油剤を選択し、工具寿命の延長を主目的とするならば、不活性タイプのものを選びます。同様に、水溶性切削油剤で、潤滑性を重視するならばエマルションタイプの油剤を選択し、冷却性を重視するならば、ソリューションタイプのものを選びます。

通常、銅や銅合金などの非鉄金属や、鋳鉄などの軽切削には、不水溶性切削油剤で油性形のものが選択されています。

また鋼や合金鋼などの一般的な切削には、不活性極圧形の油剤が、そして難削材の低速加工や仕上げ面精度の厳しい切削には、活性極圧形の油剤が選択されます。

同様に、水溶性切削油剤で潤滑性が必要とされる鋳鉄、非鉄金属および鋼の切削などにはエマルションタイプが、またそれらの切削で冷却性が重視されるときはソリューブルタイプが選択されます。また鋳鉄の切削には、さび止め性の良好なソリューションタイプの油剤が選ばれます。

この他、作業目的、工作物の材質および加工方法などによっても切削油剤の選択の仕方が異なるので注意してください。

要点BOX
- ●潤滑性か冷却性か
- ●不水溶性切削油剤の主な用途
- ●水溶性切削油剤の主な用途

潤滑性か、冷却性か

切れ味
重視なら
不水溶性
油剤だよ
冷却性能
なら
水溶性
油剤
だよ

切削油剤の作業性

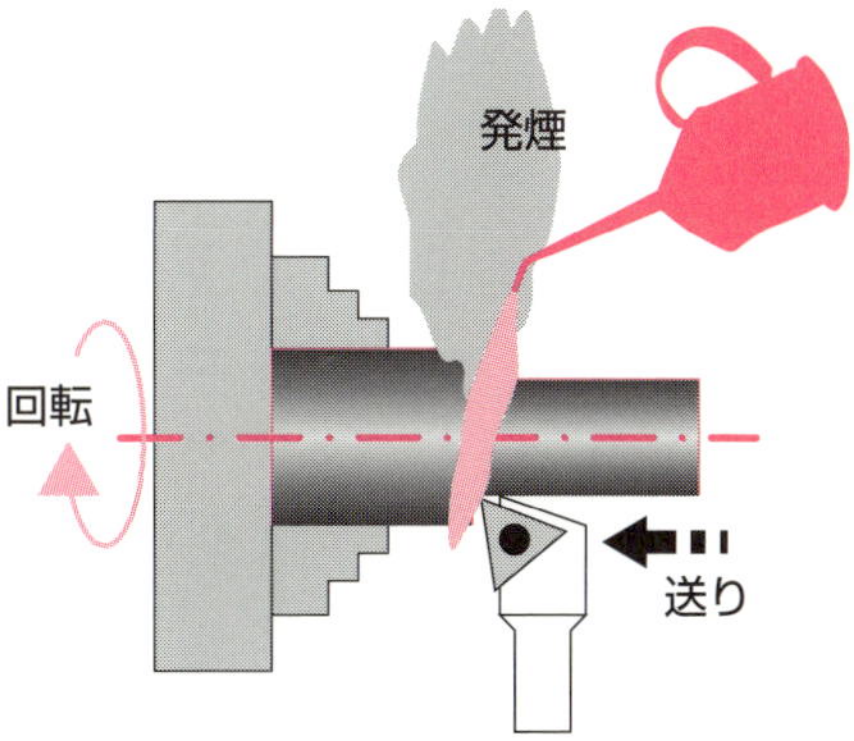
発煙
回転
送り

不水溶性切削油剤の主な用途例

不水溶性切削油剤の主な用途	油性形	非鉄金属(銅および銅合金)や鋳鉄の軽切削加工
	不活性極圧形	汎用的な切削油剤 鋼や合金鋼の一般切削加工
	活性極圧形	難削材の低速加工 仕上げ面精度の厳しい切削加工

(ユシロ化学工業)

水溶性切削油剤の主な用途例

水溶性切削油剤の主な用途	エマルション	鋳鉄、非鉄金属、鋼の切削など 潤滑性の必要な切削加工
	ソリューブル	鋳鉄、非鉄金属、鋼の切削 研削加工
	ソリューション	鋳鉄の切削加工 鋳鉄、鋼の研削加工

(ユシロ化学工業)

用語解説

難削材：各種超耐熱合金、チタン合金、高マンガン鋼、およびステンレス鋼などの切削が困難な材料の総称

36 切削油剤をどのように供給するの？

いろいろある給油方法

通常、切削時には切削工具のすくい面に沿って流出する切りくずの向きと反対方向に切削油剤を供給するので、その油剤が切削点近傍に届きにくいという問題があります。

そこで切削油剤を切削点近傍に効率よく供給するためにいろいろな方法が行われています。

最も簡単な給油法は、手給油で、不水溶性切削油剤などを刷毛《はけ》に付けて、切削工具の刃先近傍に塗る方法です。この方法は、特別な装置を必要としないので簡便ですが、給油がむらになりやすいという問題があります。

また、通常行われているのが普通給油です。この方法は切削油剤をポンプでくみ上げ、ノズルを用いて切削工具の刃先近傍に給油するものです。この方法は外部給油と呼ばれていて、不水溶性切削油剤を用いる方法と、水溶性のものを供給する方法とがあります。

そして、ドリルによる深穴加工などに多く適用されているのが高圧給油です。深穴加工の場合は、切削油剤が刃先近傍に届きにくく、また切りくずの排出も困難という問題があります。

この高圧給油法は、通常、穴付きドリルやエンドミルなどの刃先先端から高圧の切削油剤を吐出し、これらの問題を解決しようとするものです。

最近はとくに、高圧の切削油剤を内部給油する方法がマシニングセンタなどに多く用いられるようになっています。

また、地球環境との関連で多く用いられるようになっているのが噴霧（ミスト）給油です。

この給油法は、切削油剤を霧吹きの原理を用いてミスト化し、それを外部給油、あるいは内部給油により、切削工具の刃先近傍に効率よく供給しようとするものです。噴霧給油法には、油性ミストを用いる方法と水性ミストを用いる方法とがあります。

要点BOX

- ●最も簡単な手給油
- ●ノズルを用いて切削工具の刃先近傍へ給油
- ●深穴加工に用い高圧給油

いろいろな給油法

給油法	普通給油	工具と工作物の冷却、または切削部分に油剤を供給するための低圧大容量での給油
	噴霧給油	媒体中に微粒子として油剤を分散するために噴霧発生装置を利用して、切削部分に給油
	高圧給油	高圧給油法は、ドリル、ガンドリルおよびエンドミルなどの内部給油として用いられる
	高速噴射給油	切削部分に油剤を浸透させるために高速で油剤を噴霧する特殊な給油法
	手給油	はけ刷り、浸浸または油缶によるペースト、固体または液体の手による給油
	浸漬法	タンクまたは容器に、工作物を浸漬することによる給油

ミスト給油

（フジBC技研）

外部給油と内部給油

37 環境問題とMQLとは

切削油剤と電力消費量を低減

現在、地球環境問題が重要になっています。そして企業では、３Ｒ運動が推進されています。

切削油剤の３Ｒとは、減量化（切削油剤の使用量を減らすこと）、再使用（再度使用すること）およびリサイクル（再資源化）のことです。

通常、切削では、大量の切削油剤を切削工具の刃先に供給しますが、そのとき、油圧ポンプで多くの電力が消費されます。切削油剤と電力消費量を低減するために開発されているのがＭＱＬです。このＭＱＬは最少量潤滑と呼ばれています。

この方法は、セミドライ切削と呼ばれることもあり、できるだけ切削油剤を使用せずに効率よく切削を行おうとするものです。

通常、切削工具すくい面に沿って流出する切りくずと反対方向に切削油剤を供給するので、その油剤はほとんど切れ刃には到達しません。切削工具の逃げ面から切削油剤を供給すると、比較的、切削点近傍に油剤が届きやすいのですが、外部給油ではそれが困難です。

切削油剤をミスト化すると、そのミストが切削工具のすくい面や逃げ面から切削点近傍に届きやすくなります。同時に、切削油剤の大きなタンクや給油ポンプが不要になり、省スペース、省電力であるという利点もあります。

このミスト切削法を区分けすると、油性ミストを用いる方法と水性ミストを使用する方法とがあります。油性ミスト切削は、通常、高精度、高品質が要求される潤滑性重視の加工に適用されます。

また水性ミスト切削は、高能率加工時の切削熱の除去が主目的となるので、冷却性を重視する場合に用いられます。

この水性ミスト切削には、水溶性切削液ミスト法、油膜付水ミスト法および水・油混合ミスト法があります。

要点BOX

- ●MQLは最少量潤滑と呼ばれる
- ●切削油剤の3R
- ●油性および水ミスト切削の特徴

環境問題と切削油剤の3R

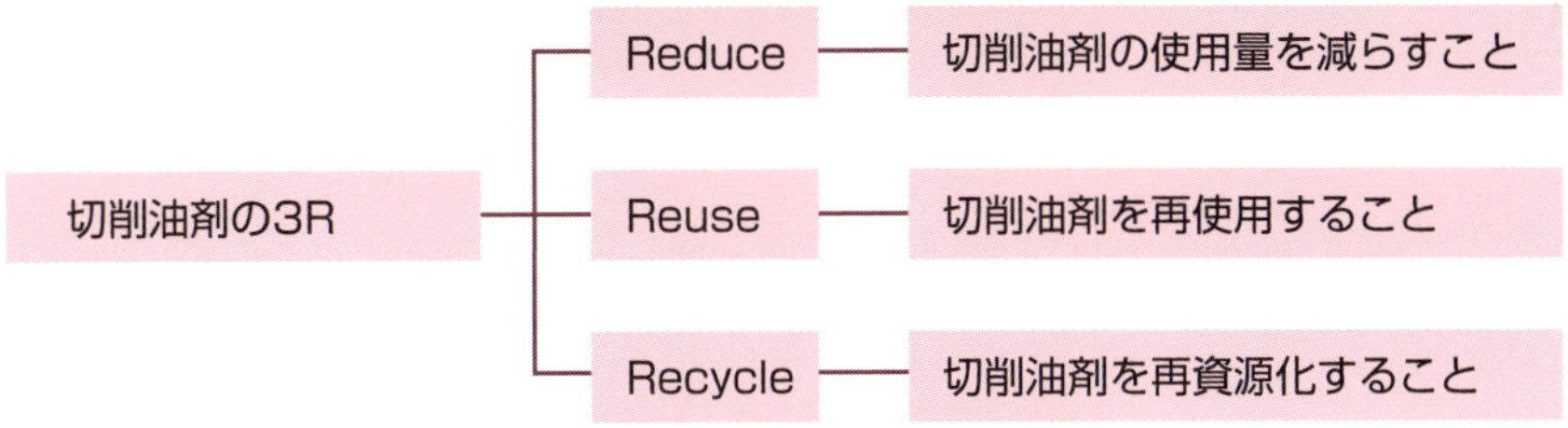

切削油剤の流入方向

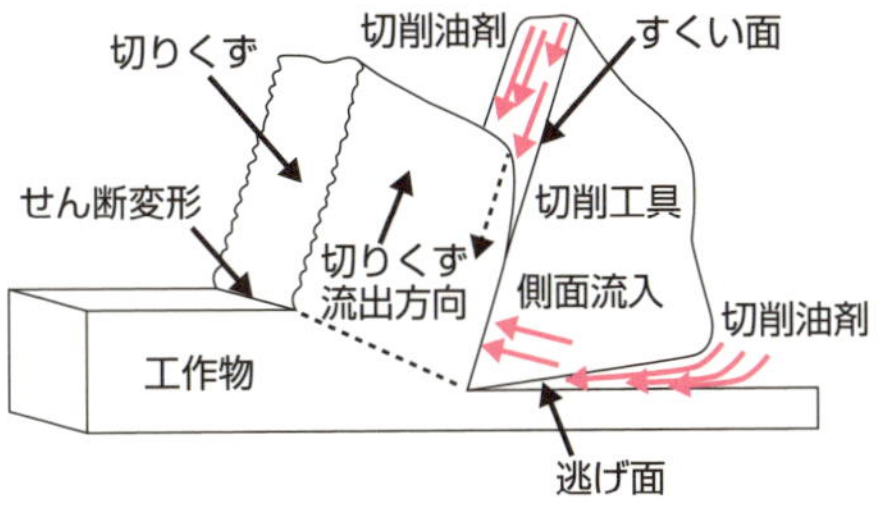

油性ミストと水性ミスト

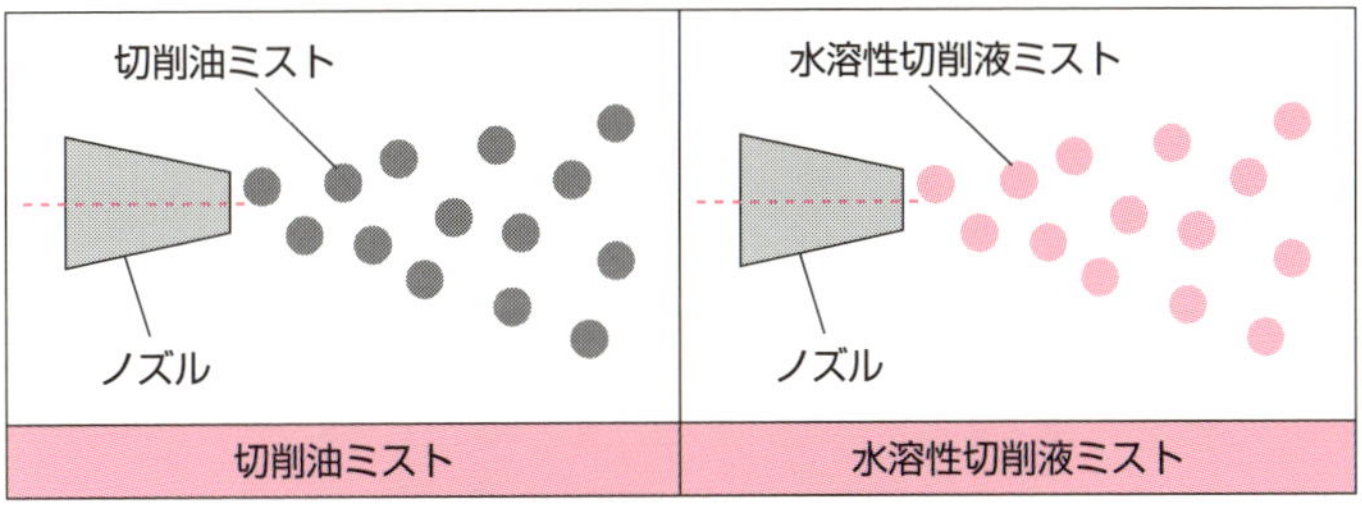

油膜付水ミストと水・油混合ミスト

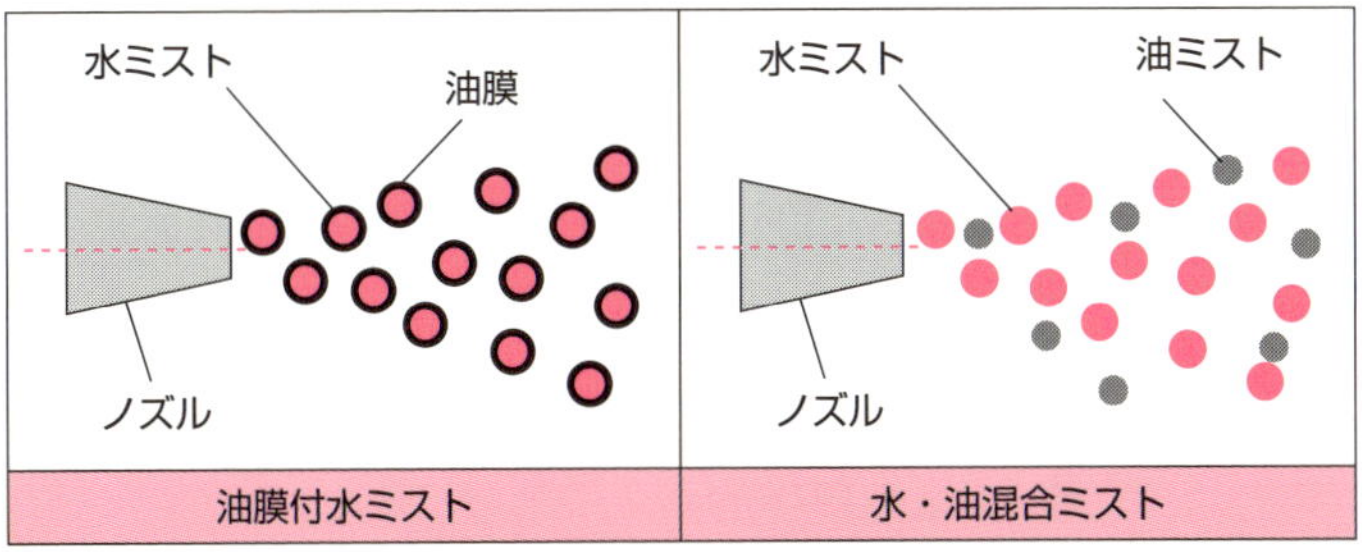

用語解説

MQL；Minimum Quantity Lubrication。通常、最少量潤滑と呼ばれている

38 健康障害に気を付けよう！

健康障害を起こさないための注意

切削時は、清潔な作業着を着用し、帽子をかぶり、そして安全靴を履きましょう。乱れた服装で作業を行うと、気がゆるみ、けがをする場合があります。また保護めがねを着用しましょう。切削時には、切りくずや切削油剤が目に入りやすいので注意が必要です。

もしも切りくずが目に刺さったら、絶対に手でこすらないで、すぐに病院に行きましょう。

そして切削油剤が目に入った場合は、炎症を起こすことがあるので、水道の蛇口から水を出し、その流水で、15分程度、よく洗眼しましょう。

またエマルションタイプの切削油剤は乳白色をしています。誤ってそれを飲んでしまったら、すぐに医師の診断を受け、適切な処置をしましょう。

そして、切削油剤を交換する場合などで、手がかぶれることがあります。とくにエマルションタイプの切削油剤は、腐敗しやすいので注意が必要です。もしも手に切削油剤が付着したら、その手をよく洗い、クリームなどを塗っておくとよいでしょう。

また、ゴム手袋などを着用するのも効果的ですが、作業時に手がむれて、汗などでかぶれることもあるので注意が必要です。

最近は、ミスト加工や高圧噴射加工などが行われており、作業時にオイルミストを吸い込むと気分が悪くなる場合があります。またオイルミストで鼻炎を起こす場合もあります。このような場合はマスクを着用するとよいでしょう。

とくにマシニングセンタを用いた加工などでは、切削終了後、機械の扉を開けたときに、オイルミストを吸い込んで気分が悪くなった、鼻炎を起こした、そして顔がかぶれたという例があります。

このような場合は、機械にオイルミストコレクタを設置するとよいでしょう。

要点BOX

●正しい服装、保護めがねの着用
●誤飲の注意と適切な処理
●オイルミスト吸込みの注意

健康障害に気をつける

正しい服装

保護メガネの着用

洗眼

かぶれに注意

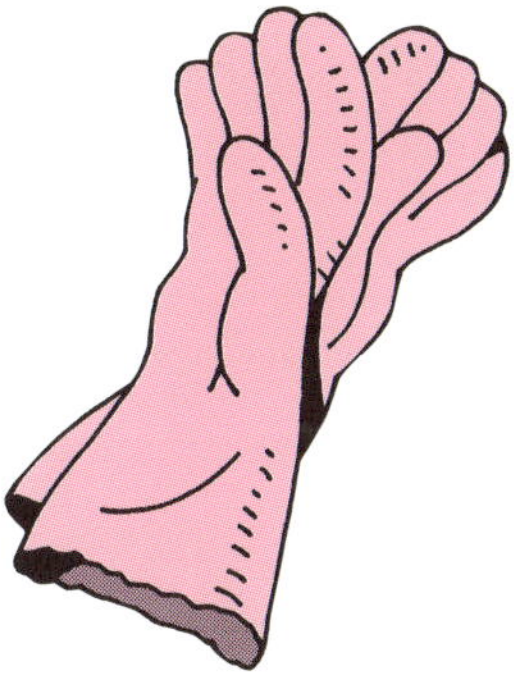
ゴム手袋の着用

マスクの着用

手洗いの励行

用語解説

オイルミストコレクタ：工作機械などから発生するオイルミストを捕集し，作業環境を快適に保つ装置

39 切削油剤の使い方に注意しよう！

切削油剤は適切な濃度にして使用

水溶性の切削油剤は、適切な濃度に希《き》釈《しゃく》して使用することが大切です。

原液を希釈する場合は、まずオイルタンクなどをきれいに掃除した後、水を先に入れてから、水溶性切削油剤を注ぎます。水溶性切削油剤を先に入れて、その後、水で希釈すると、油剤が均一に溶けない場合があります。また水溶性切削油剤を希釈水に注いだならば、棒などを用いてよく攪《かく》拌《はん》しましょう。攪拌が不十分だと、均一に溶けないので注意しましょう。そして切削油をタンクなどに注入した後、その油剤缶のふたをしないで、開放しておくと、ゴミが入ったり、油が空気に触れて酸化します。切削油の缶のふたを必ずして、開放状態にしないようにすることが大切です。

また切削油剤をタンクなどに注ぐときに、こぼさないようにしましょう。もしも油を床などにこぼしたら、そのまま放置しないで、すぐにウエス（拭《ふ》き布）などで拭き取りましょう。床にこぼれた油をそのまま放置しておくと、人が足を滑らし転倒し、頭を打つなどして、大けがをする場合があるので注意することが大切です。

次に水溶性の切削油剤を使用する場合は、適切な倍率で希釈することがポイントです。

この場合、倍率と濃度は違うので注意しましょう。たとえば１ℓの原液を１００ℓの水で薄めれば、倍率は１００で、濃度は１％となります。

通常、水溶性切削油剤を希釈する場合、切削加工には倍率を10～30倍とし、研削加工には30～50倍とします。この場合、水溶性切削油剤の液濃度が高すぎると、消泡性が悪く、機械の塗装もはがれやすくなります。また作業時に手も荒れやすくなります。また、反対に低濃度になると、切削性が低下したり、機械や工作物がさびやすくなります。そして液の腐敗が生じやすくなります。

要点BOX

- ●水溶性切削油剤の希釈
- ●切削油剤をこぼさぬように
- ●水溶性切削油剤の濃度は適切に

希釈の方法

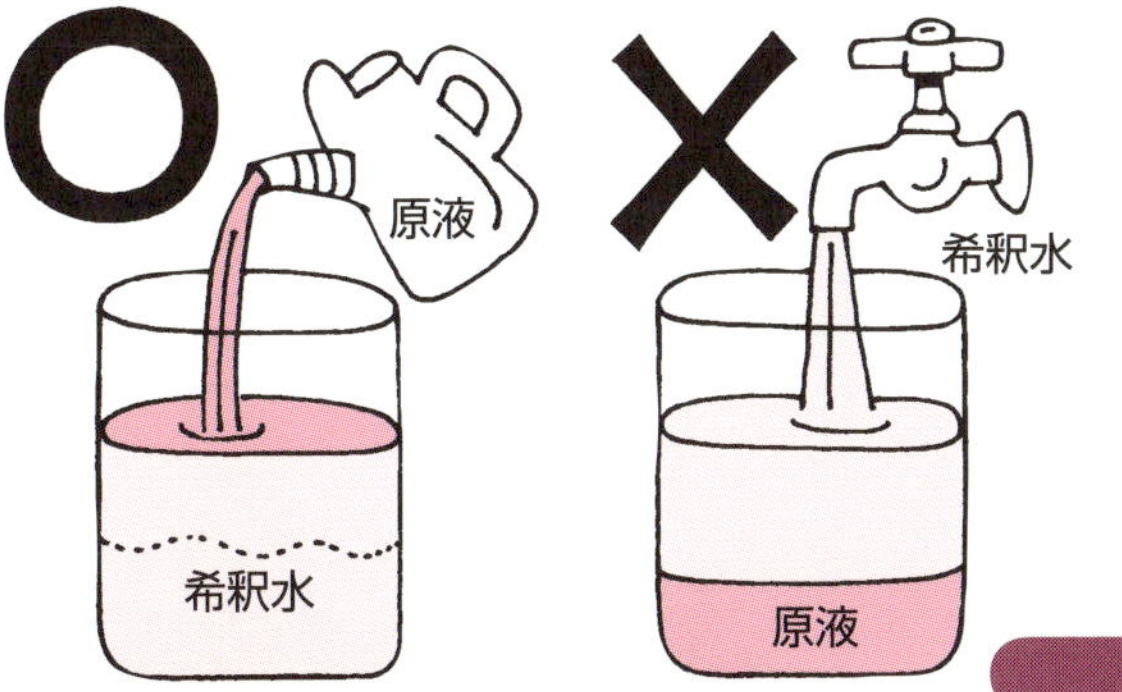

よく撹拌する

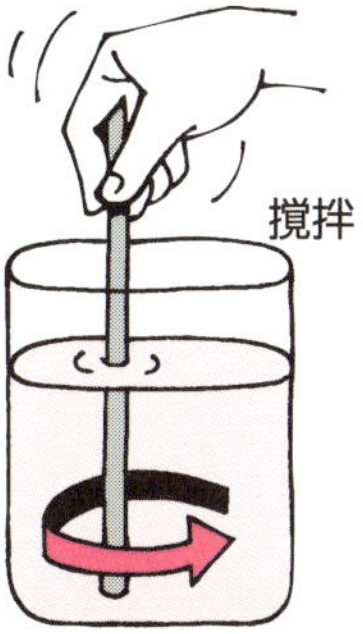

開放の禁止

油剤缶のふたは
使用後すぐ閉める

切削油をこぼさない

濃度と倍率

- 濃度と倍率
  - 倍率 ― 100／濃度
  - 濃度 ― 100／倍率

適正倍率

	適正倍率
切削加工	10～30倍
研削加工	30～50倍

（ケミック）

濃度を間違えた場合の問題点

高濃度	消泡性が悪くなる 塗装をはがしやすい 手荒れしやすい コストが高くつく
低濃度	工作物や機械がさびやすくなる 腐敗しやすくなる 切削性（研削性）が悪くなる 工作物の精度がばらついたり、 切削工具やといしの寿命を早める

（ケミック）

40

切削油剤の管理をしっかりしよう！

他油混入、水の混入に気をつけよう

切削時に、切削油剤を長く使用していると、劣化し、その性能が低下します。

まず機械油などの他油混入です。

不水溶性切削油剤の場合には、機械油などが混入すると、添加剤の濃度が低下し、切削性能が低下します。また浸透性や洗浄性も悪くなります。そして油の粘度が高くなり、切りくずや工作物に付着して持ち出される油量が多くなります。

水溶性切削油剤の場合は、他油混入により、腐敗が促進され、ゲル化（液状のゾル状態から固体状態に変化）が生じます。また洗浄性が低下するため、機械が汚れやすくなります。

次に水の混入です。不水溶性切削油剤に水分が混入すると、切削性能が低下し、さびが発生しやすくなります。この他、切りくずの混入とタンク内での滞留があります。

不水溶性切削油剤の場合は、油剤の酸化重合反応が促進されます。また切削時に、工具刃先に欠けが生じたり、仕上げ面にむしれが発生したりします。

水溶性切削油剤の場合は、使用液の腐敗が促進され、その色調が褐色になります。

またバクテリアの増殖が要因で腐敗が生じ、異臭を発生するようになります。

このように切削油剤は各種要因で劣化するので、日常的なチェックと管理が必要です。これらを個々の作業者が行うと、評価に個人差を生じるので、切削油剤の管理責任者を決めることが大切です。

切削油剤のチェック項目としては、外観、臭気、pH、濃度、他油混入量、さび止め性および腐敗試験などがあります。定期的なチェックが必要です。

次に切削油剤は直射日光や雨の当たらない場所に保管しましょう。また切削油剤の廃液処理を適切に行うことが大切です。廃棄処理をしないでそのまま下水に流すことは禁止されています。

要点BOX

- 長く使用すると劣化する
- 切削油剤の劣化原因
- 切削油剤の保管、廃液処理を適切に

切削油剤の劣化原因

- 切削油剤の劣化
  - 不水溶性切削油剤
    - 機械油の混入
    - 切りくずの混入と滞留
    - 水分の混入
  - 水溶性切削油剤
    - 機械油の混入
    - 切りくずの混入と滞留
    - バクテリアの増殖

(ユシロ化学工業)

管理責任者を決める

切削
油剤を
適切に
保管・
管理する
こと

定期的にチェックしよう

切削油剤の保管場所

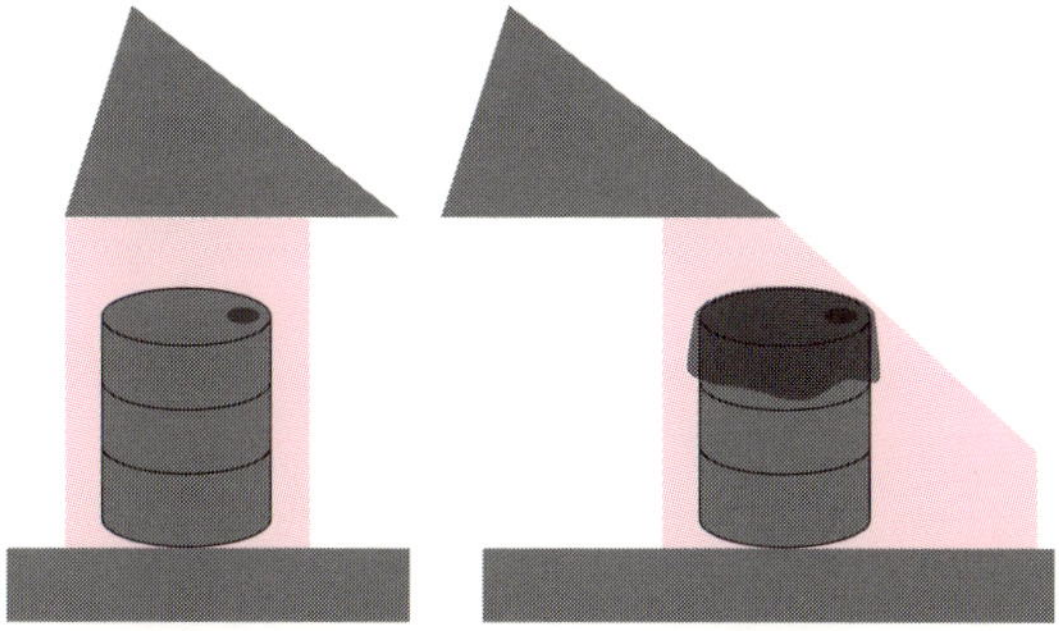

雨水が入らず、また直射
日光があたらないように
切削油剤を管理しよう

Column

切削油剤と環境対応形切削

みなさんの車のエンジンにもエンジンオイルを入れますね。エンジンオイルが不足していたり、劣化していると、エンジンの寿命が短くなります。

同様に、鋼材切削時にはバイト(切削工具)の刃先に約1000℃の高温と、数百キログラムの力が作用するので、工具摩耗を低減し、良好な切れ味を長く保つために、切削油剤が必要になります。

また一口にエンジンオイルと言っても多くの種類があります。同様に、切削油剤にも多くの種類があります。そのため作業時には、切削油剤の種類と特性をよく理解し、その目的に応じて、適切な切削油剤を選択することが大切です。

そして鋼材などの切削時には、切削工具のすくい面に沿って切りくずが流出します。そのため切削工具の刃先近傍から切削油剤を外部供給しても、切りくずの流出により、切削油剤の切削点への進入が妨げられ、その油剤が切削点近傍には届きにくくなっています。そのため切削油剤を切削点近傍に到達させるために、いろいろな切削油剤の供給法が考案されています。作業目的に応じて適切な油剤供給方法を選択することが大切です。

またマシニングセンタにおけるエンドミル切削などでは、削った切りくずを、再度、切削工具が挟むと、切れ刃にチッピングなどの損傷を生じます。そのため最近は、切削油剤を切削点近傍に高圧で吹き付け、切りくずを吹き飛ばす高圧噴射給油が行われています。このような給油方法においては、オイルミストや電力消費量などの問題が生じ、健康、環境汚染および炭酸ガス排出量削減などが課題になっています。

このように最近は地球環境問題が顕在化するにつれて、切削油剤の減量化、再使用化および再資源化が重要になり、現在、これらの問題への対応が急務とされています。

第4章

旋盤による切削

41 旋盤とは

工作物を回転しながら加工する機械

工作物を回転し、刃物台に取り付けた切削工具（バイト）で加工する工作機械が旋盤です。

工作物を回転しながら加工するという発想は、紀元前4000年頃には、「ろくろ」とか、「弓旋盤」などに見られているそうです。

弓旋盤は弓に弦を張り、その弦を工作物に巻き付けて、弓のしなる力を利用して、その工作物に回転を与え、加工する機械です。また足踏み弓旋盤は、竿《さお》旋盤とも言われ、足と弓の力で工作物を回転し、加工を行う機械です。この弓旋盤などが発展したのが、現在の旋盤で、ベッド、主軸台、心押台および送り変速装置などの主要部で構成されています。

旋盤の本体を構成する台がベッドで、往復台や刃物台を正確に案内するための案内面が備えられています。

また工作物を取り付けて、それに回転運動を与えるのが主軸で、その主軸を駆動するための装置が入っているのが主軸台です。そしてベッド上に、工作物の長さに対応して固定し、その端を支えるのが心押台です。

またベッドの案内面に沿って移動するのが往復台で、その上部のサドルには刃物台が取り付けられています。この刃物台は主軸の中心線方向に対し、縦と横の自動送りが可能です。

また、往復台の下部のエプロンには、送りやねじ切りのためのレバーがあります。これらのレバーを操作することにより、送り軸と親ねじに所要の回転を与え、自動送りやねじ切りを行うためのものが送り変速装置です。

このように主軸に装着したチャックなどに工作物を、また刃物台にバイトを取付け、主軸の回転運動と、往復台（刃物台）の前後、左右の運動により、その工作物を所要の形状、寸法に切削する工作機械が旋盤です

要点BOX

- ●旋盤の始まりは弓旋盤
- ●ベッド、主軸台、心押台、送り変速装置で構成
- ●主軸の回転運動、前後・左右の運動

旋盤とその運動

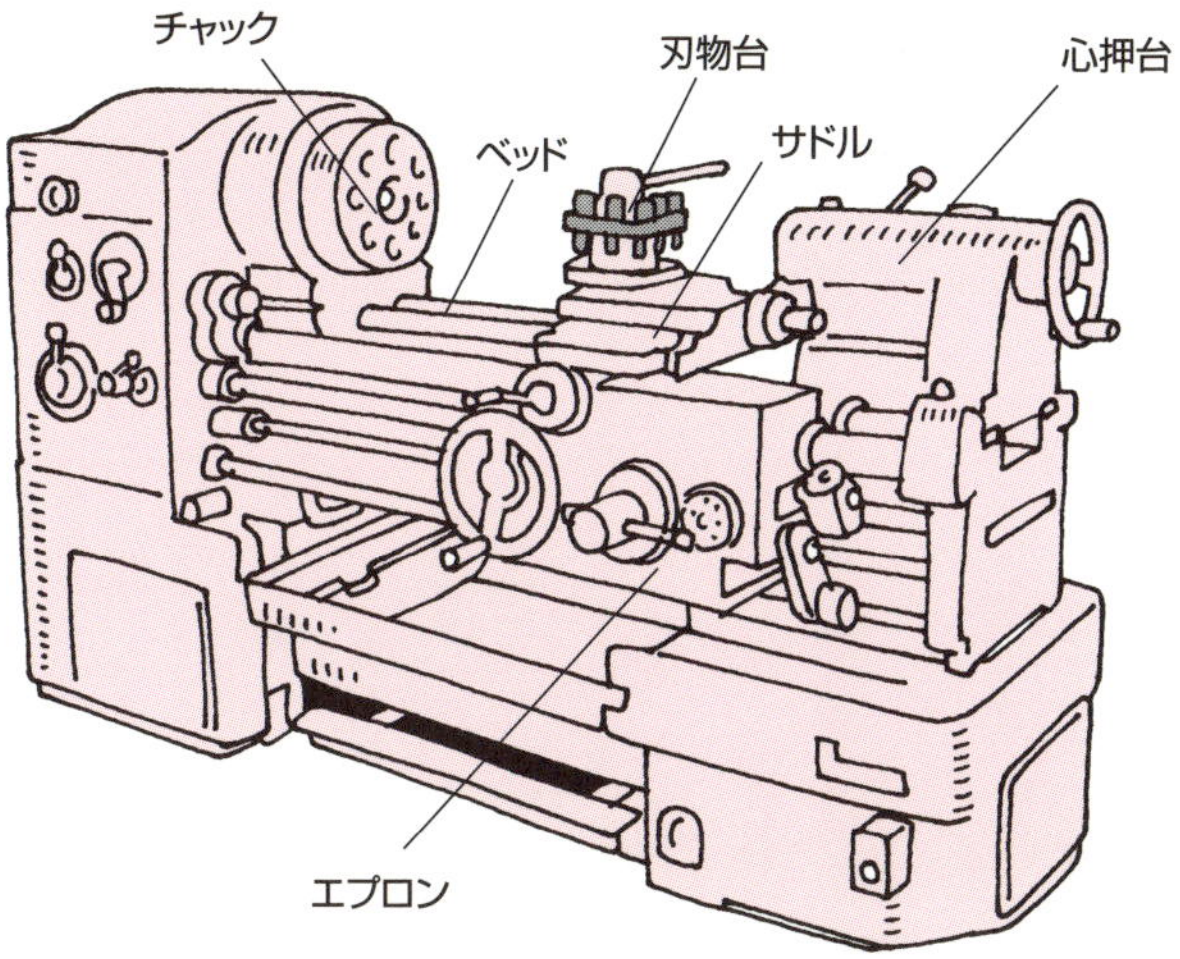

旋盤の主要部

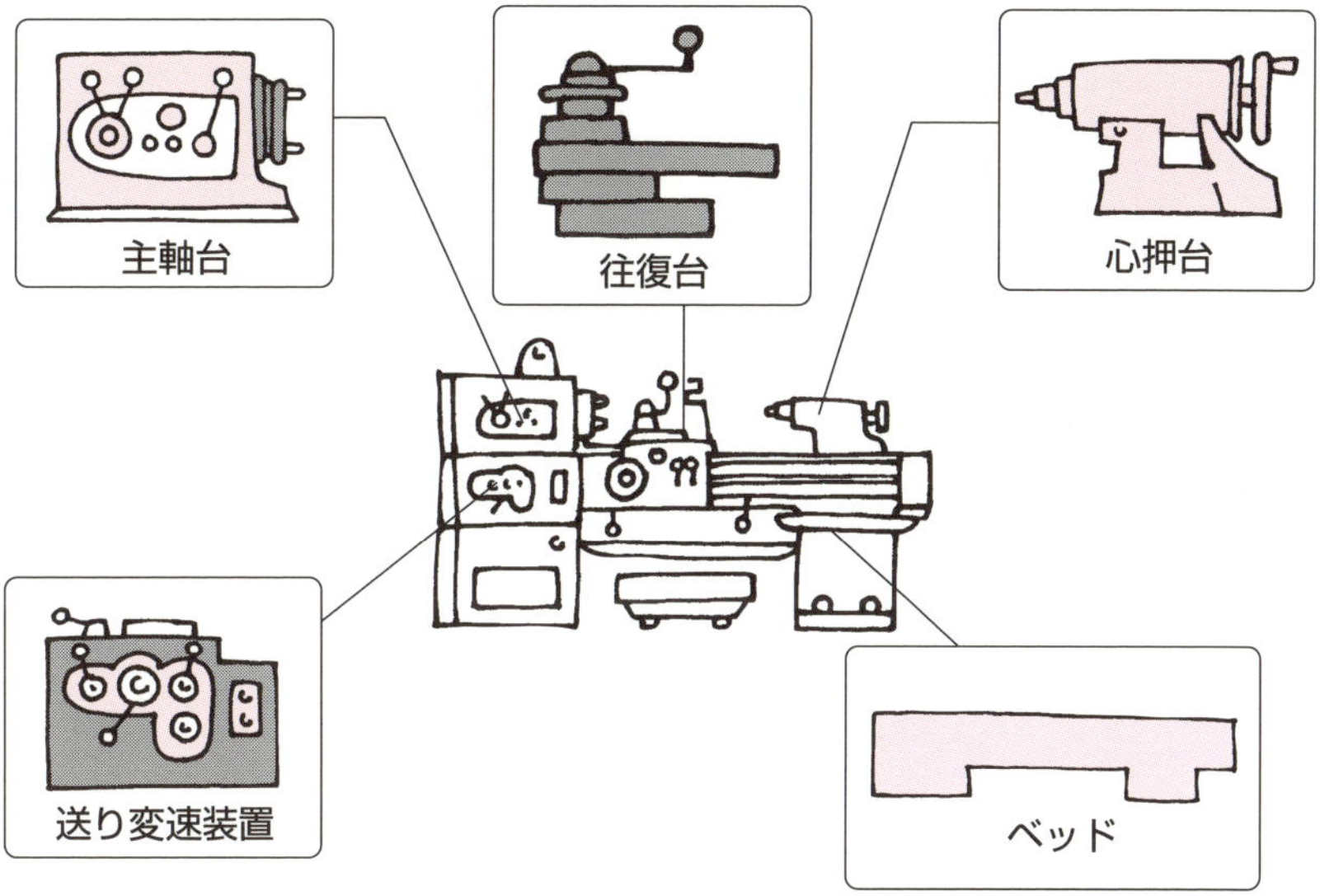

用語解説

ろくろ：工作物を取り付けて回転する主軸だけの旋盤

42 バイトにはどんなものがあるの？

バイトの種類・構造・材質

バイトの種類は、チップの材質、その構造および形状・寸法などで大別できます。

チップの材質には、高速度工具鋼（ハイス）、超硬合金、サーメット、セラミックス、CBN焼結体、ダイヤモンド焼結体および単結晶ダイヤモンドなどがあります。またチップの保持方式により、ろう付けバイト、スローアウェイバイトおよびソリッドバイトに区分されます。

ろう付けバイトは、高速度工具鋼や超硬合金などのチップをシャンクに、銅ろうや銀ろうを用いてろう付けしたものです。

またスローアウェイバイトは、これらのチップをねじ、くさびおよび押さえ金などで、シャンクに機械的方法でクランプしたものです。そしてソリッドバイトは、その全体が高速度工具鋼や超硬合金などでできているものです。

これらの他、バイトの形状、使用目的およびその用途によって多くの種類があります。

外丸切削用のバイトは、最も基本的なもので、工作物の外周を切削するものです。

また工作物の内側を切削するのが内丸切削用のバイトです。このバイトは、工作物にドリルなどで下穴をあけ、この穴を所要の寸法・形状にくり広げるのに用いられます。

これらのバイトには勝手というものがあります。作業者側から見て、工作物の右側を切削するのが右勝手のバイトで、左側が左勝手です。そして工作物の両側を切削できるバイトが勝手なしとなります。

また工作物の外周に、バイトを押しつけながら、ある幅をもった溝を加工するのが溝削りバイトです。そして溝を工作物の中心部まで深くして、それを切断するのが突っ切りバイトです。

最近は、MQL切削（ミスト給油）が行われ、ミスト穴付きバイト（36参照）も市販されています。

要点BOX

- ●チップの材質はハイス、超硬合金、サーメットなど
- ●スローアウェイバイトやソリッドバイト
- ●加工の方法でいろいろなバイトが用意

高速度工具鋼バイトの種類

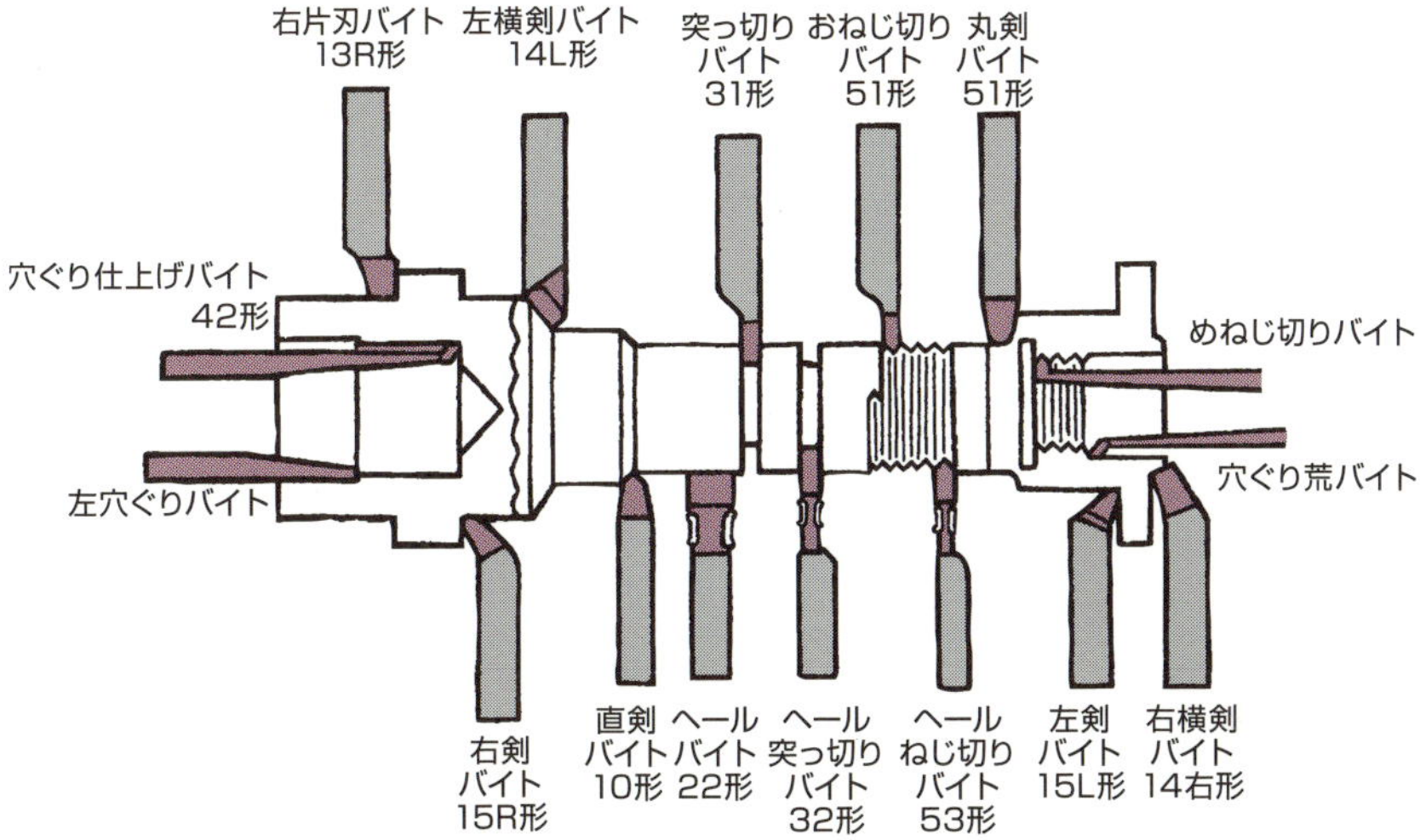

超硬ろう付けバイトの種類

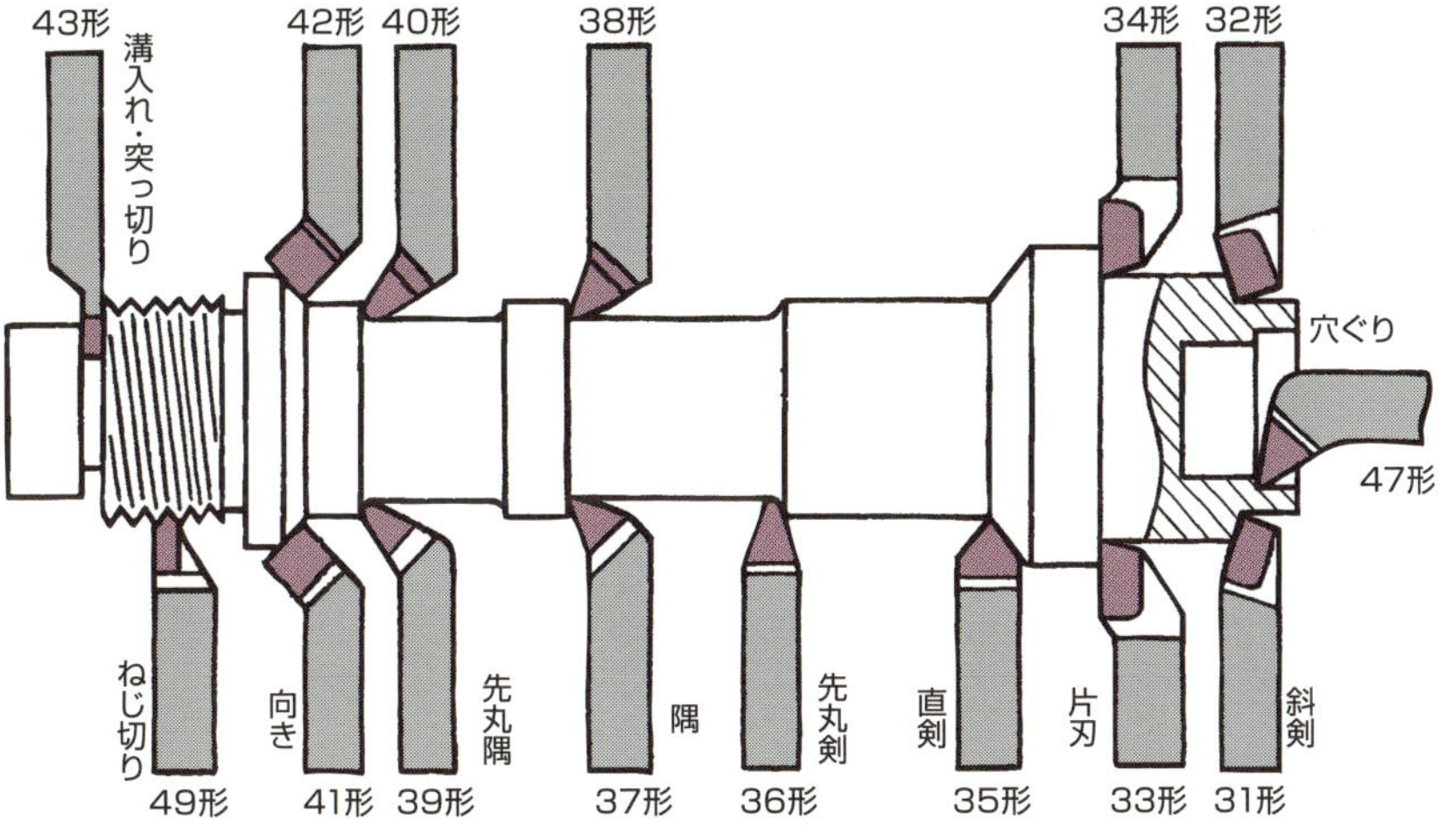

用語解説

MQL 切削：切削油剤をできるだけ使用しないで切削する方法

43 切削工具をどのように取り付けるの？

切削工具の取付け方

旋盤に取り付ける切削工具としては、バイトやドリルなどがあります。バイトは刃物台に取り付けます。この場合、バイトの刃先を主軸の中心線に合わせます。

まず刃物台をウエスできれいに掃除し、そして敷板を用いて、バイトの刃先を心押台のセンタ中心と一致させます。

通常、このバイトの心高調整は工作物の中心に対し、±0・5㎜以内とします。

この場合、バイトの突き出し長さはできるだけ短くします。突き出しが長いと、切削時にたわみが生じ、ビビリ振動が発生しやすくなります。また敷板の数もできるだけ少なくします。その数が多いと、その部分が板ばねとして作用します。そしてバイトをボックスレンチを用いて、刃物台にしっかりと締め付けます。この締め付けが弱いと、切削時にバイトが動くことがあります。

次に穴ぐりバイトですが、この場合は、バイトの向きを主軸方向と一致させます。またバイトの刃先の心高調整をします。穴ぐりバイトの場合は、どうしてもその突き出しが長くなりますが、この場合もできるだけ短くすることが大切です。またバイトの逃げ面が工作物の内周面と当たる場合は、その逃げ面を研削し、それらが接触しないようにします。

次にセンタドリルや小径のストレートシャンクドリルを旋盤に取り付けるには、ドリルチャックを用います。心押台の軸テーパ穴をきれいに掃除し、そこにドリルチャックを取り付けます。そしてそのチャックの爪をゆるめ、その爪の間隙にこれらのドリルを挿入し、チャックハンドルで締め付けます。

また大きな直径のテーパシャンクドリルの場合は、スリーブを用いて心押軸に取り付けます。まずドリルのタングをスリーブの溝に合わせて取り付け、そしてこれを心押軸のテーパ穴に挿入し、手で軽く衝撃を与えて固定します。

要点BOX

●バイトの刃先は工作物の回転中心に
●穴ぐりバイトは主軸方向と一致
●ドリルチャックを用いる方法

各種バイトの取付け方

バイトの心高調整

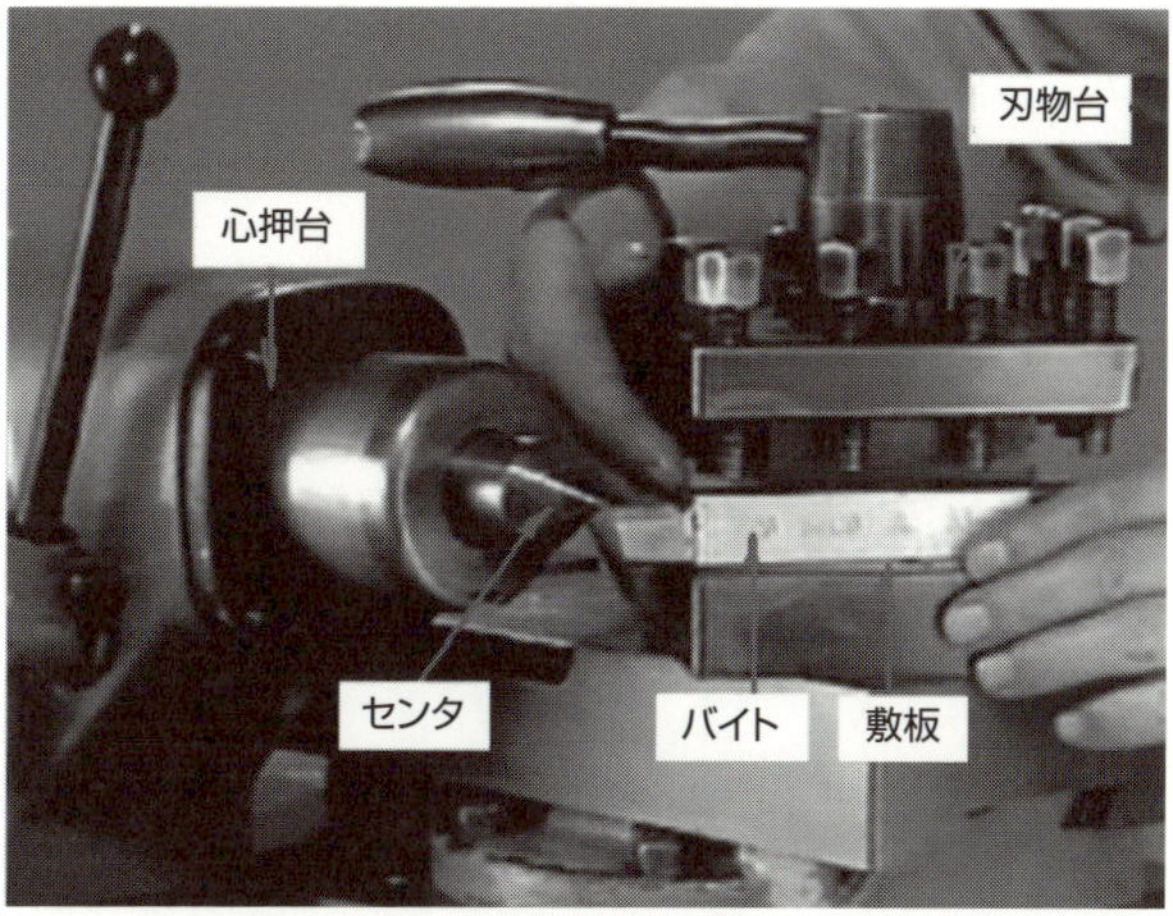

穴ぐりバイトの取付け

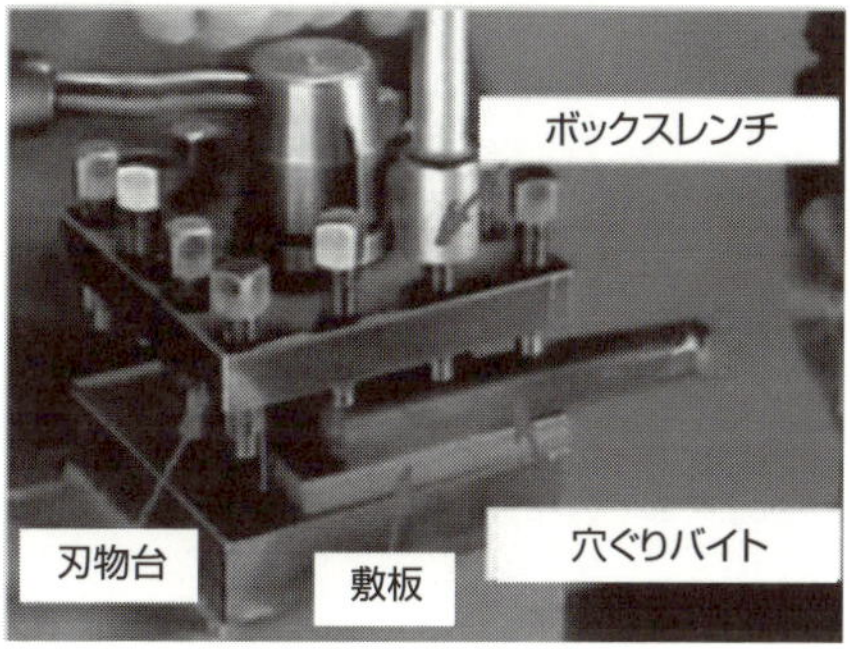

センタドリルの取付け

テーパシャンクドリルの取付け

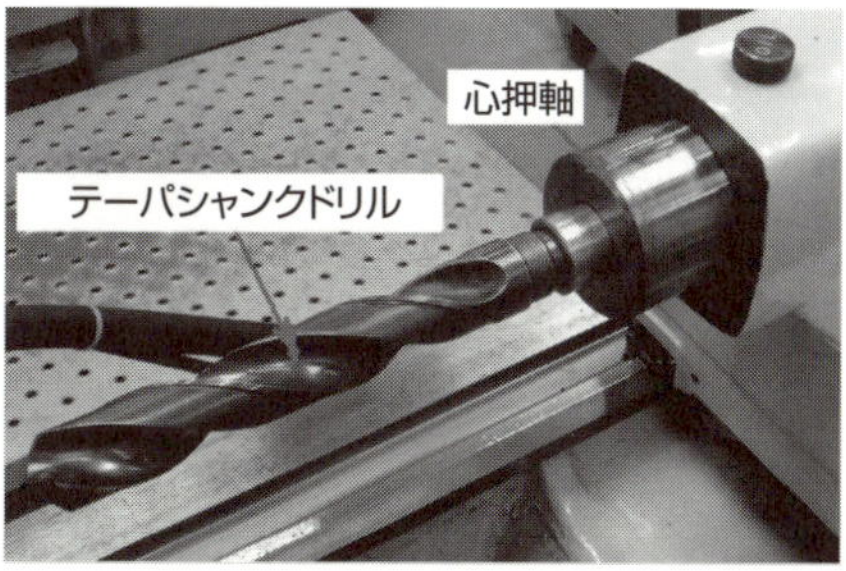

44 どのように工作物を取り付けるの？

工作物の取付け方

旋盤に工作物を取り付ける一般的な方法はチャックを用いるものです。チャックには3爪《みつづめ》連動チャック（スクロールチャック）と4爪《よつづめ》単動チャックがあります。

3爪連動チャックの場合は、三つの爪が連動して動くので、チャックハンドルを回して爪を開き、その爪の間隙に工作物を挿入し、そして締め付けます。この場合は、工作物の心出しの必要はありません。しかし締め付け力が弱いので、この方法は切削抵抗の大きな重切削には向いていません。

また4爪単動チャックの場合は、おのおのの爪が独立して動くので、工作物を取り付けた後、心出しが必要です。

チャックハンドルを回し、四つの爪を均等に開き、その間に工作物を入れて、締め付けます。この場合、工作物の中心と主軸のそれが必ずしも一致しているとは限りません。そこで、チャックに取り付けた工作物の外周部近傍に、トースカンの針をセットし、そしてチャックを手で回して、その外周部と針先の隙間が、全周にわたり、ほぼ等しいかどうか調べます。

それらの隙間が異なる場合は、広い側の爪をゆるめ、また反対側を締めて、隙間が均等になるように爪位置を調整します。この場合、前加工された工作物などの心出しを正確に行うには、ダイヤルゲージを用いてその振れを測定し、爪位置の調整を行います。

チャックに取り付けた工作物の突き出しが長い場合は、切削時に動く恐れがあるので、その端面にセンタ穴を加工し、心押台のセンタで支えます。

また、突き出しの長い工作物の端面を加工する場合は、その端を固定振れ止めで支えます。そして工作物の両端面にセンタ穴を加工し、主軸側と心押台側の両センタでそれを支える場合もあります。

このような工作物のチャックへの取り付けは旋盤作業の基本です。

要点BOX

- ●チャックを用いて取り付ける
- ●3爪連動チャックと4爪単動チャック
- ●工作物の心出しは正確に

心出しと締め付け

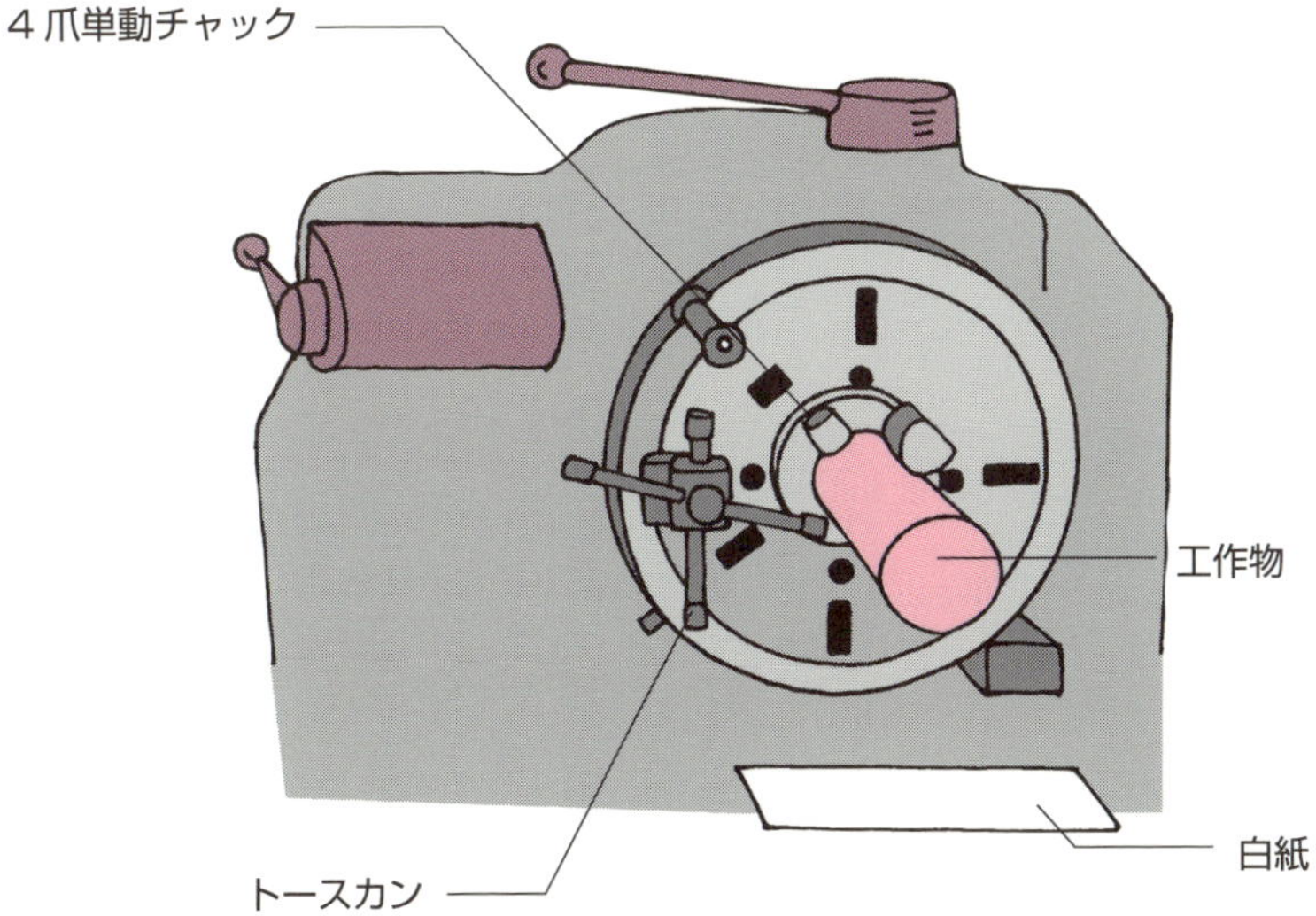

振れ止めを用いた取付け

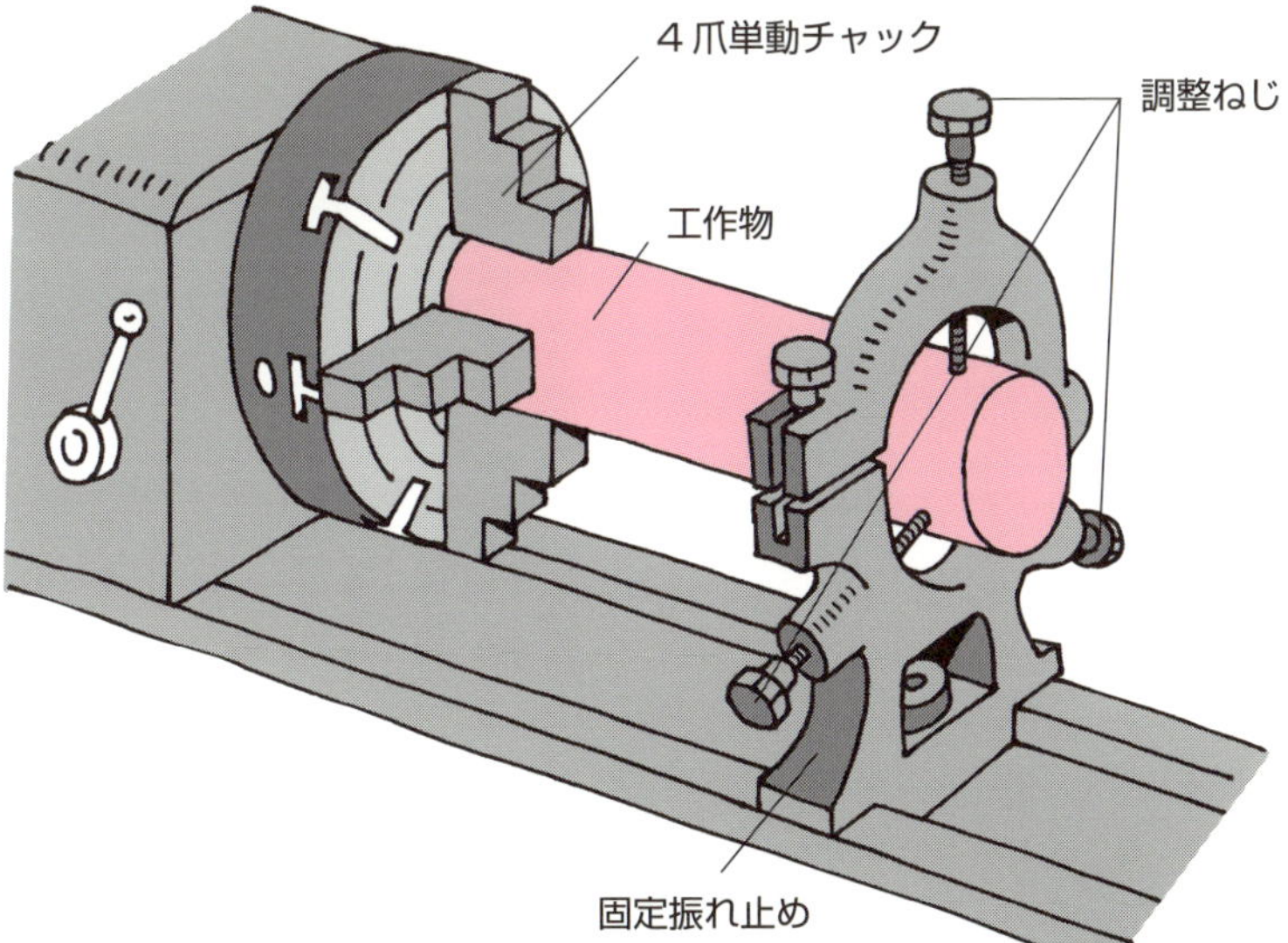

45

取付具にはどんなものがあるの？

加工作業をスムーズに行うための補助具

　３爪連動チャックは、ハンドルの回転に連動して移動する爪で工作物を取り付けるものです。

　このチャックは工作物の心出しの必要がないので便利ですが、締め付け力が弱いので、通常、軽切削に用いられます。

　４爪単動チャックは、四つの爪が独立して移動し、工作物を締め付けるもので、角物工作物の取付けにも用いられます。このチャックは締め付け力が大きいので、重切削にも適用できますが、工作物の心出しが必要です。

　回《まわ》し板《いた》は、通常、両センタ作業に用いられ、工作物両端面のセンタ穴と、主軸および心押台側の両センタで、その工作物を支持し、バイトでその外周面を切削する場合などに使用されます。

　この回し板は旋盤の主軸にボルトで取り付けられ、その面に固定された回し棒と工作物の主軸側端に取り付けられた回し金（ケレ）を介して、主軸の回転を工作物に伝達します。

　面《めん》板《いた》は、主軸に装着され、チャックや両センタでは取付けが困難な複雑な形状の工作物を切削するのに用いられます。たとえば、面板に固定されたイケール（アングルプレート）に、工作物がボルトで取り付けられ、その面の切削や穴あけ加工などが行われます。

　このような面板を用いた工作物の取付けでは、主軸回転時にアンバランスによる強制振動が生じるので、その面にバランスピースを固定し、バランス調整をします。

　センタは、片センタ作業および両センタ作業時に、センタ穴を用いて工作物を支持する場合などに使用されます。このセンタには超硬センタ、回転センタおよび傘センタなどがあります。

　また振れ止めは、長物工作物を支持し、切削時のたわみや振動の発生を防止するのに用いられるもので、移動振れ止めや固定振れ止めがあります。

要点BOX

- ●3爪チャックは軽切削用、重切削は4爪
- ●回し板、回し棒、回し金、面板など
- ●長物工作物には振れ止め

3爪連動チャック

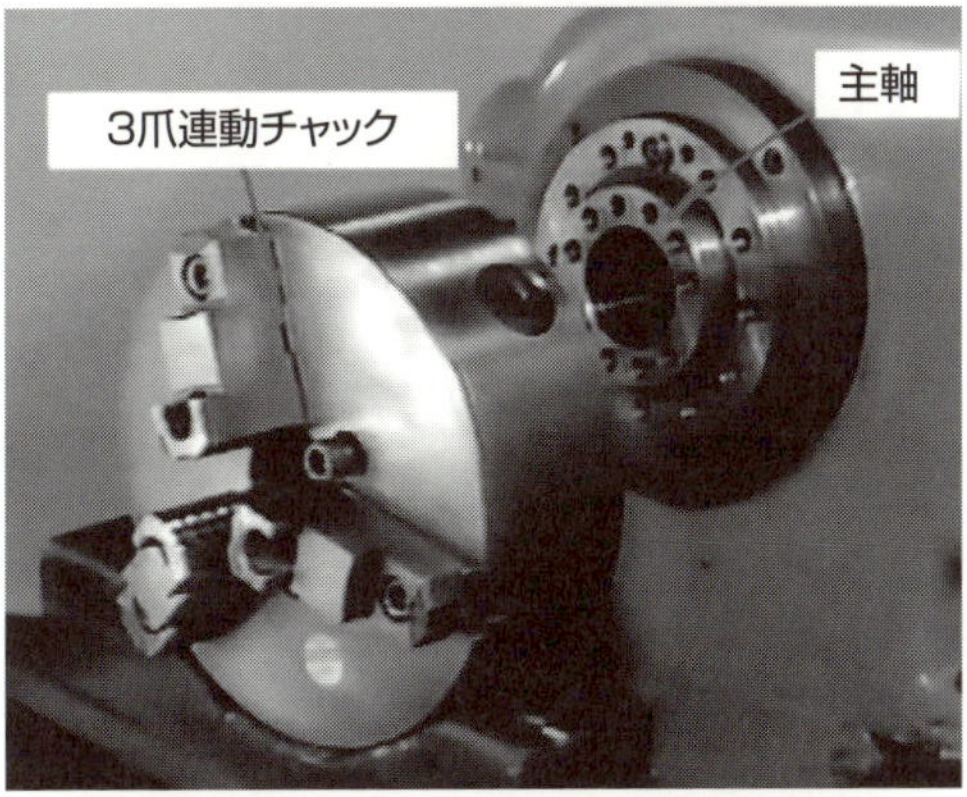

4爪単動チャック

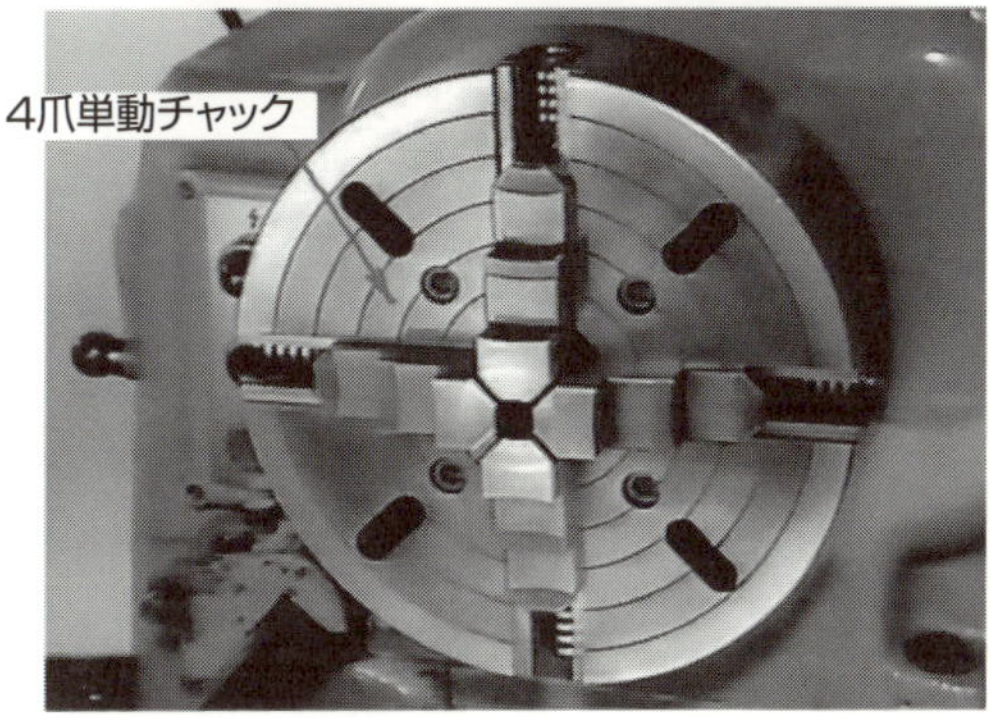

面板とイケール

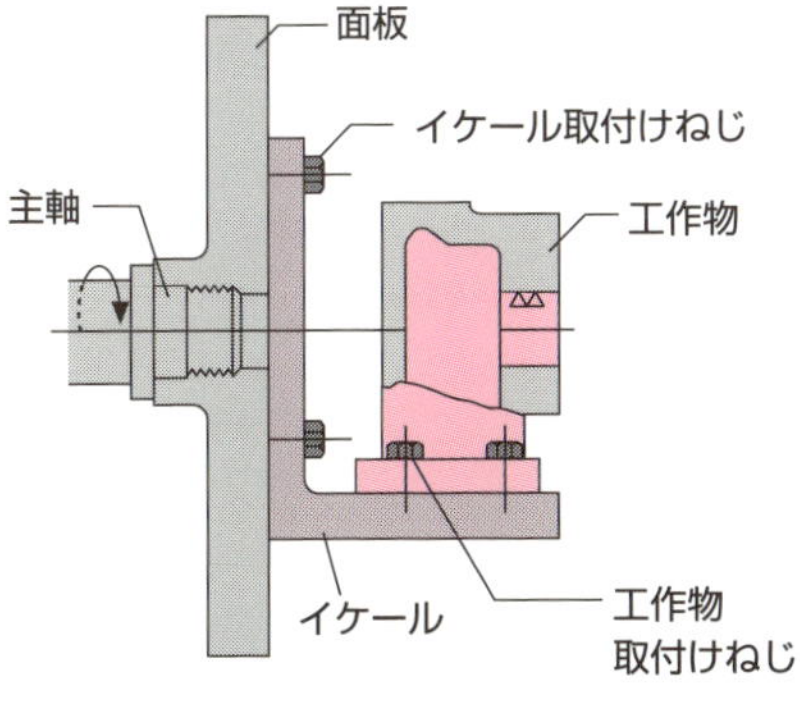

振れ止め

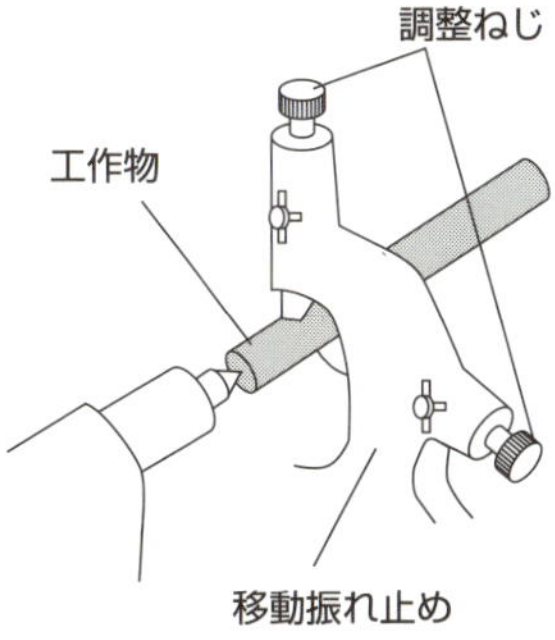

46 どんな加工ができるの？

いろいろな加工ができる汎用旋盤

汎用旋盤を用いるといろいろな加工ができます。工作物の外周面を、片刃バイトなどを用いて切削するのが外径削りで、その途中で段を付けるのが段削りです。また工作物の端面を片刃バイトなどで切削するのが端面削りです。

次に、工作物の端面を切削し、その面に段を付けたり、溝を加工したりするのが正面削りです。また工作物の外周面と端面を切削すると、その角部にバリ（かえり）が発生しますが、このバリの除去などのために、その部分を斜め（45度）に切削するのが面取りです。

そして工作物を傾斜を付けて切削するのがテーパ削りです。これには、刃物台を旋回し、所要の角度を付けて工作物を斜めに切削する方法と、心押台をわずかに移動し、偏りの付いた両センタ間に工作物を取り付けて切削する方法とがあります。

次に、工作物の外周面などに溝を加工するのが溝削りで、また溝の深さを大きくし、バイトの刃先をその中心まで送って、その工作物を切断するのが、突っ切りです。

またねじ切りバイトを用いて、工作物の外周部にねじを加工するのがおねじ切りで、内周部の場合がめねじ切りです。そして工作物の端面にセンタ穴ドリルを用いて、センタ穴を加工するのがセンタ穴切削です。またその後、ドリルを用いて穴を加工するのが穴あけで、そしてドリルであけた穴を穴ぐりバイトを用いて、大きくくり広げるのが穴ぐりです。

次に、刃物台を縦と横に同時に手送りし、工作物の外周面を曲面に加工するのが曲面削りです。また所要の形状に研削した総形のバイトを用い、そのバイトを工作物に押しつけて転写加工するのが総形削りです。

そしてローレットという工具を用いて、工作物にローレット目を付けるのがローレット切りです。

要点BOX

- 片刃バイトで切削する端面削り
- バリ除去のため斜めに切削する面取り
- 工作物の外周面を曲面に加工する曲面削り

汎用旋盤でできるいろいろな加工

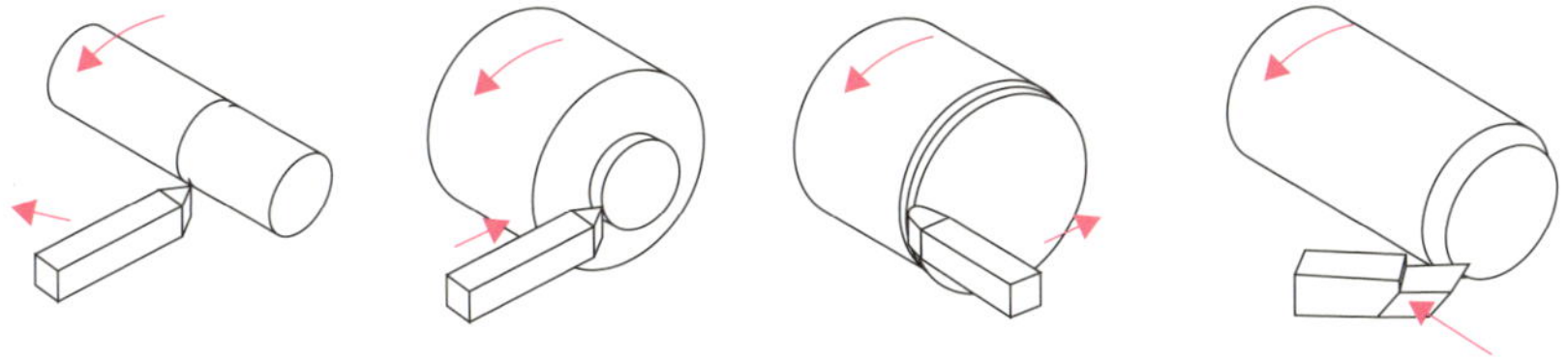

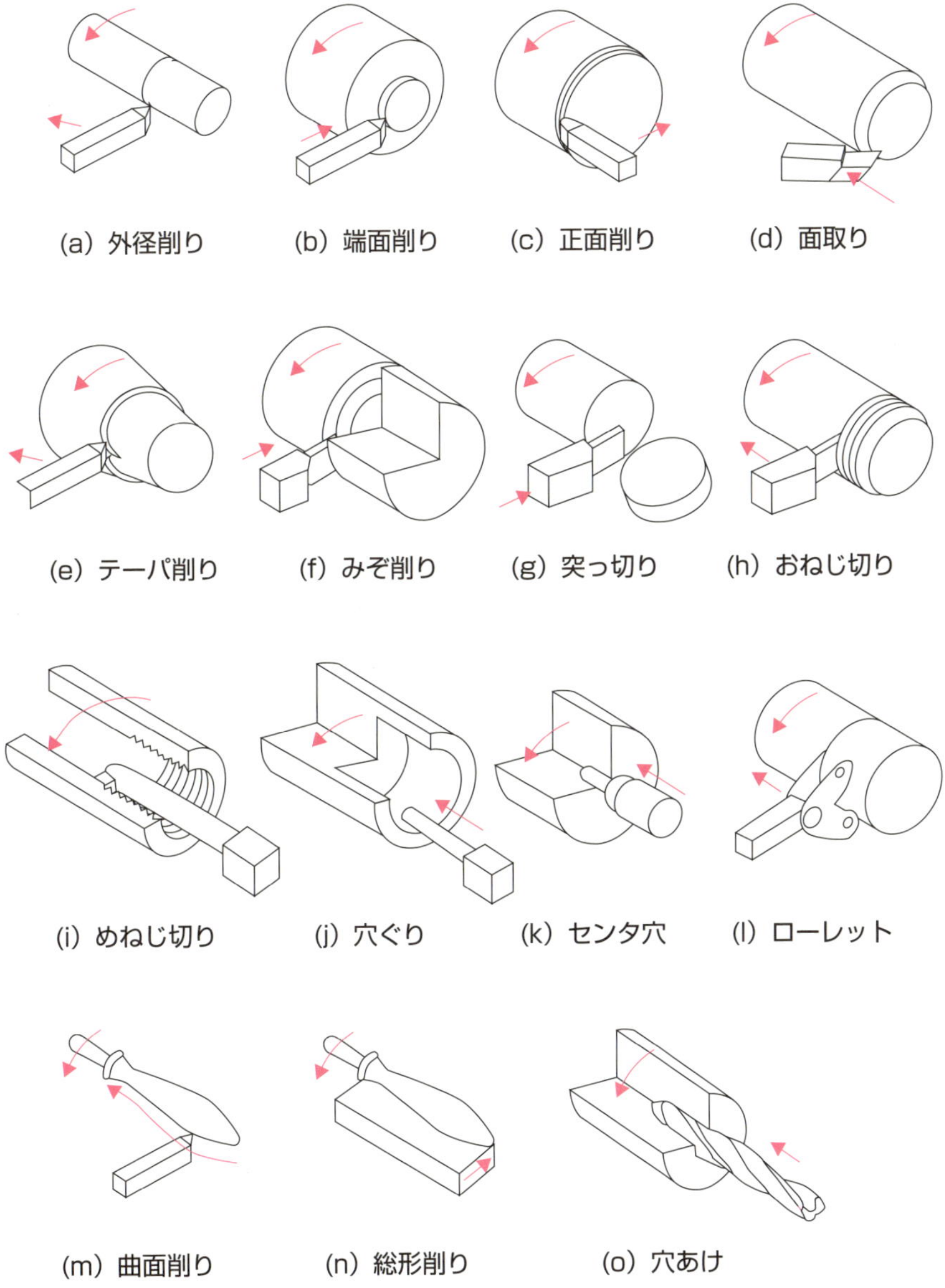

(a) 外径削り　(b) 端面削り　(c) 正面削り　(d) 面取り

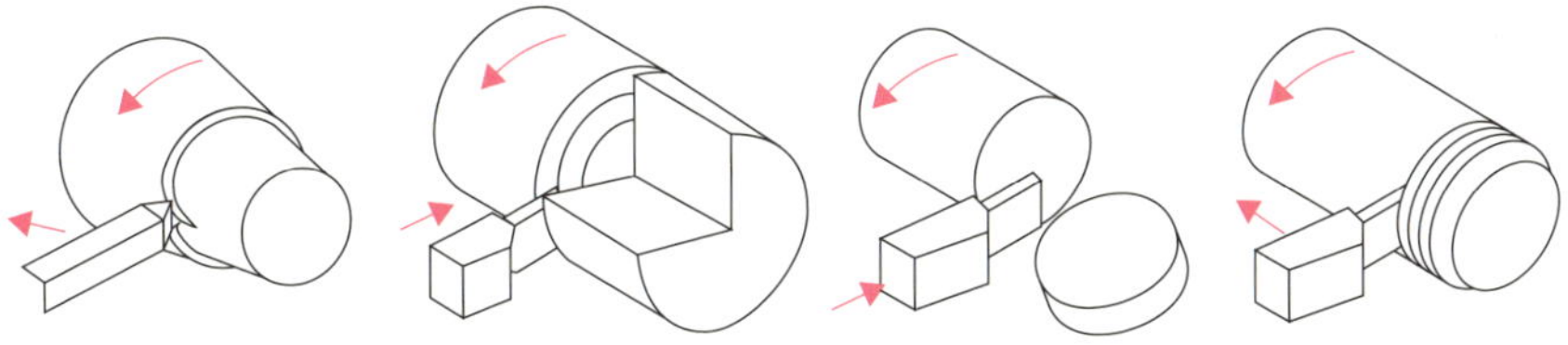

(e) テーパ削り　(f) みぞ削り　(g) 突っ切り　(h) おねじ切り

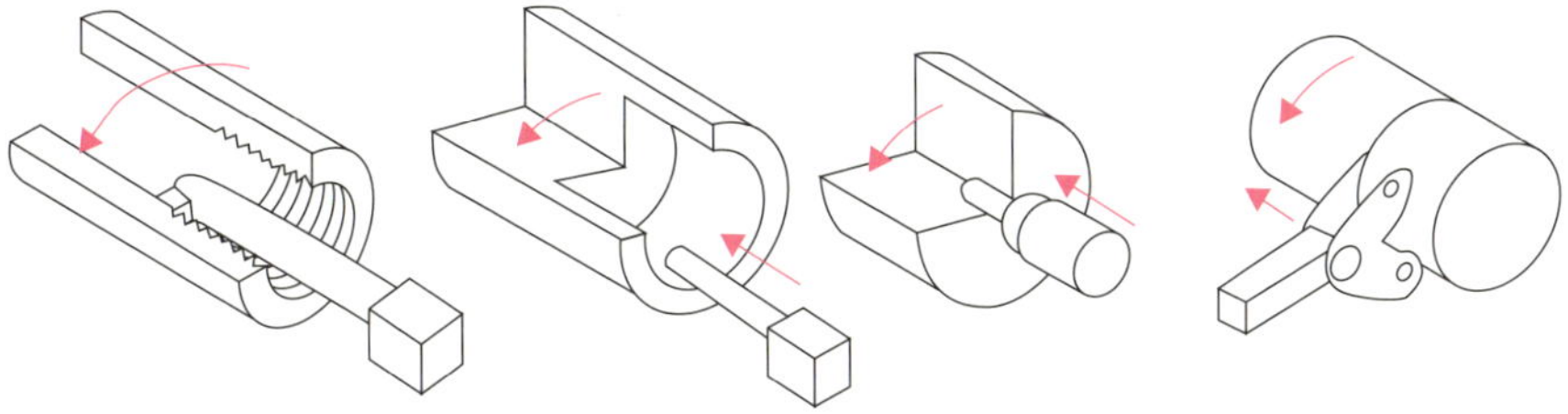

(i) めねじ切り　(j) 穴ぐり　(k) センタ穴　(l) ローレット

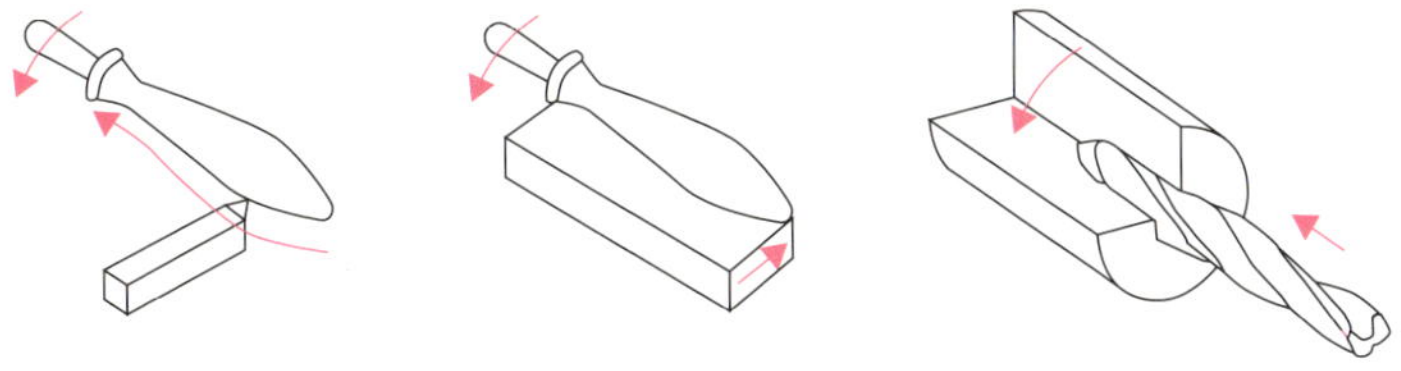

(m) 曲面削り　(n) 総形削り　(o) 穴あけ

（澤）

用語解説

ローレット：工作物の頭部側面に付けるギザギザ形状のすべり止め

47 バイトをどのように研ぐの？

切れ味が悪くなったらバイトの研削

新しいバイトを使用する場合や、そのバイトを長く使い、工具摩耗が生じて、切れ味が悪くなった場合には工具の研削が必要です。ここでは鋼材切削用のろう付け超硬バイトの研削をしてみましょう。

超硬バイトを研削する場合は、まず最初に両頭グラインダを用いてシャンクの研削をします。

A（酸化アルミニウム）といしで、シャンクの前逃げ面と横逃げ面を、角度、約10度に研削します。次にGC（炭化ケイ素）といしで、チップの横逃げ面と前逃げ面を、角度、約8度に研削します。

この場合、GCといしがシャンクに当たるようであれば、再度、Aといしでそのシャンク面を研削し直しましょう。

GCといしを用いた超硬チップの研削が終わったら、今度は超硬工具研削盤を用いてバイトの仕上げ研削をします。

超硬工具研削盤のテーブルを所要の角度傾けます。そしてそのテーブル上の工具保持具にバイトを載せ、ダイヤモンドホイールで、そのすくい面を研削します。

そして研削盤のテーブルを約6度傾け、工具保持具を用いて、バイトの副（前）切れ刃と主（横）切れ刃を湿式研削します。この場合、これらの逃げ面のランド幅が1～2㎜程度になるまで研削します。

このように超硬バイトの研削は、Aといしを用いたシャンクの研削、GCといしを用いた超硬チップの粗研削、そしてダイヤモンドホイールによるチップの仕上げ研削によって行われるので、この方法は三段研削法と呼ばれています。

超硬バイトの切れ刃の研削が終わったら、そのすくい面にダイヤモンドホイールで、幅約3㎜、深さ約0・5㎜のチップブレーカを研ぎ付けます。またコーナ切れ刃に丸み（コーナ半径）をつけます。そして最終的に、ハンドラッパを用いてバイト切れ刃のホーニングをして、仕上げます。

要点BOX

- 最初は両頭グラインダでシャンクの研削
- バイトの仕上げ研削は超硬工具研削盤で
- 超硬バイトの研削は三段研削法で

超硬バイトの研削

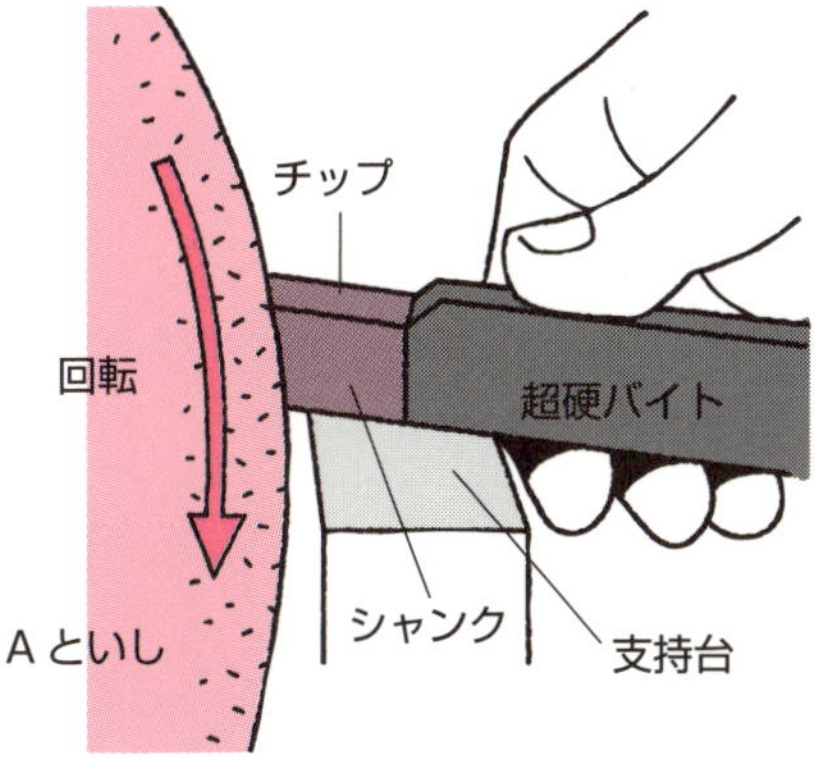

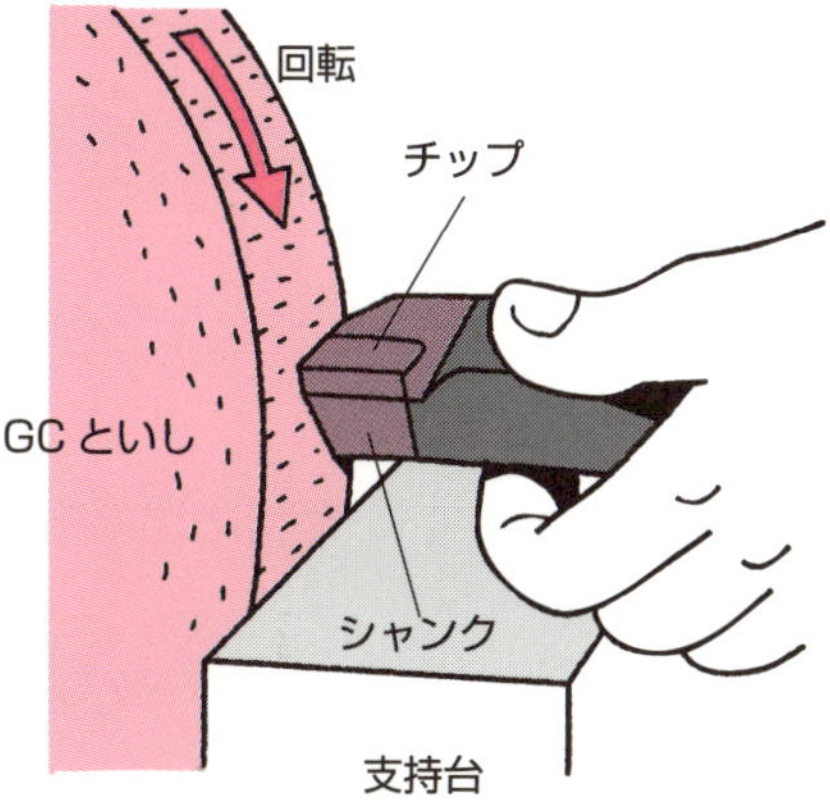

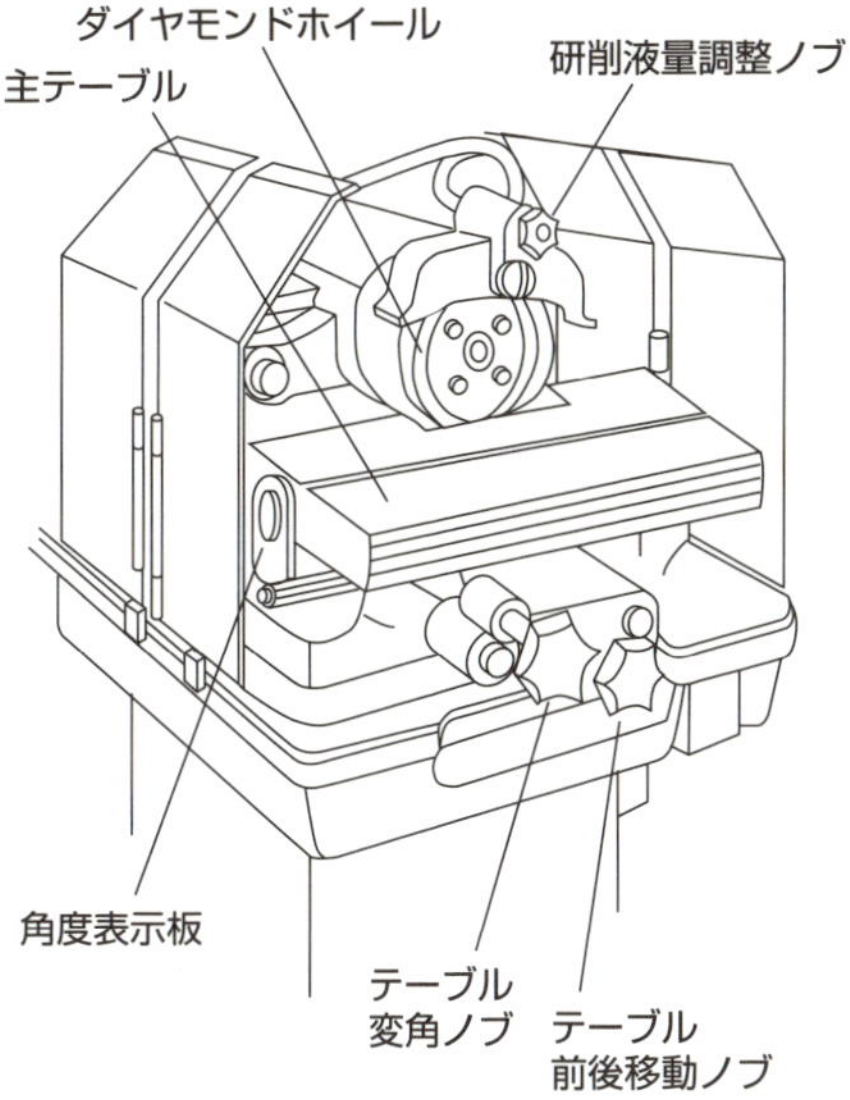

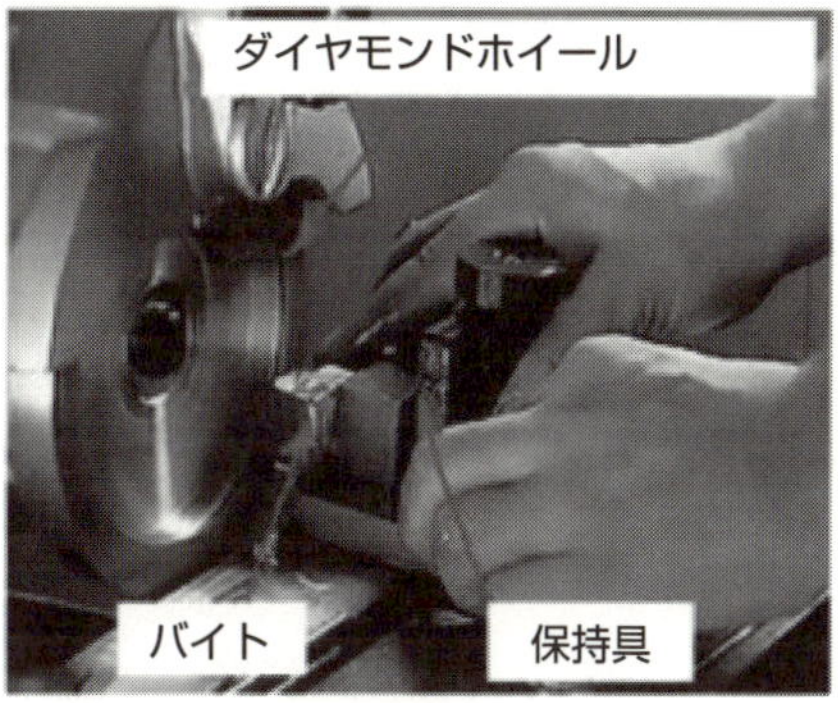

用語解説

ハンドラッパ：ダイヤモンド砥石に柄をつけたもので、バイトの切れ刃などのホーニングに用いる

Column

旋盤加工は基本中の基本

丸物部品を加工する代表的な工作機械が旋盤です。NC（数値制御）工作機械が広範囲に普及しつつある今日、なぜ汎用旋盤による切削加工を学ぶ必要があるのかと疑問に思う人もいるでしょう。でもこの旋盤加工は切削の基本なのです。

自転車に乗ることを体験すれば、最初は上手にできなくても、練習すれば、上手に乗れるようになります。旋盤加工においても、まず体験することが大切です。そして作業を失敗し、その原因を考えることにより、技能が向上します。またこの体験を通しての気づきが、今後の成長の鍵になります。

旋盤加工では、どのような加工ができるのか、どのような切削工具を使用するのか、工作物を取り付ける道具にはどのようなものがあるのか、どのような方法で工作物を旋盤に取り付けるのか、どのような手順で切削するのか、切削時にはどのような切削現象が生じるのか、バイトの切れ味とはどのようなものか、いつバイトを研ぎ直したらよいのか、このようなことを体験を通して学ぶのです。

この場合、頭を使って作業をし、そして知恵を働かせ、創意工夫することが大切です。バイトをどのように研いだら、良好な切れ味が得られるのか。バイトの切れ味がよい場合は、どのような切りくずが流出し、どのような色を呈するのか、その時の切削音はどうか、また機械を伝わってくる振動はどうかなどを体感します。

そして作業時に知恵を働かせ、創意工夫をして、切削加工が上手にできるようになれば、多分、達成感を覚えるでしょう。これがモノづくりの醍醐味と言えます。これらの経験をターニングセンタなどのNCプログラム作成に生かせば、上手な加工が行えるはずです。何事も、百聞は一見にしかず、一見は一行にしかずです。

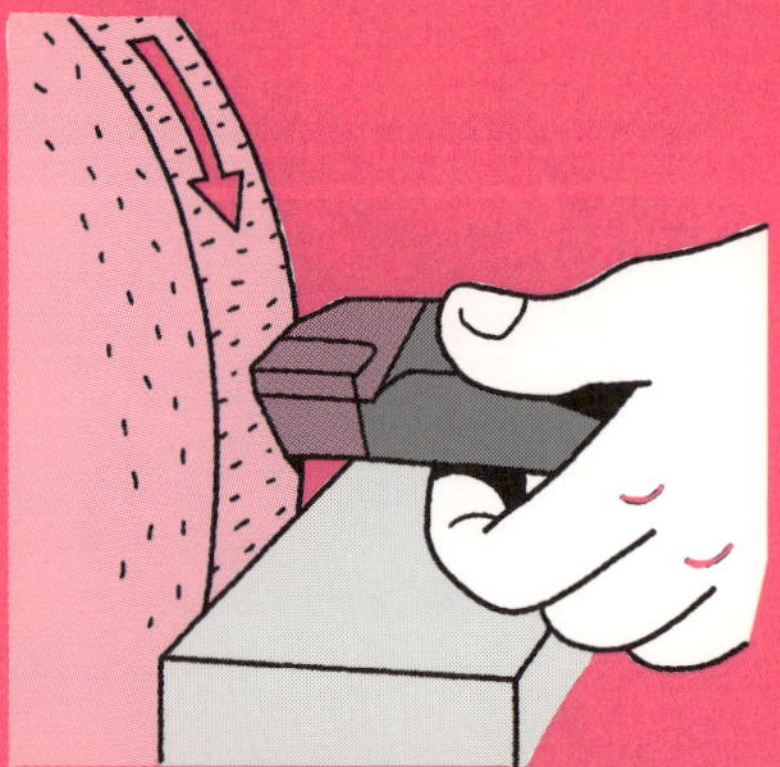

第5章

ボール盤による切削

48 ボール盤とは

ドリルを用いて穴あけを行う

主にドリルを用いて穴あけを行う工作機械の総称をボール盤と呼んでいます。

穴あけ技術は、古代の火を起こす技術から生まれたと考えられています。古代エジプトでは、弓の弦に棒を巻き付け、骨や木などに穴をあけていたことが知られています。

そして、古代には、フライホイールを用いたひも駆動の穴あけ道具など、多くのものが使用されていました。現在、一般に使用されている電気ドリルは、このひも駆動穴あけ装置の駆動部が電動化されたものと言えそうです。

このようにボール盤の歴史は非常に古く、紀元前5000年の終わり頃には、すでにフィドルドリルと呼ばれる穴あけ装置が使用されていたことが知られています。

現在、一般に多く使用されているボール盤には、卓上ボール盤、直立ボール盤、ラジアルボール盤および多軸ボール盤などがあります。

卓上ボール盤は、作業台の上などに据え付けて使用する小型のボール盤で、通常、穴あけができるドリルの直径は13㎜までです。

直立ボール盤は主軸がテーブル面に対し垂直な立形のもので、テーブル形式には、円テーブル形と角テーブル形があります。そしてこのボール盤は床に据え付けられます。

また、直立ボール盤には、一般的に、穴あけ用の主軸送り装置とともに、タップ立てが可能な回転切り替え装置が付いています。

ラジアルボール盤は、コラムを中心に旋回できるアームに沿って主軸頭が水平に移動する大型ボール盤で、穴あけ、タップ立て、リーマ加工、中ぐりおよび面削りなど、多くの作業に使用されています。また多軸ボール盤は、穴あけ作業を効率よく行うために、複数の主軸を持つボール盤です。

要点BOX

- ●紀元前5000年終わりごろフィドルドリル
- ●作業台上に据え付けて使う卓上ボール盤
- ●多くの作業に使われるラジアルボール盤

穴あけ道具の変遷

火を起こす

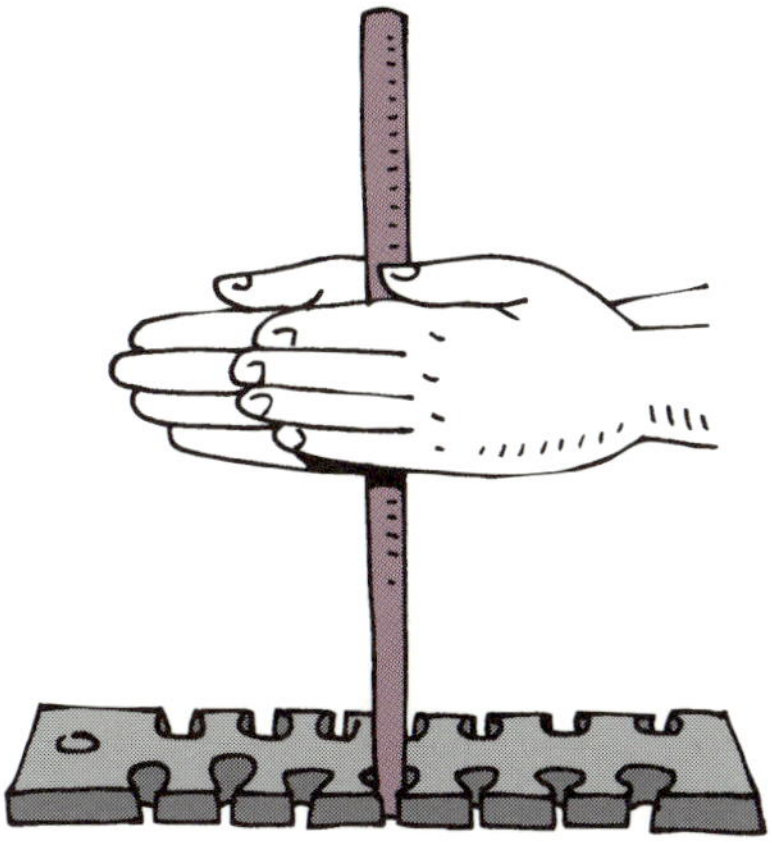

古代の穴あけ道具

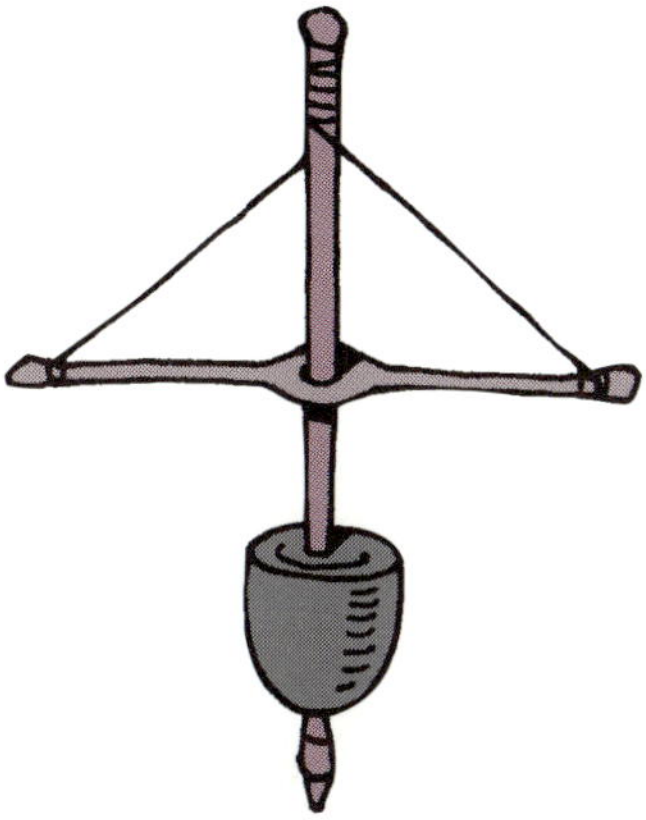

（小林昭）

ラジアルボール盤

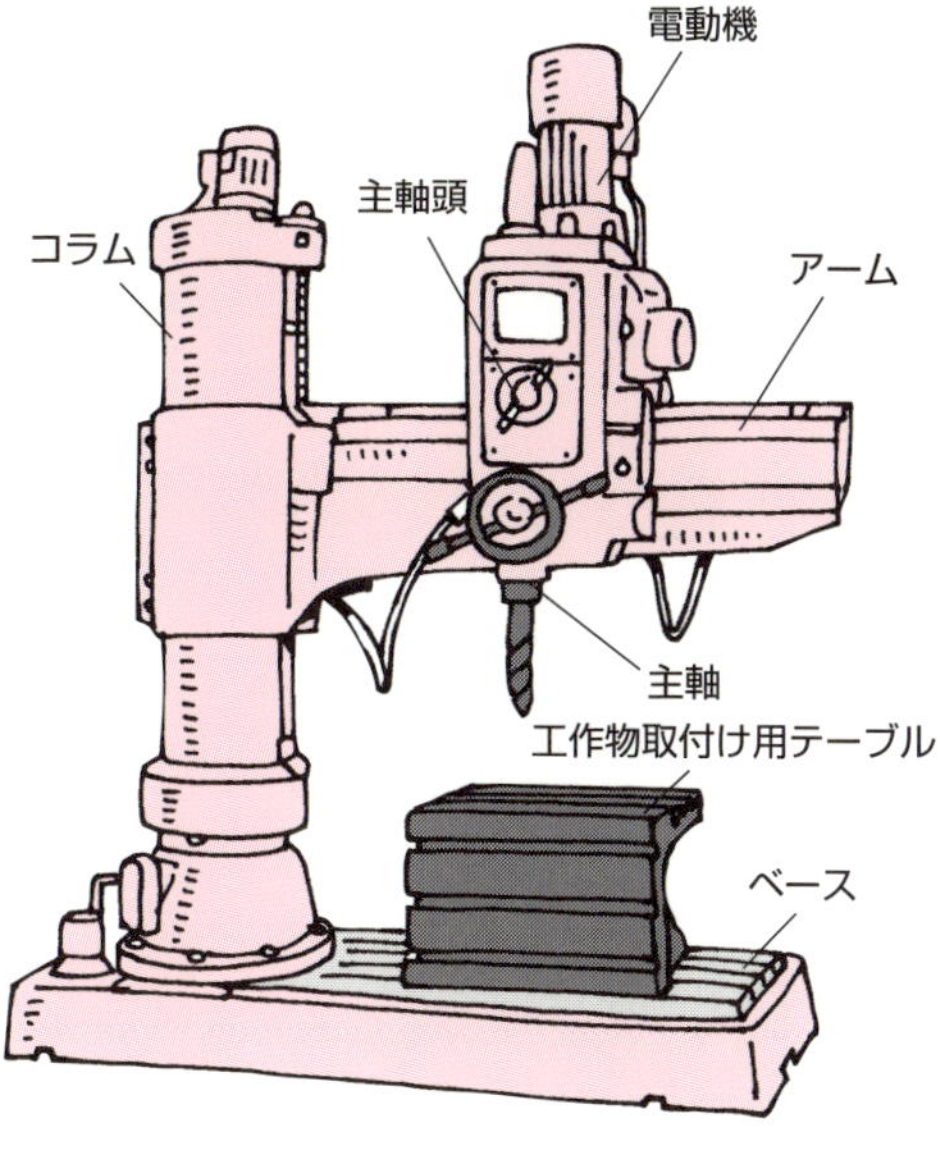

直立ボール盤

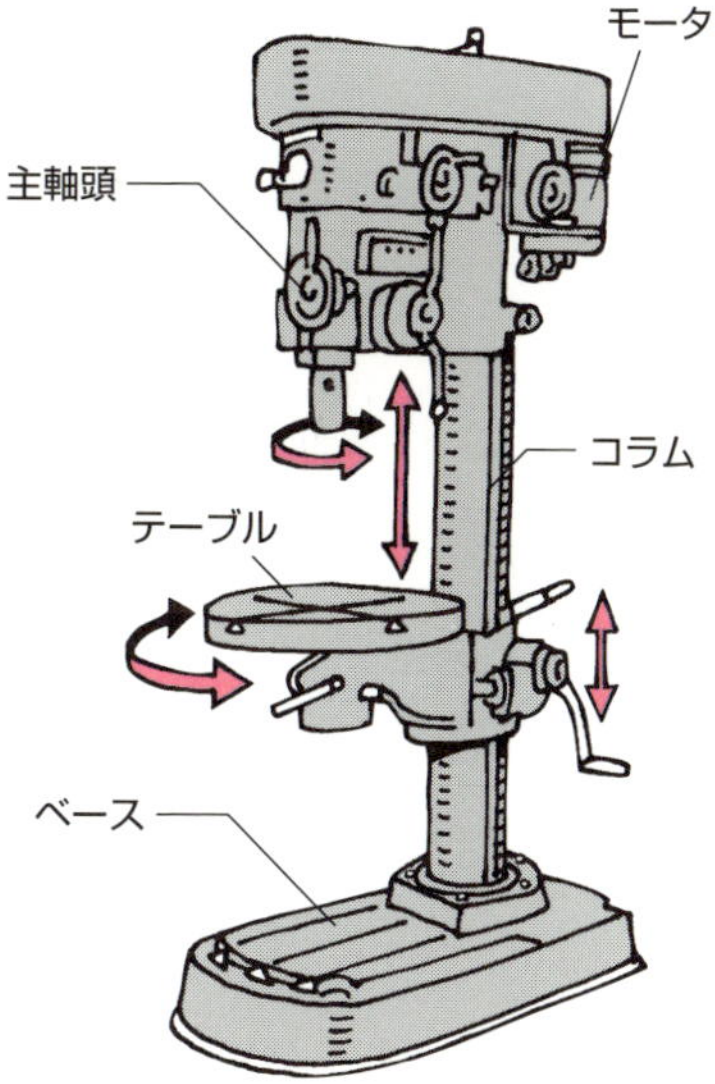

用語解説

フライホイール：はずみ車

49 どのような切削工具を用いるの？

いろいろなドリル

ボール盤で用いる工具には、ドリル、リーマ、マシンタップおよび座ぐり棒などがあります。また一口にドリルと言っても、多くの種類がありますが、ボール盤で使用するものは、通常、ストレートシャンクおよびテーパシャンクのツイストドリルです。

卓上ボール盤には、直径が13㎜以下のドリルを用います。また直立ボール盤やラジアルボール盤の場合には、大きな直径のドリルも使用することができます。

ドリルであけた穴の形状・寸法精度は低く、またその加工面も粗いので、その仕上げに使用するのがリーマです。

そして、リーマにも多くの種類があり、シャンクがストレートのリーマとテーパのものとがあります。またリーマの溝形状が直溝のもの、ねじれ溝のものおよびテーパ付きのものがあります。

このリーマには多くの寸法のものがあり、その呼び寸法は、6～85㎜となっています。

また呼び寸法に応じて、リーマ代を決めます。リーマ直径が小さい場合はリーマ代を0・1～0・2㎜とし、大きい場合は0・2～0・4㎜程度とします。

またねじ切りに用いるのがマシンタップで、直溝のものやねじれ溝のものなどがあります。

ねじれ溝のものは、スパイラルタップと呼ばれており、切りくずの排出性が良く、また止まり穴や通し穴の両方に適用可能なので、広く一般的に使用されています。

ねじ切りに際しては、ねじの下穴径を正確に管理することが大切です。工具メーカーのカタログなどには、ねじの種類と寸法に応じて下穴径が載っているので、この値を参考に、適切なドリルを使用しましょう。

また座ぐり（ボルトやナットの座を設けること）や中ぐりに用いるのが座ぐり棒です。通常、この座ぐり棒にバイトなどをねじ止めし、使用します。

要点BOX

- ●ドリル、リーマ、マシンタップ、座ぐり棒
- ●穴の仕上に使用するリーマ
- ●ねじ切りに用いるスパイラルタップ

いろいろなドリル

ストレートシャンクドリル

テーパシャンクドリル

強ねじれ刃ドリル

油穴付きドリル

テーパピンドリル

油穴付きコアドリル

いろいろなリーマ

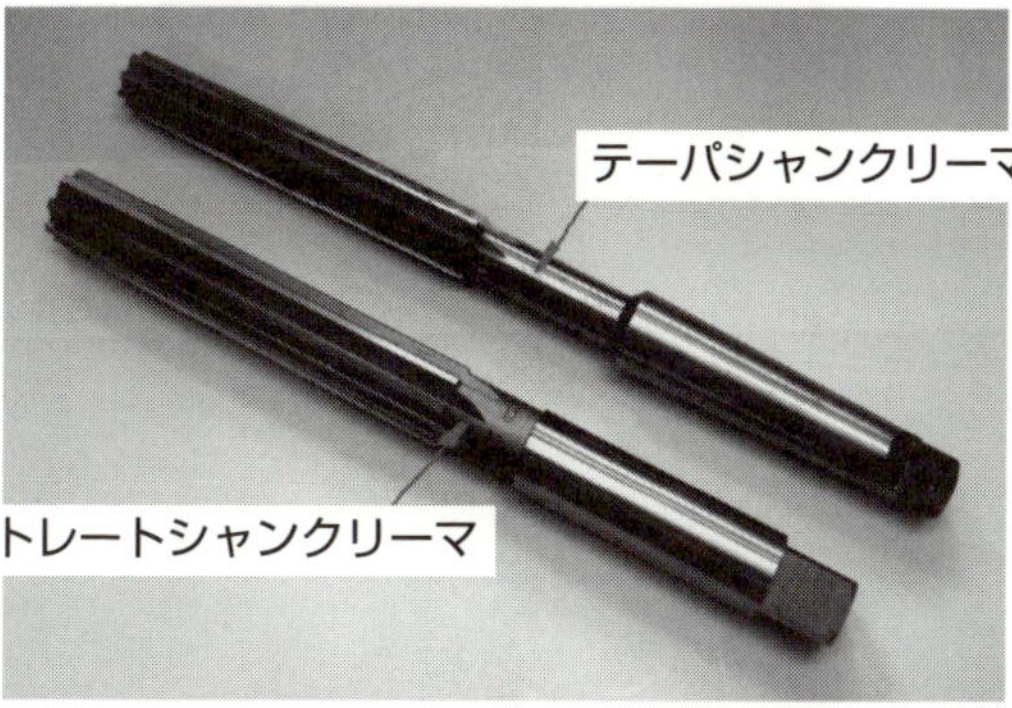

リーマの切れ刃形状

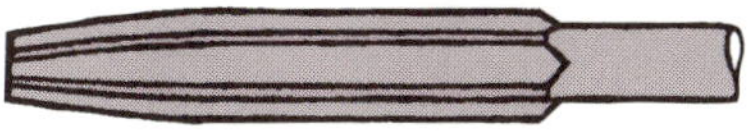

(a) 直みぞ

仕上用

(b) ねじれみぞ

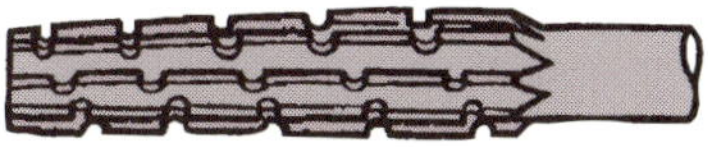

荒仕上用

(c) テーパ付き

50 切削工具をどのように取り付けるの？

ボール盤へのドリルの取付け方

ボール盤の主軸に取り付けるドリルには、テーパシャンクのものとストレートシャンクのものがあります。

直径が13㎜以下のストレートシャンクドリルは、ドリルチャックを用いてボール盤の主軸に取り付けます。

まずドリルチャックをアーバに取り付けます。そしてそのアーバを主軸に挿入し、軽く手で衝撃を与えて固定します。この場合、アーバのタングを主軸の溝に合わせます。

次に、チャックハンドルをドリルチャックの穴に合わせ、そしてそれを回して、チャックの爪を開きます。チャックの爪の間にストレートシャンクドリルを挿入し、ハンドルを回して締め付け、固定します。この場合、ドリルの突き出し長さをできるだけ短くします。またドリルの溝部をチャックの爪で保持しないようにします。

またテーパシャンクドリルの場合は、スリーブを用いて、ボール盤の主軸に取り付けます。テーパシャンクドリルのタングをスリーブの溝に合わせて取り付けます。そしてスリーブに取り付けたテーパシャンクドリルを主軸のテーパ穴に挿入し、軽く手で衝撃を与えて固定します。

この場合、スリーブのタングを主軸の溝に合わせ、また取付け時に手を切らないように、ドリルをウエスで巻きます。またスリーブを取り外す場合は、主軸の溝にドリフトを挿入し、その頭をショックレスハンマなどで軽く叩きます。

ボール盤に取り付ける切削工具には、この他、マシンリーマ、マシンタップおよび座ぐり棒などがあります。これらの中で、シャンクがテーパのものはそのまま、あるいはスリーブを介して、またストレートのものはドリルチャックを用いて、ドリルと同様に、ボール盤の主軸に取り付けます。

また、工作機械の主軸長さが不足している場合などには、ソケットが用いられます。

要点BOX

- テーパシャンク/ストレートシャンクドリル
- 取付けにはアーバやスリーブを使う
- 取付け時には手を切らないように注意

主軸への各種切削工具の取付け

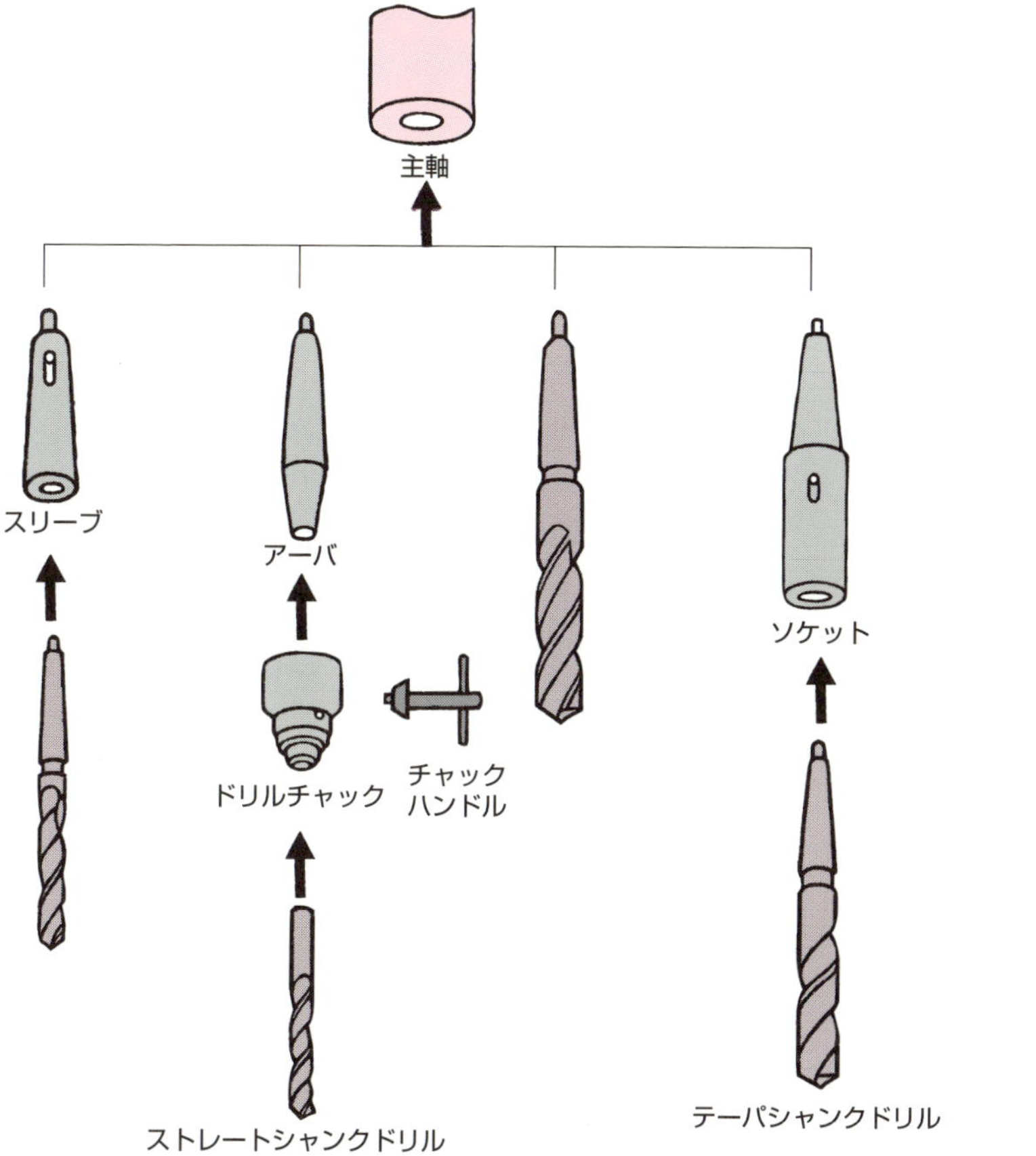

（福田）

主軸に取り付けたテーパシャンクドリル

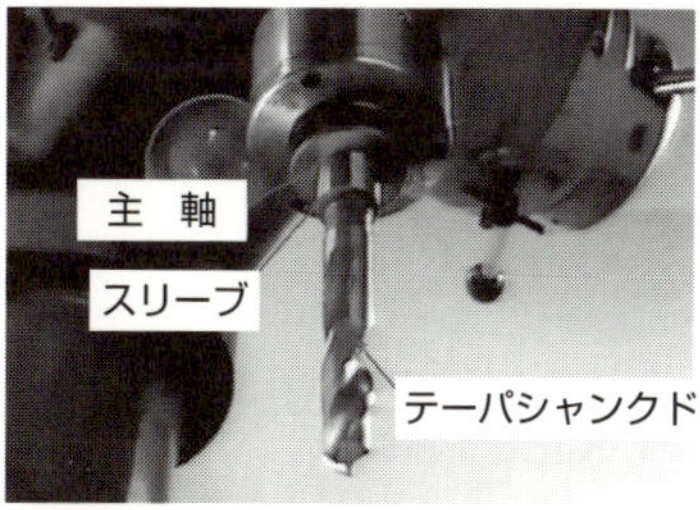

ストレートシャンクドリルの取付け

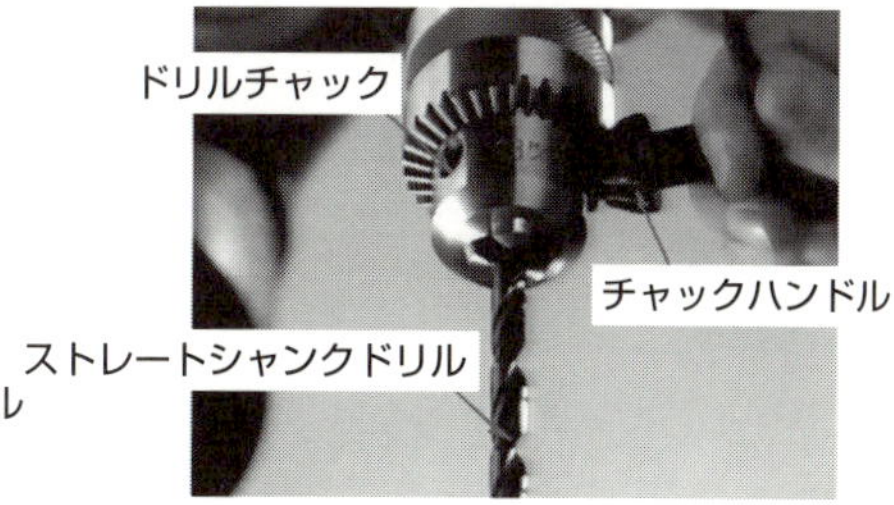

用語解説

スリーブ：工作機械の主軸テーパ穴と工具のテーパ柄の大きさが合わないときに用いる補助具

51 工作物をどのように取り付けるの？

ボール盤への工作物の取付け方

ボール盤における工作物の取り付けで最も一般的なのがバイスを用いる方法です。

六面体工作物をバイスに取り付ける場合は、その口金を開き、ウエスなどできれいに掃除します。そして貫通穴などの場合は、ドリルでバイスを傷つけないように、平行台（パラレルブロック）を介して工作物を取り付けます。バイスのハンドルを回して工作物を締め付け、そしてその工作物をショックレスハンマなどで軽く叩き、固定します。

また丸物工作物の端面に穴あけをするような場合は、Vブロックを介してその工作物をバイスに取り付けます。

次に厚い板状の工作物をボール盤のテーブルに取り付ける場合は、締め金と支持台を用います。

テーブルの溝にボルトを入れ、締め金の一端で工作物を押さえ、他の端を支持台で支持し、そしてナットを締めて、工作物を固定します。

この場合、できるだけ工作物に近い所でボルトを締めるようにします。また長い丸棒工作物をテーブルに取り付ける場合は、2個のVブロックで工作物の両端を支え、そして締め金と支持台を用いてその工作物を固定します。

次に薄い板状工作物の取付け方法です。薄い板状工作物に穴あけをする場合、その工作物をテーブルに載せ、手で押さえて加工すると、非常に危険です。穴が貫通すると、工作物がドリルの刃に沿って浮き上がり、ドリルと一緒に回転し、それで手を切ることがあります。

このような場合は、テーブル面にベニヤ板などを敷き、その上に工作物を載せ、締め金で固定します。

また、軸受けのようなバイスでは取付けができない工作物の場合は、アングルプレート（イケール）をテーブルに固定し、それに工作物をボルトによって取り付けます（58参照）。

要点BOX

- ●バイスを用いる方法
- ●厚い板状工作物は締め金、支持台で支持
- ●薄い板状工作物の取付け

バイス口金の清掃

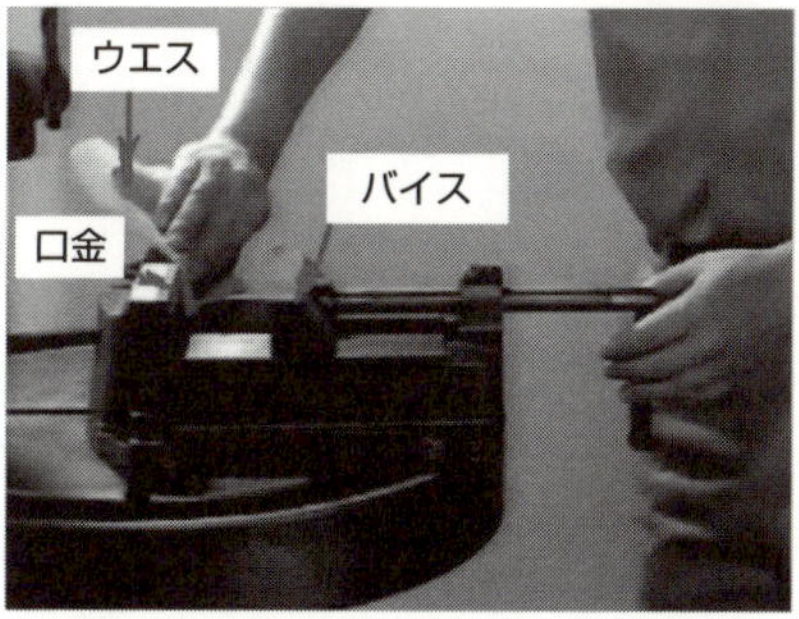

丸物工作物の取付け

締め金を用いた取付け

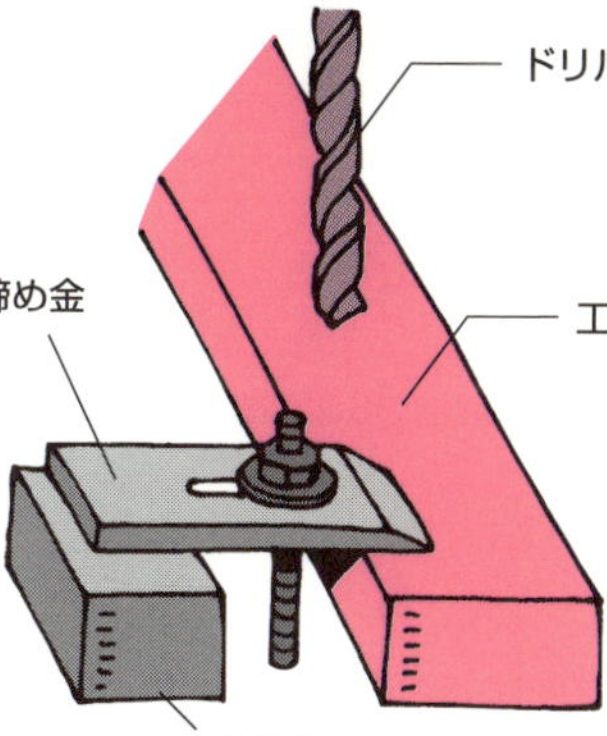

棒状工作物の取付け

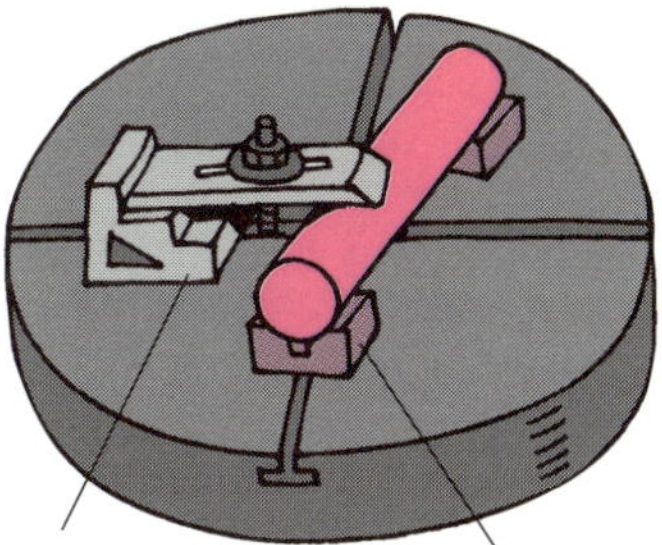

用語解説

V ブロック：V 形の溝をもった鋳鉄または鋼製の台

52 どんな加工ができるの？

いろいろな穴あけ加工

ボール盤を用いるといろいろな穴あけ加工ができます。ドリルによる穴あけは最も一般的な方法です。

ドリルで穴あけをする場合、工作物への食いつき時に、その刃先先端が逃げてしまい、上手に加工が行えないことがあります。とくに小径のドリルではこのような現象がよく生じます。

このような場合は、最初にセンタドリルを用いてセンタ穴を加工し、その後、ドリルで穴あけをするとよいでしょう。またポンチを用いて穴あけ箇所に打痕を付けておく方法もあります。

また薄板工作物に穴をあける場合は、ロウソク形ドリル（外周切れ刃を同じ高さに、また中心部を少し高く研削したもの）を用います。

リーマ仕上げは最初にドリルで下穴をあけておき、その後、リーマで仕上げをするものです。この場合、大切なのがリーマ代です。リーマの直径が小さい場合は、リーマ代を小さく（0・1～0・2㎜程度）、また大きい場合は大きく（0・2～0・4㎜程度）します。このリーマ代はリーマや工作物の材質などによっても異なります。

コアードリル加工は、コアードリルを用いて、下穴に所要の深さまで段付き穴あけをするものです。六角穴付きボルトの頭を沈めるような場合に用います。

皿座ぐりは皿もみとも言われ、通常、皿小ねじの頭部を工作物表面に合わせるように加工するものです。また平座ぐりはボルトやナットの当たる部分だけ、工作物の表面を平らに加工するものです。

中ぐりはドリルで下穴をあけ、その穴をホルダに取り付けたバイトでくり広げるものです。

タップ立ては下穴にタップでねじ加工をするものです。この場合、タップ呼び径に合わせて、適切なドリルを選択します。通常、下穴ドリル径は、ねじの呼びからピッチを引いた値で十分です。

要点BOX

- ●最初にセンタドリルでセンタ穴加工
- ●薄板工作物の穴あけ
- ●大切なリーマ代

いろいろな穴あけ加工

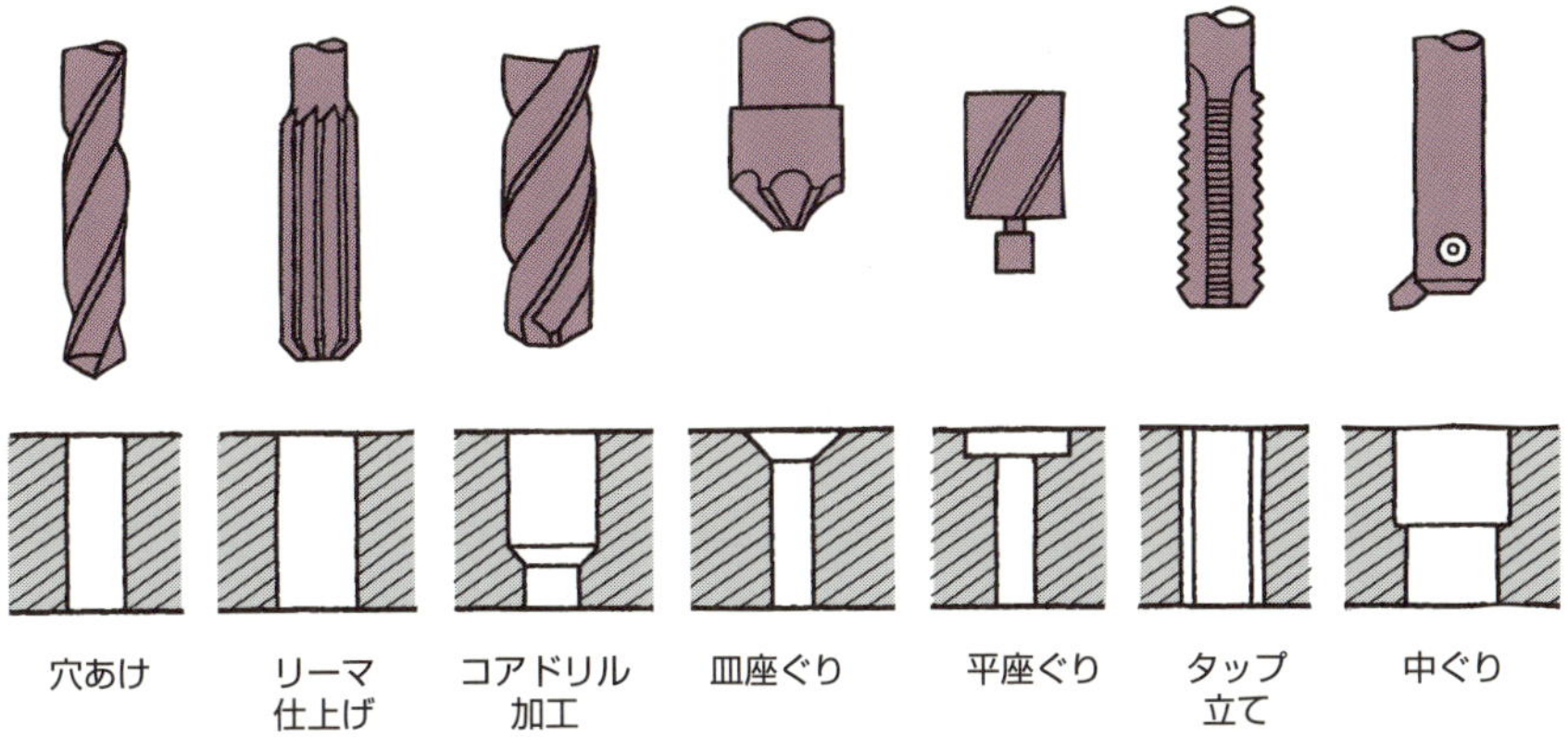

センタ穴加工のドリル

薄板の穴あけ

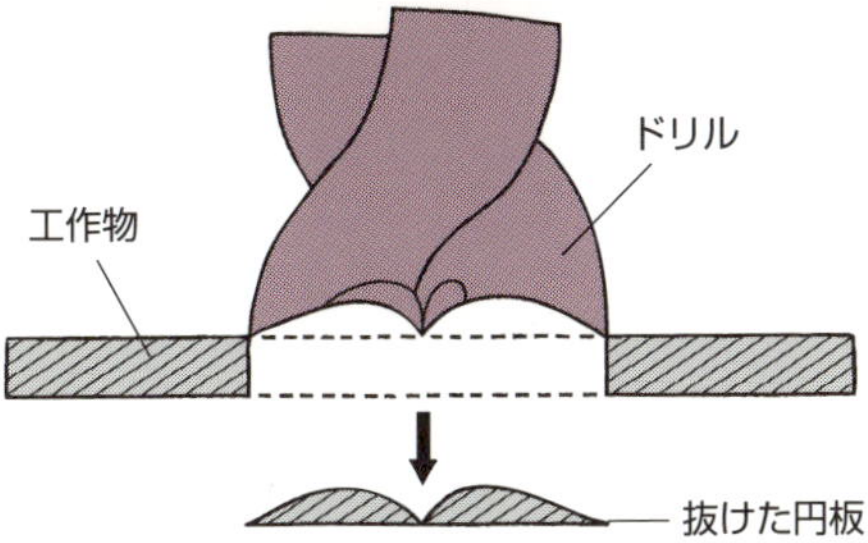

皿座ぐり

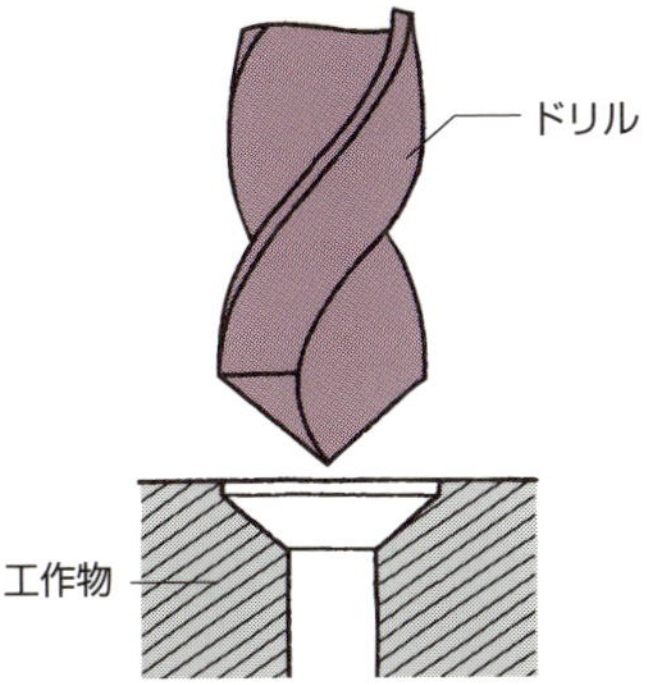

平座ぐり

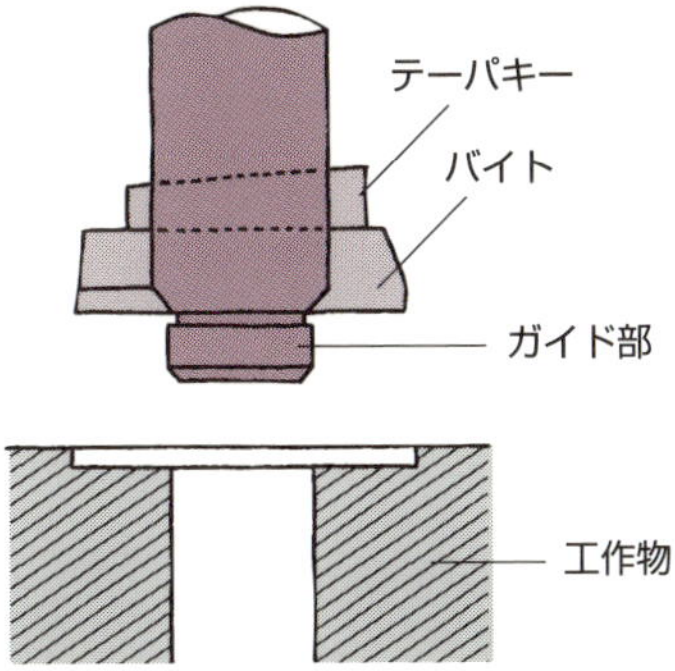

用語解説

コアドリル：ドリルの中心部が切れ刃がなく、主に下穴の仕上げに用いられるもの

53 ドリルをどのように研ぎ直すの？

ドリルの刃先の研削

ドリルを長く使用していると、刃先に摩耗が生じ、切れ味が悪くなります。このような場合は、ドリルの再研削をします。

ドリルの刃先の研削には、両頭グラインダを用います。

まず最初に、高速度工具鋼製ドリルの再研削をします。ここでは、Aといし（酸化アルミニウム）のツルーイング（振れ取り・形直し）・ドレッシング（目直し）をします。ドリル先端角は通常１１８度なので、ドリルをといし面に対し59度傾けて当てます。この場合、片手でドリル先端部を持ち、他の手でドリルシャンク部を支えます。また片手をグラインダの支持台に添えてドリルのといし面に対する位置決めと刃先の安定を図ります。

次に手でドリルに回転運動とひねりを与えながら、その逃げ面を研削します。この場合、ドリルに与えた回転運動とひねりが上手に連動すれば、その先端の逃げ面は円錐状にきれいに研削されます。このとき、ドリルに与える研削力が大きすぎると、逃げ角が大きくなります。また加熱で、切れ刃の焼きが戻り、硬度が低下します。ときどき、ドリルを水で冷却しながら研削することが大切です。

またドリル先端角をゲージを用いてチェックしながら、その両側の切れ刃長さが等しくなるように逃げ面を研削します。

直径が大きなドリルの場合は、その心厚が大きいと、切削時の抵抗が大きくなるので、その両側の溝をといし角部を用いて研削し、ウエブ（ドリルの溝の間隔）を薄くします。この作業をシンニングと呼んでいます。

ドリルをすくい面に対し傾けて持ち、その状態でドリルをといし角部に軽く当てます。そして下側の切れ刃をといしに当てないように、ウエブを研削します。

最後に、ドリル先端角、切れ刃長さ、および逃げ角などをチェックします。そして、これらが正しくできていればドリルの研削は終了です。

要点BOX

- 刃先の研削には両頭グラインダ
- 高速度工具鋼製ドリルの再研削
- ときどきドリルを水で冷やす

ツルーイング・ドレッシング

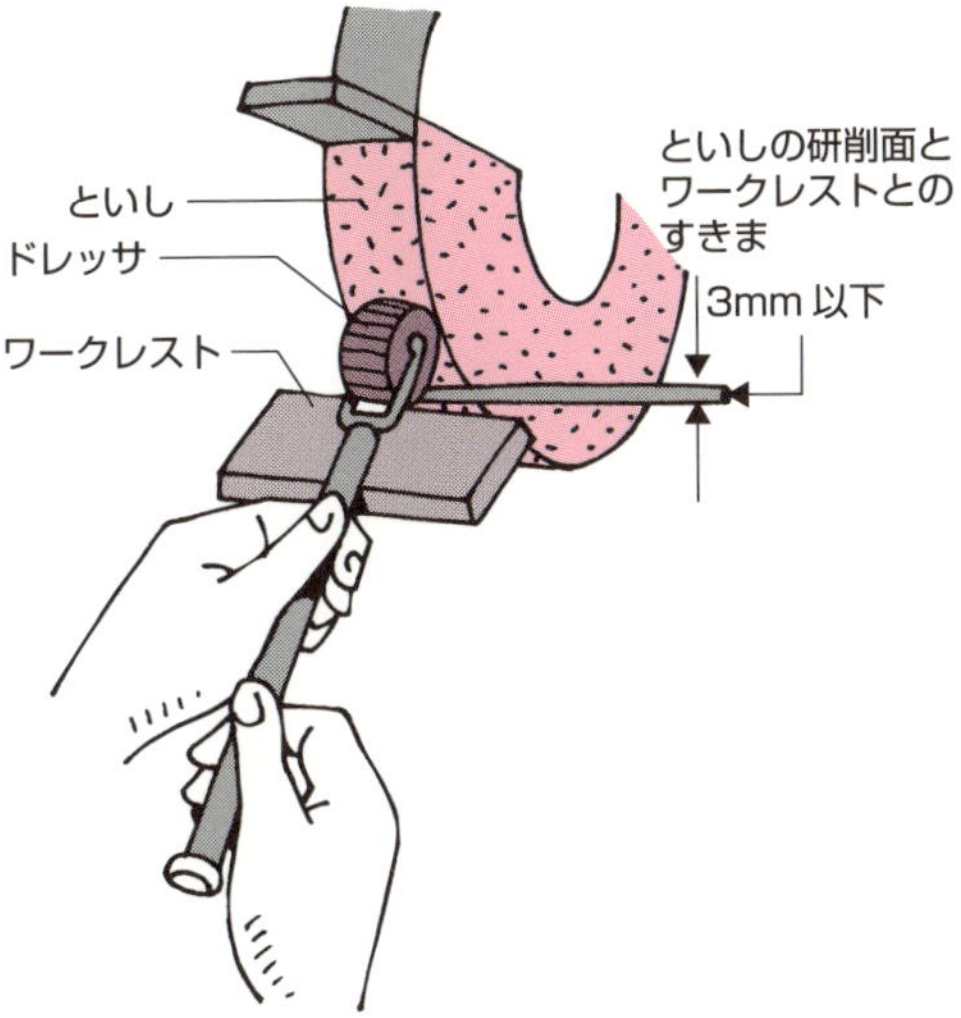

ドリルの当て方

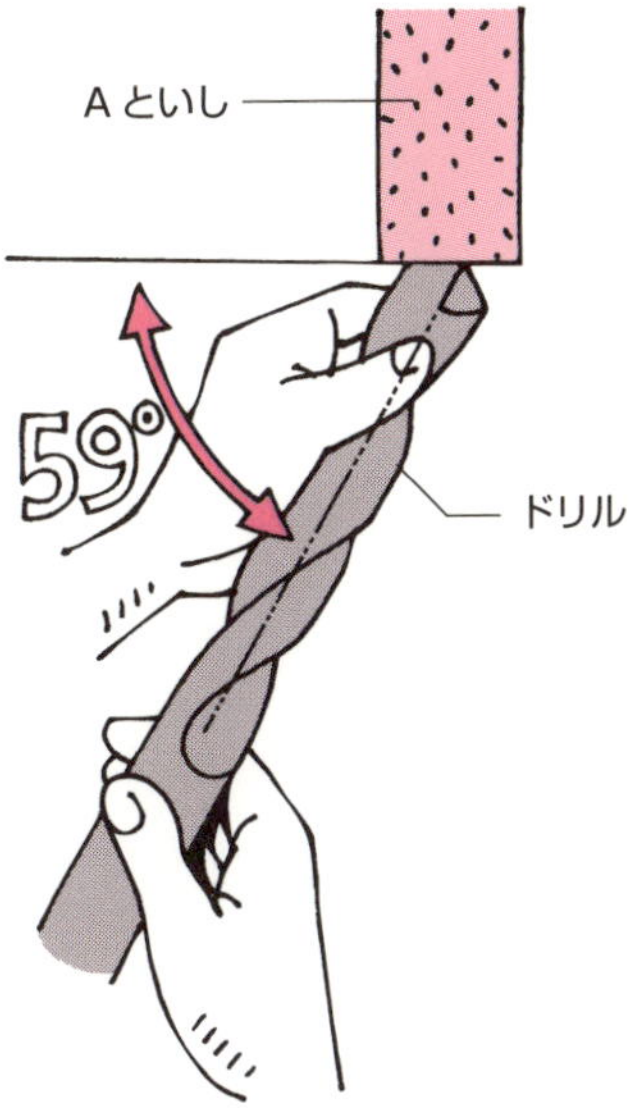

回転しながらひねる

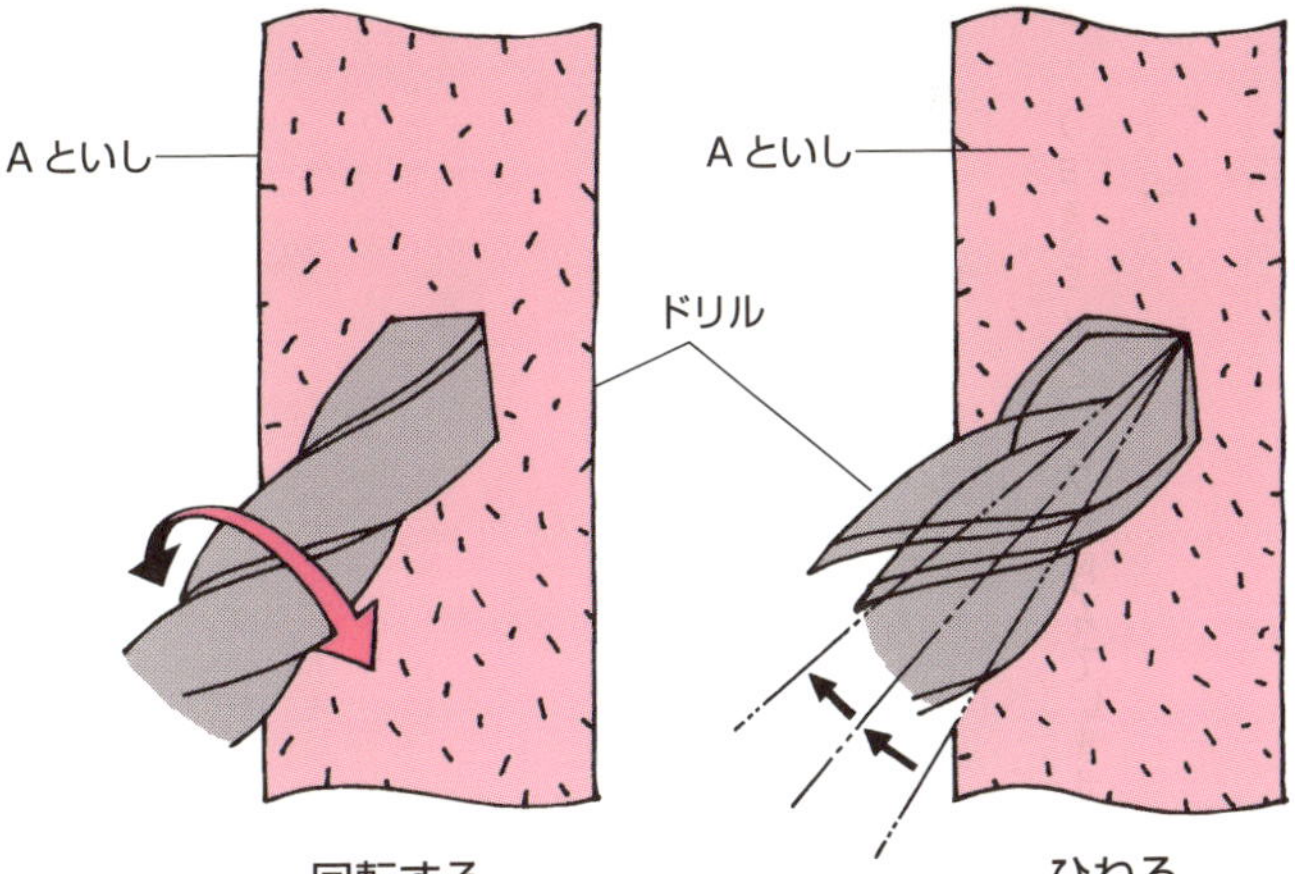

回転する　　　ひねる

用語解説

シンニング：ドリル先端の中心部をウエブといい、この心厚をうすくする作業

Column

やさしいようでよく怪我をするのがボール盤

旋盤やフライス盤などと比較し、よく怪我をするのが卓上ボール盤です。たとえば、アルミの薄板に、電子部品などの取付け穴を加工するような場合、ボール盤のテーブルにその板を、取付具を用いてしっかりと固定する必要があります。しかしながら、ときにはこの作業を簡単と考え、横着をして、薄いアルミ板を手で保持し、ドリルで穴を加工しようとする人がいます。

穴があくまでは、切削力が工作物をテーブル面に押しつける方向に働くのでよいのですが、穴が貫通してしまうと、この切削力が消失するので、アルミ板がドリルのねじれ方向に浮き上がり、その板が回転しだします。この回転を素手で止めることは無理で、アルミ板が凶器になります。この回転するアルミ板で指を切断したら大変です。

また今の若い人は、油で手が汚れるのを嫌います。そこで軍手をして、アルミ板にドリルで穴をあけようとします。この切削時、流出する切りくずを取り除こうとして、誤って軍手を回転するドリルに巻き込まれると大怪我をします。

そしてドリルの直径に合わせ、卓上ボール盤のプーリのベルト掛けをして、その後、作業帽をかぶらず、またプーリのカバーを締めずに、穴あけをする人がいます。この場合、ちょうど頭の位置がプーリと同じ高さになります。そして長髪の場合には、頭の毛をベルトに巻き込まれる恐れがあります。帽子をかぶり、プーリのカバーを必ずしましょう。

また切削点をよく観察しなさいと言うと、穴あけ時に流れ形の切りくずが流出するのをじっと見ている人がいます。この場合、保護めがねを掛けていないと、切りくずが目に刺さることがあります。このときは、手で目を擦らずに、すぐに病院に行きましょう。

このような安全作業を遵守することは、他人ではなく、自分のために行うのです。

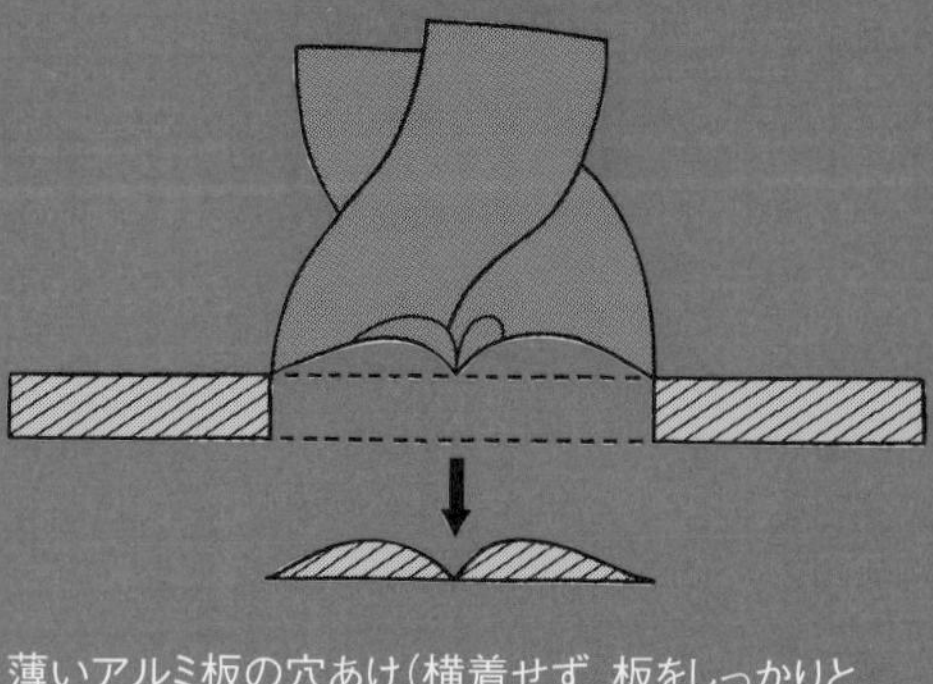

薄いアルミ板の穴あけ（横着せず、板をしっかりと固定する）

第6章

フライス盤による切削

54 フライス盤とは

フライスを用いて切削する機械

フライスは、ドイツ語などに由来するもので、円筒や円錐体の外周面や端面に多くの切れ刃を持ち、そしてそれを回転して工作物を切削する切削工具の総称です。英語では、フライスのことをミーリングカッタと言います。

このように切削に関する専門用語には、ドイツ語と英語が併用されているので注意しましょう。

さてフライス盤（ミーリングマシン）は、フライスを回転し、テーブル上に取り付けた工作物を、通常、左右、前後および上下に移動して切削する工作機械です。

このフライス盤には、立形と横形があります。テーブル面に対し、主軸が直角なものを立形、そして平行なものを横形と呼んでいます。

またフライス盤には、ひざ形とベッド形があります。ひざ形フライス盤は、ひざ（ニー）の上にサドルを、またその上にテーブルを載せた形式で、コラム（機械の本体を構成する柱）の案内面に沿ってそのニーを上下に移動するものです。

ベッド形のフライス盤は、ベッドの上にサドルを、またその上にテーブルを載せた形式のものです。この機械では、テーブルの上下運動ではなく、主軸頭、コラムおよびサドルのいずれか一つを上下に移動します。

汎用フライス盤として一般に多く使用されているのが立形ニータイプのものです。この機械では、切削工具を主軸に取付け、回転し、そしてテーブルを前後、左右および上下に移動して、工作物を切削します。

そして、各種切削工具を使用することにより、平面、曲面、溝などの多くの加工が行えます。

また以前は、金型加工などにならいフライス盤が多く使用されていました。この機械は、スタイラス（触針）で型やモデルをならい、油圧などで制御して、同じ形状に工作物を切削するものです。そして最近はNC（数値制御）機能の付いたフライス盤も多く使用されています。

要点BOX

- ●フライス盤には立形と横形がある
- ●ひざ形フライス盤とベッド形フライス盤
- ●多用されている立形ニータイプ

ひざ形立フライス盤

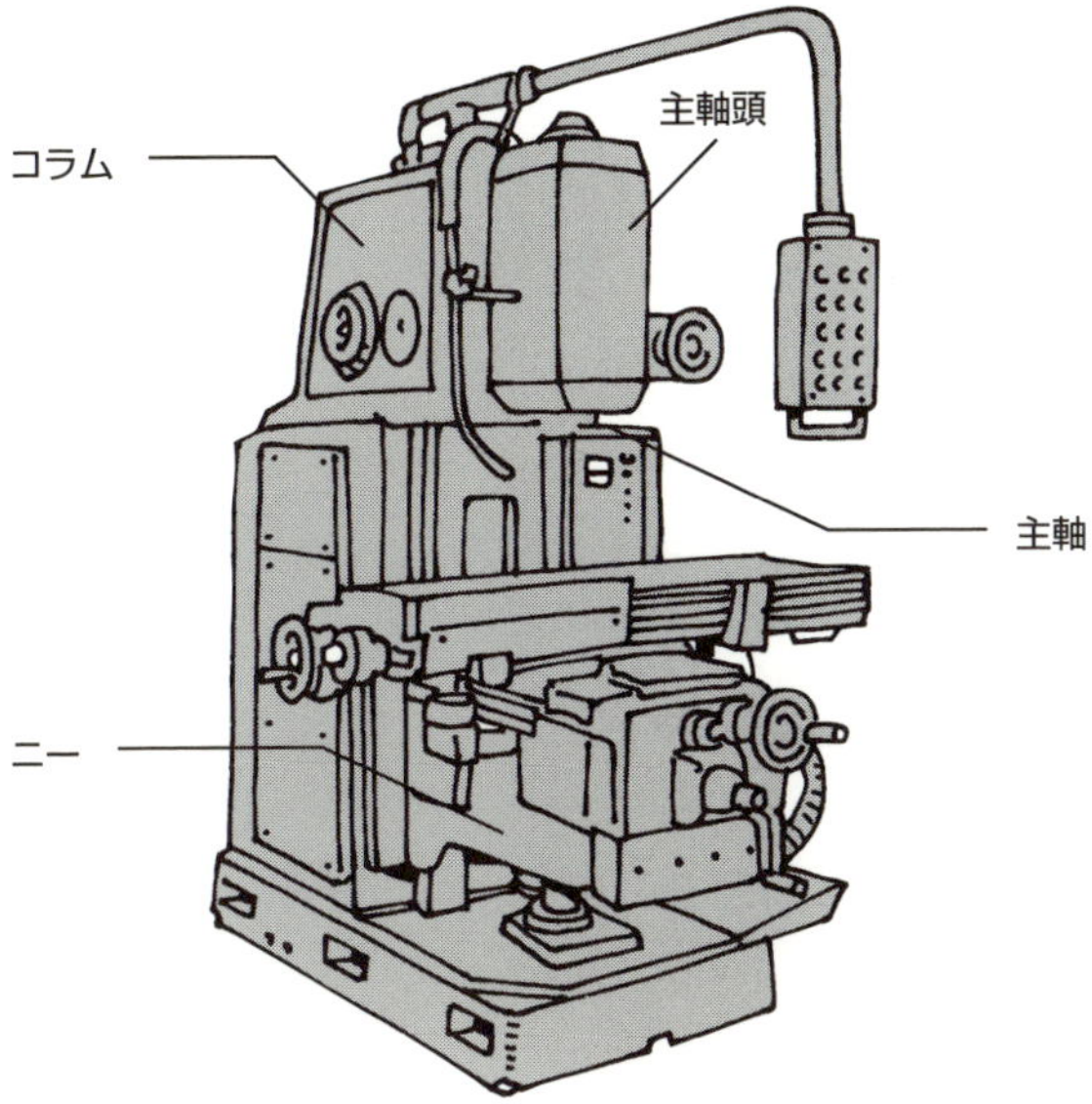

横フライス盤

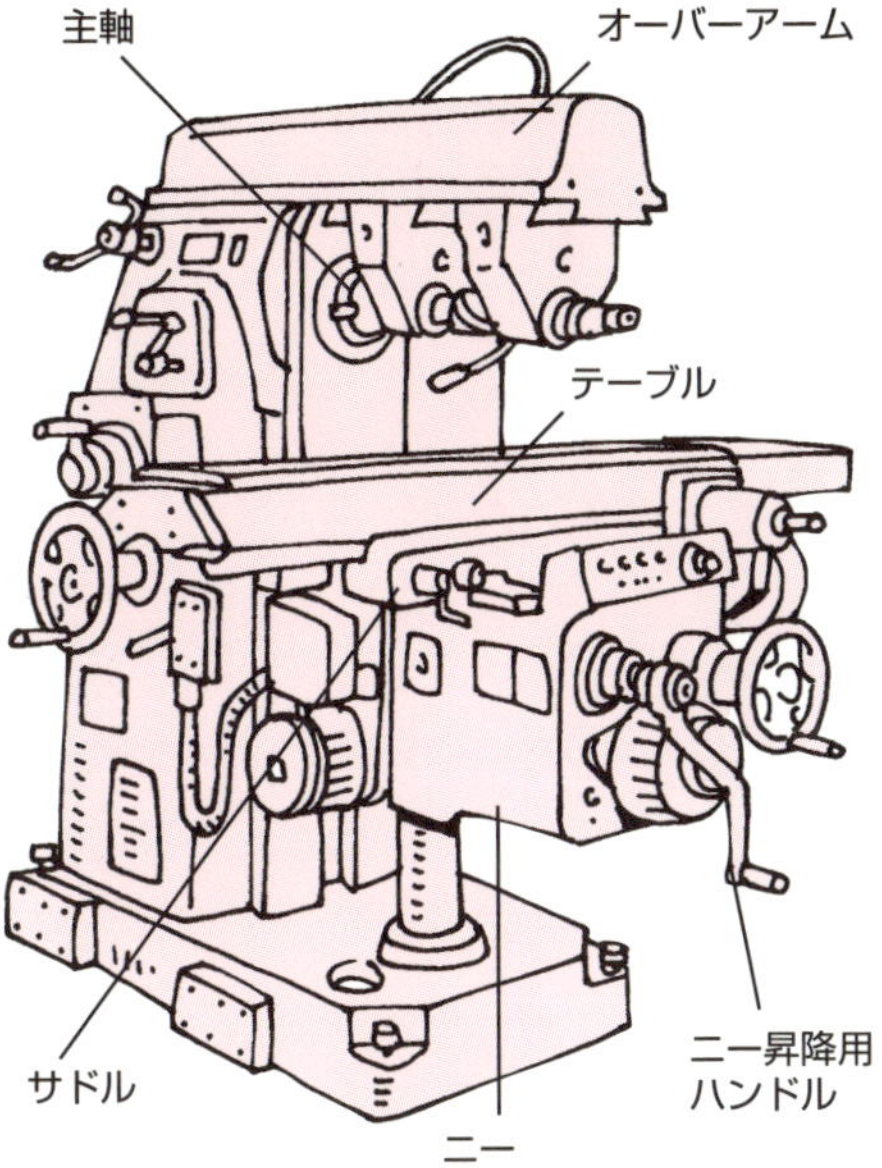

NC機能付きフライス盤

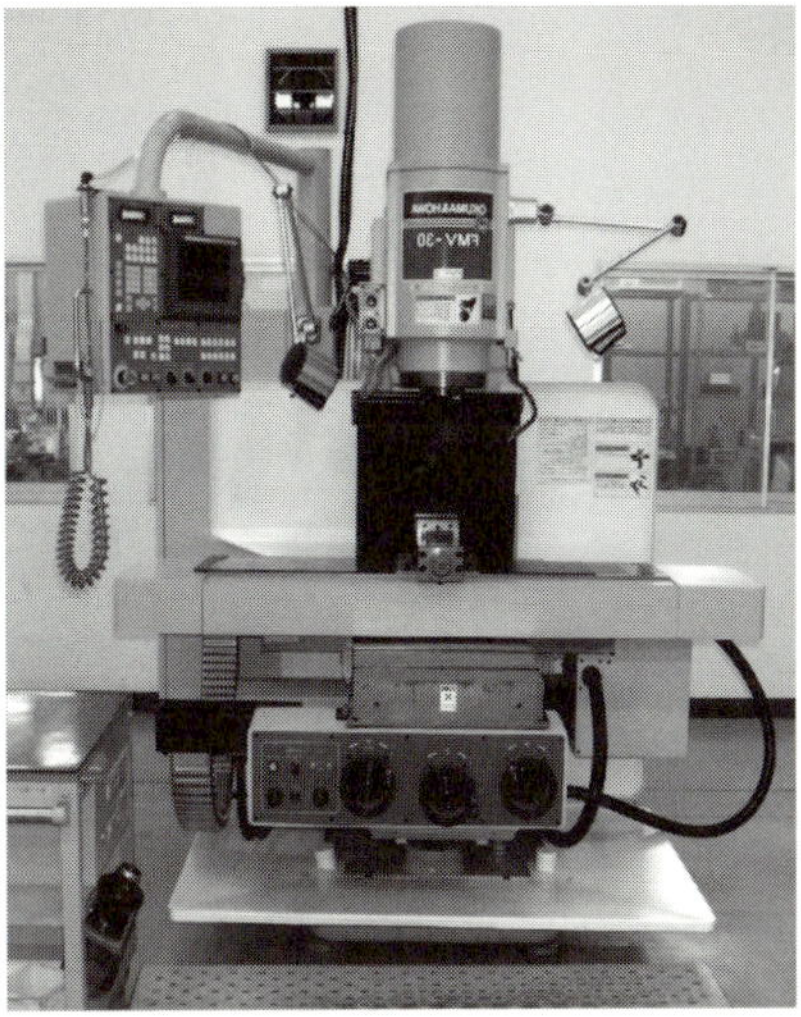

用語解説

NC：Numerical Control。加工に必要な情報を数値で指令する制御

55 正面フライスとは

正面フライスの構造と用途

正面フライスはフェースミルとも言われ、円筒外周面とその端面に複数の切れ刃を持つ切削工具です。

この正面フライスは、通常、立形フライス盤で使用されることが多く、主に工作物の平面削りや段削りに用いられます。正面フライスは、通常、アーバを用いてフライス盤の主軸に取り付けられます。そして切削条件を決めるときに、その外径（カッタ径）や刃数が問題となります。

最近はスローアウェイ方式の正面フライスが多く使用されています。このフライスはチップを機械的にカッタボデーに固定するものです。このような正面フライスの場合、すくい角（9参照）には、軸方向すくい角（アキシャルレーキ角）と半径方向すくい角（ラジアルレーキ角）とがあります。

フライスの回転方向に対し、刃先が遅れる場合をネガティブ（負）すくい角、そして先行する場合をポジティブ（正）すくい角と呼びます。またコーナ角（主切れ刃と副切れ刃のなす角）は軸方向に作用する切削力に影響します。コーナ角が大きいと、刃先は丈夫になりますが、軸方向に作用する切削力が大きく、剛性のない工作物では、切削時に変形が生じやすくなります。またコーナ角が小さい場合は、この切削力が小さくなるので、ビビリが発生しにくくなります。

このように正面フライスの切削性能はこれら軸方向すくい角や半径方向すくい角のほか、コーナ角などによって決まります。

一般に多く使用されている正面フライスの型式は、ダブルポジ（軸方向すくい角と半径方向すくい角がともに正）形、ダブルネガ（ともに負）形、およびネガ・ポジ形（軸方向すくい角が正で、半径方向が負）です。

これら正面フライスの型式は、切削力が大きく、刃先強度が必要か否かなどの作業目的に応じて決定されます。

要点BOX

- ●正面フライスの各部の名称を知る
- ●正面フライスの主な型式と特性
- ●正面フライスの切削性能

正面フライスの外観

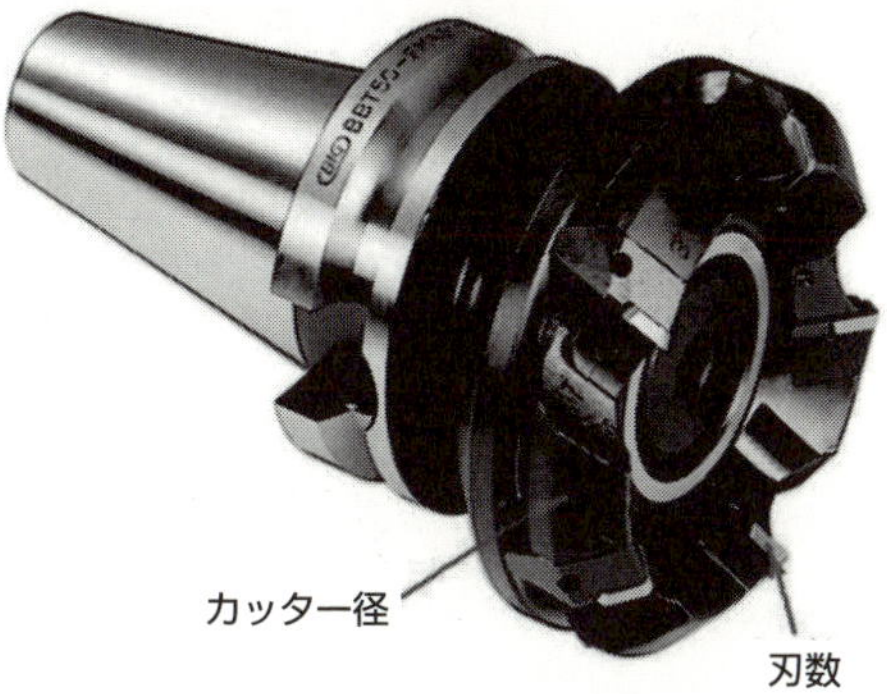

（大昭和精機）

正面フライス各部の名称

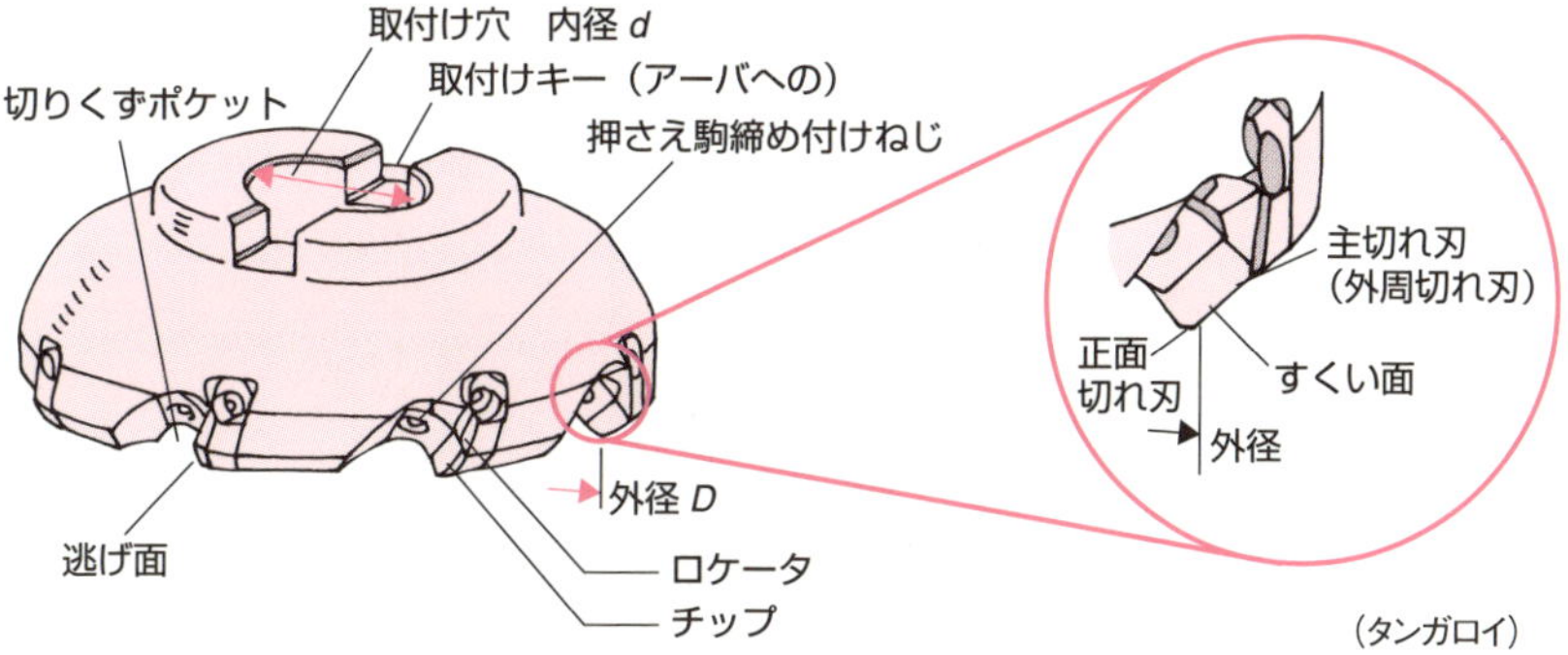

（タンガロイ）

正面フライスのすくい角

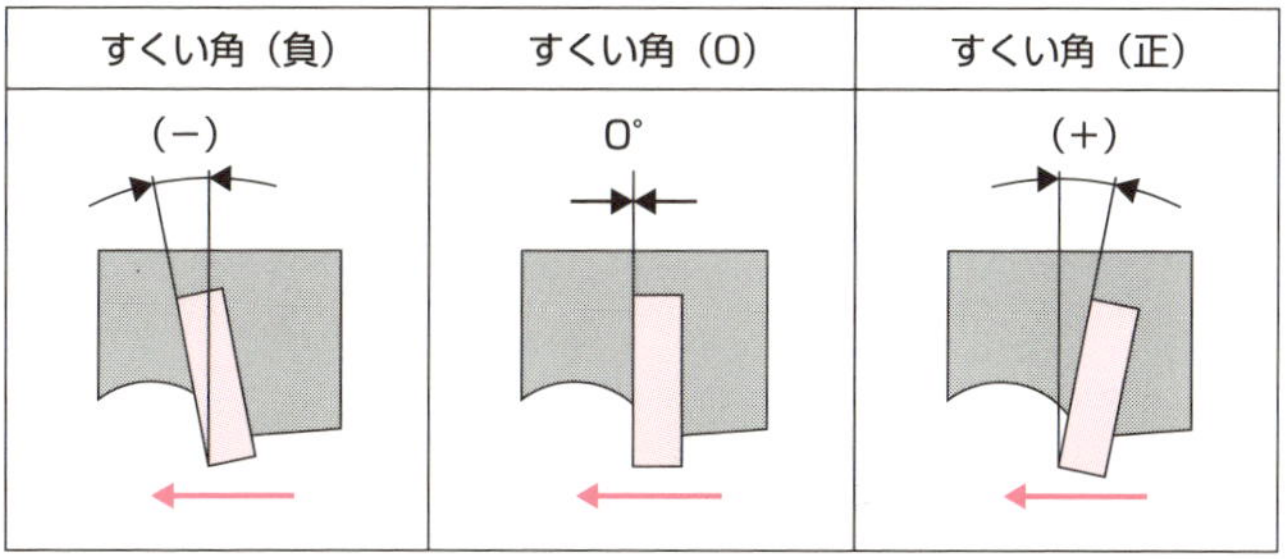

（タンガロイ）

56 エンドミルとは

いろいろなエンドミル

エンドミルは、外周面と端面に切れ刃を持ったシャンクタイプのフライスです。このエンドミルは、溝切削、すみ削り、外周切削、穴あけおよびならい切削など、多くの作業に用いられています。

エンドミルは、切れ刃である刃部、切れ刃が形成されていない首部および工具の柄で、保持に必要なシャンク部に分かれています。

エンドミルの形状は、刃径、刃長、全長および刃数で表されます。エンドミルのシャンク部はストレートのものとテーパのものとに区分けされ、それぞれフライス盤の主軸への取付け方が異なります。

エンドミルは、その切れ刃のねじれ方向により、左ねじれと右ねじれに分類されます。そして一般的に多く用いられている右ねじれエンドミルの場合、そのねじれ角は、通常、30度です。

また、エンドミルは刃長により、ショート刃、標準刃、およびロング刃の3種類に区分けされています。刃長の長いエンドミルは、切削時にビビリ振動が発生しやすくなります。

次にエンドミルの刃先形状には、スクエア、ラジアスおよびボールの3種類があり、またそれぞれ円筒刃とテーパ刃の2種類があります。加えて総形エンドミルがあるので、その刃先形状は合計、7種類となります。通常、スクエアは溝加工、テーパは勾配加工に、そしてボールは形彫りなどの加工に使用されます。

エンドミルの外周刃形状には、直線切れ刃、波状切れ刃、およびニック付き切れ刃の3種類があります。波状切れ刃のものはラフィングエンドミルとも呼ばれ、主として荒びき用で、切削時の切削抵抗を低減します。またその底刃形状には、中心部に切れ刃があるセンタカットタイプと、研削時の心出しが容易なセンタ穴タイプがあります。そしてエンドミルの刃数は2～6枚です。

要点BOX
- ●エンドミルの各部の名称
- ●エンドミルのいろいろな形状
- ●エンドミルを用いた切削

エンドミル

エンドミル各部の名称

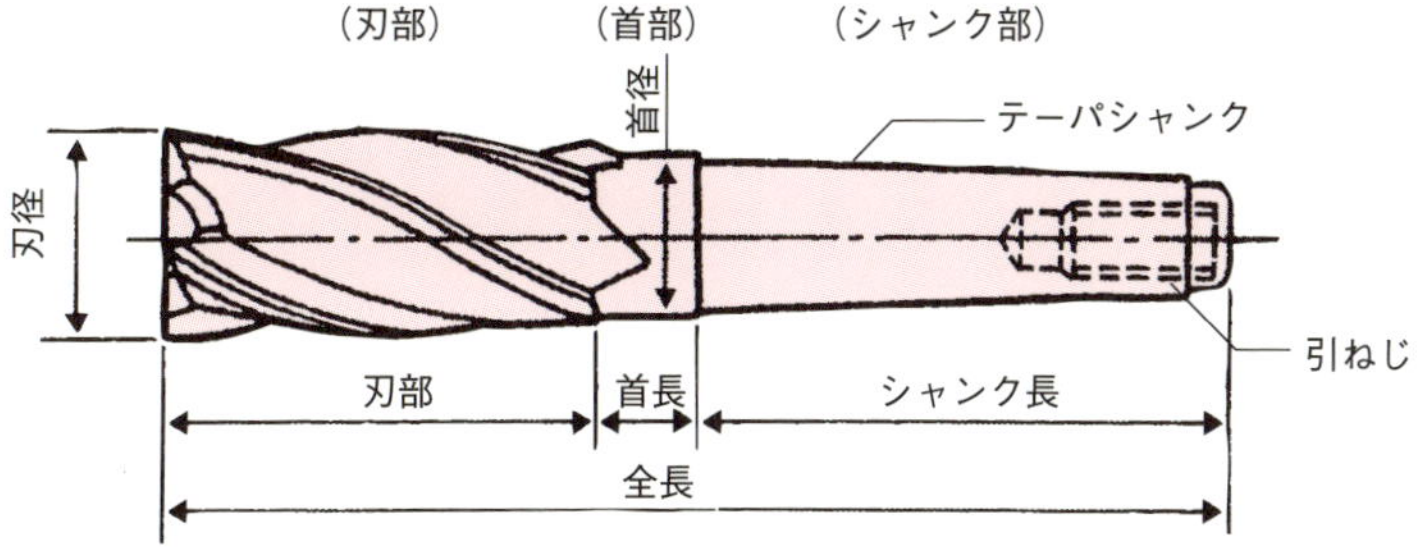

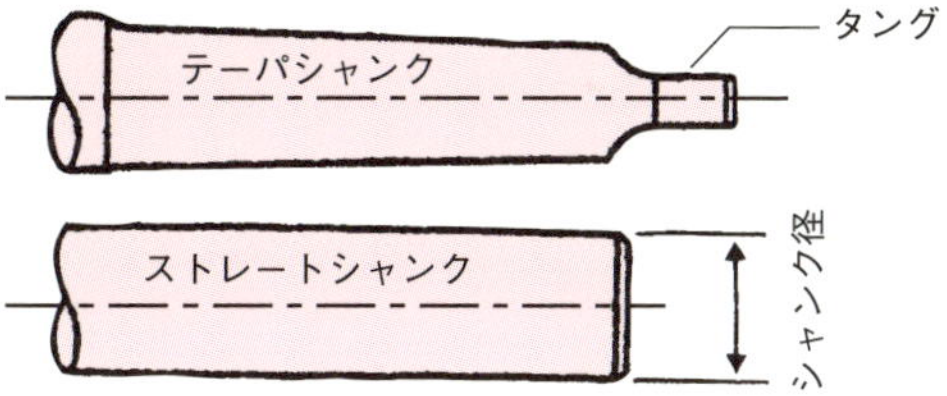

エンドミルを用いた切削

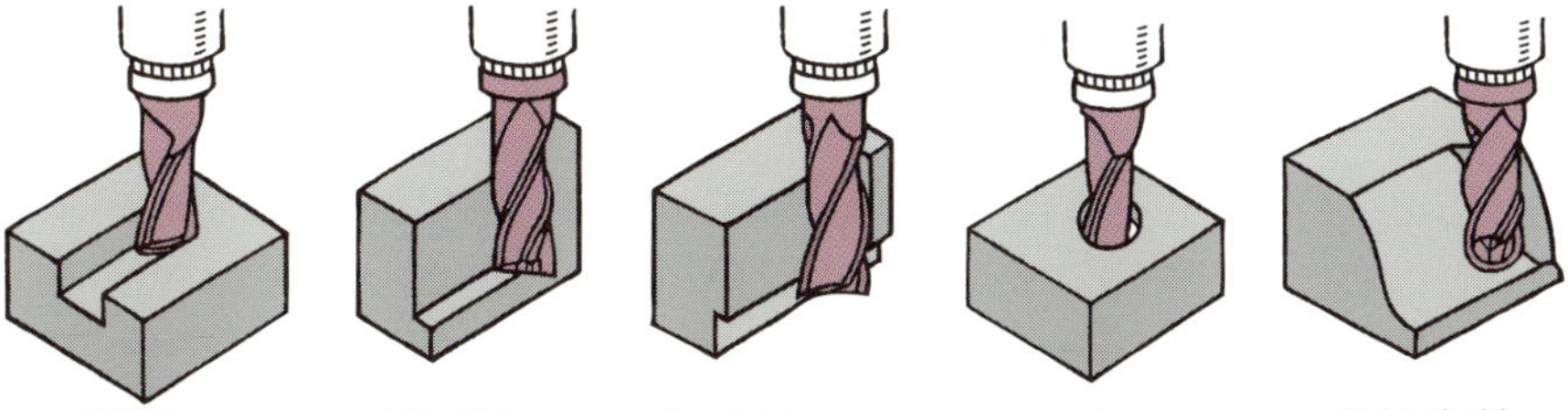

溝切削　すみ削り　外周切削　穴あけ（座ぐり）　ならい切削

（OSG）

57 どのように切削工具を取り付けるの？

フライス盤への切削工具の取付け方

立形フライス盤に切削工具を取り付けるには、まず最初にクイックチェンジホルダ（エンドミル、リーマ、ドリルなどを装着したミーリングチャックや正面フライスアーバを取付けるための取付けるための保持具）を主軸に装着します。

主軸のテーパ穴とクイックチェンジホルダのテーパをウエスできれいに拭きます。そして、ホルダを主軸テーパ穴に挿入します。主軸のキーとホルダのキー溝を合わせ、そしてドローイングボルト（主軸の内部を通して、フライスやホルダなどを取付けるボルト）を回して、固定します。

正面フライスを主軸に取り付ける場合は、まず正面フライスをアーバに取付けます。そして、アーバに取り付けた正面フライスをクイックチェンジホルダに挿入し、フックスパナでナットを締めて、しっかりと固定します。このとき、正面フライスを誤って落とすと、切れ刃を破損したり、手をつぶしたりすることがありますので、フライスにはゴムカバーをしておきます。

エンドミルを取り付ける場合は、まずクイックチェンジホルダにミーリングチャックを装着します。きれいに拭いたミーリングチャックをホルダに挿入し、ナットをフックスパナで締めて、固定します。エンドミルをコレットに挿入し、それをミーリングチャックに装着します。そしてミーリングチャックのナットをフックスパナで締めて、エンドミルを固定します。

このとき、エンドミルの切れ刃で手を切ることがあるので、その刃部をウエスで巻いて、手で持ちましょう。

ストレートシャンクのドリルを主軸に取り付ける場合は、まずクイックチェンジホルダに、ドリルチャックを装着します。そしてチャックの爪を開き、ドリルを挿入して、チャックハンドルで締め付けます。

またテーパシャンクのドリルやリーマの場合は、それらをテーパホルダなどに取り付けた後、ミーリングチャックやクイックチェンジホルダに装着します。

要点BOX

- クイックチェンジホルダを取り付ける
- 正面フライスの取付けと注意
- エンドミルの取り付けと注意

フライス工具の取付け

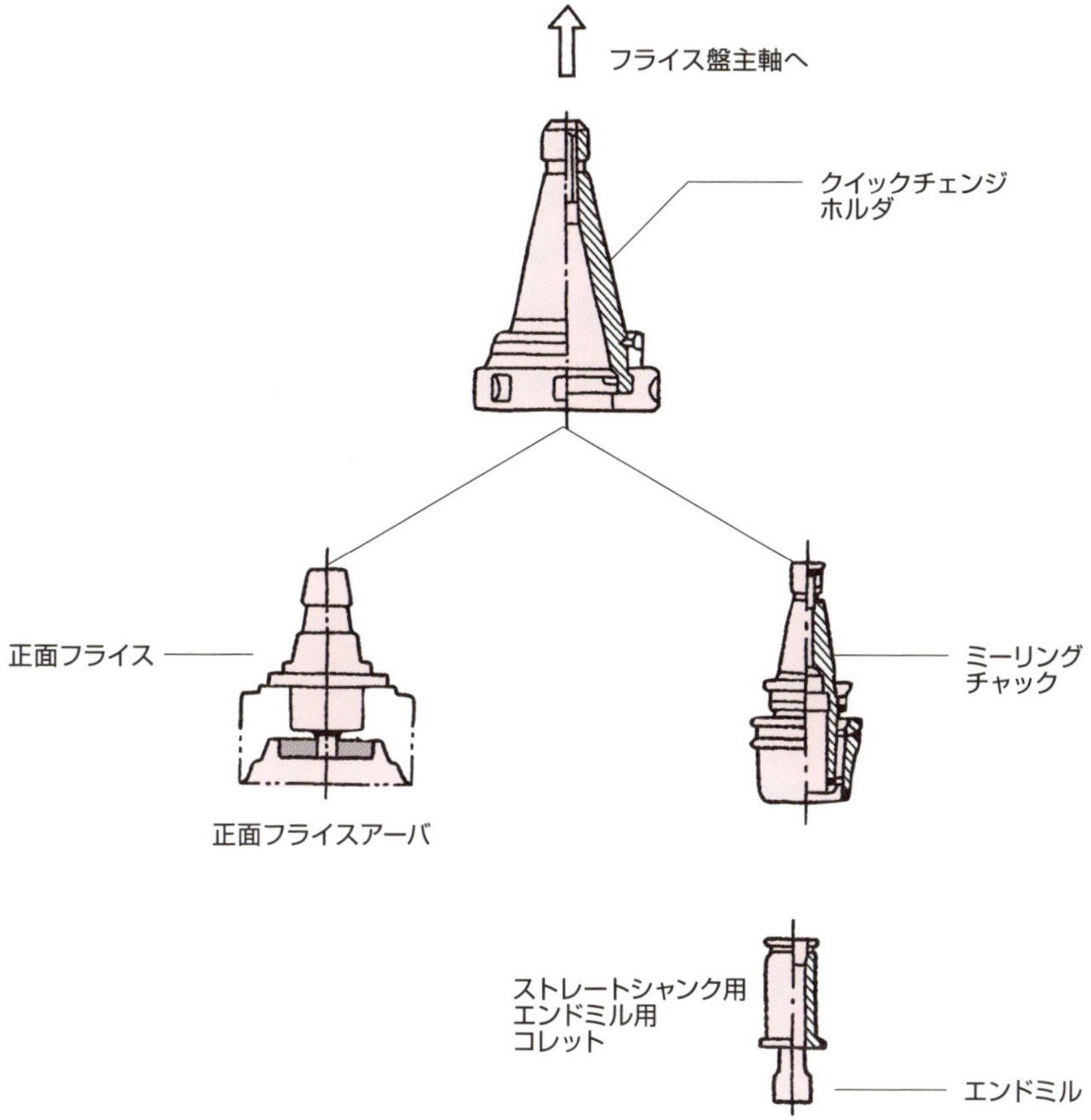

正面フライスの取付け

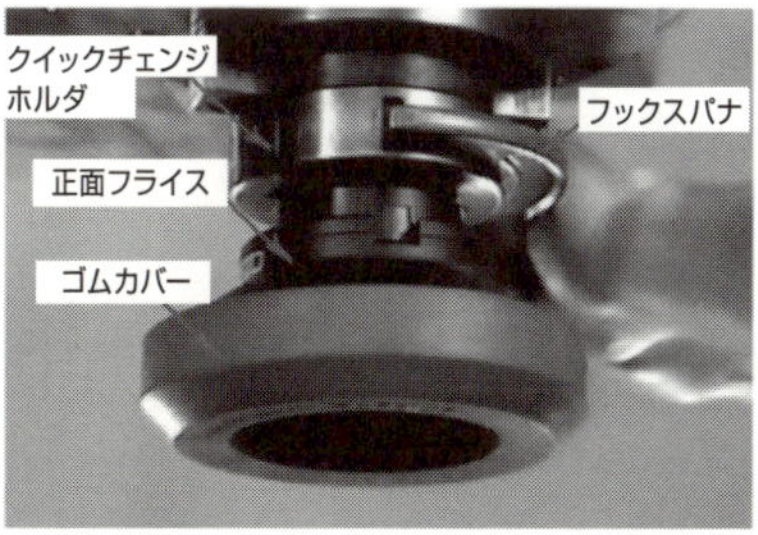

エンドミルの取付け

58 どのように工作物を取り付けるの？

フライス盤への工作物の取付け方

フライス盤に工作物を取り付ける最も一般的な方法は、マシンバイスを用いるものです。加工した六面体工作物を取り付ける場合は、まずマシンバイスをフライス盤のテーブルに、口金の平行を出して、しっかりと固定します。バイスの口金を開いて、よく清掃して、その上に平行台（パラレルブロック）を載せます。そして平行台の上に工作物を載せ、ハンドルを回して締め付けます。工作物をショックレスハンマで軽く叩き、平行台に密着させて、固定します。

また黒皮工作物の場合は、バイスの口金を傷つけるので、保護板（銅板など）を当てて取り付けます。

次に平行が出ていない六面体工作物の場合は、その基準面をバイスの固定口金に当て、そしてその反対側に黄銅棒を入れて、移動口金で締め付けます。この場合、黄銅棒の位置はバイスの締め付けボルトの中心より少し下にします。このような方法で工作物の基準面に対し、直角な面を出しながら、六面体の加工を行います。

次にバイスでは取付けが難しい長い六面体工作物の取付けです。この場合は、フライス盤テーブルのT溝を利用し、そして締め金と支持台を用いて工作物をその面に取付けます。このとき、注意することは、締め付けボルトの位置です。ボルト位置は、できるだけ工作物に近い場所にします。ボルト位置が遠いと、締め付け力が弱く、切削時に工作物が動くことがあります。

また複雑形状の薄物工作物の場合も、通常、締め金と支持台などを用いて取り付けますが、切削時に振動や変形が生じやすいので、ジャッキなどを用いて、その薄肉部をサポートします。

その他、テーブル面にイケール（アングルプレート）を固定し、それに工作物をボルト締めする取付け法、円テーブル（59参照）や割出し台（59参照）を用いて取付ける方法もあります。

要点BOX

- ●マシンバイスを用いての取付け
- ●平行が出ていない六面体工作物の取付け
- ●イケールを用いた取付け

加工した六面体工作物の取付け

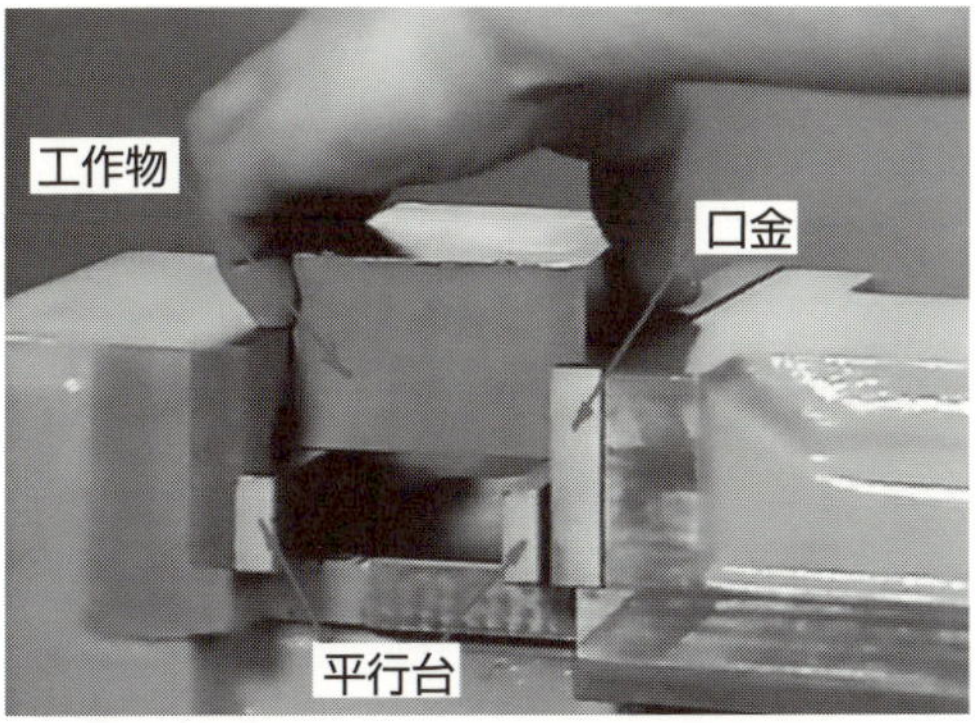

平行が出ていない工作物の取付け

取付け方の良否

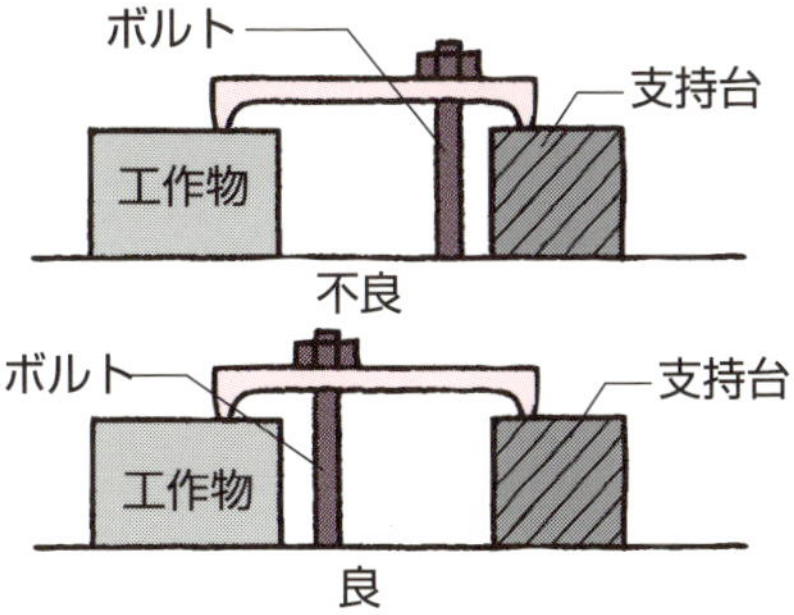

イケールを用いた取付け

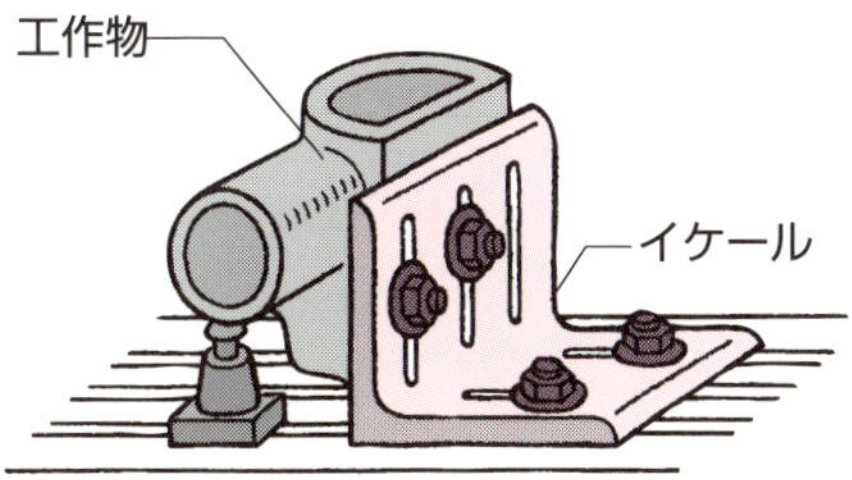

用語解説

ジャッキ：工作物や構造物などを持ち上げる装置
割出し台：フライス盤のテーブル上に設置し、手動または自動で工作物の割出し作業を行う取付け具

59 どんな加工ができるの？

フライス盤でのいろいろな加工

フライス盤を用いると多種類の加工ができます。

横形フライス盤を用いると、平フライスによる平削り、溝フライスによる溝削り、スリ割りフライスによる切断、側フライスによる角削り、およびインボリュートフライスによる歯切りなどができます。

また、立形フライス盤の場合は、正面フライスを用いた正面削りや段削り、エンドミルを用いた溝削り、すみ削り、外周切削、穴あけ、およびならい切削、Tみぞフライスを用いたT溝加工、山形フライスを用いたあり溝加工などができます。

また、最近はいろいろな切削工具や取付具が使用されており、加工の種類も増えています。

ドリルを用いた穴あけ、リーマによる穴仕上げ、面取りフライスによる面取り加工、コーナRフライスによるR加工、および沈めフライスによる座ぐり加工などです。

フライス盤に付属する円テーブルや万能割出し台などを用いれば、より広範囲の作業ができます。

円テーブル（サーキュラーテーブル・割出し機能を持った円形のテーブル）を立形フライス盤のテーブルに装着すれば、割出し加工、円弧切削および偏心削りなどができます。

また万能割出し台（インデックスヘッド・テーブル面に取付け、工作物の角度を割り出す装置）を用いれば、円筒工作物外周の割出し穴あけや溝加工などができます。そして、フライス盤の送りねじと割出し台の駆動軸を連動すれば、ねじれ溝の切削も行えます。

その他、ボーリングヘッド（ドリルで加工した穴をバイトを用いて精度よく仕上げる装置）を用いれば中ぐりができます。ボーリングヘッドにボーリングバイトなどを取付け、それをフライス盤のクイックチェンジホルダ（57参照）に装着し、バイトの刃先位置を微調整すれば、精度の高い中ぐりができます。

これらはマシニングセンタ加工の基礎となります。

要点BOX

- ●正面フライスによる正面削りや段削り
- ●ドリルによる穴あけやリーマによる穴仕上げ
- ●万能割出し台を用いて割出し穴あけ

いろいろな加工

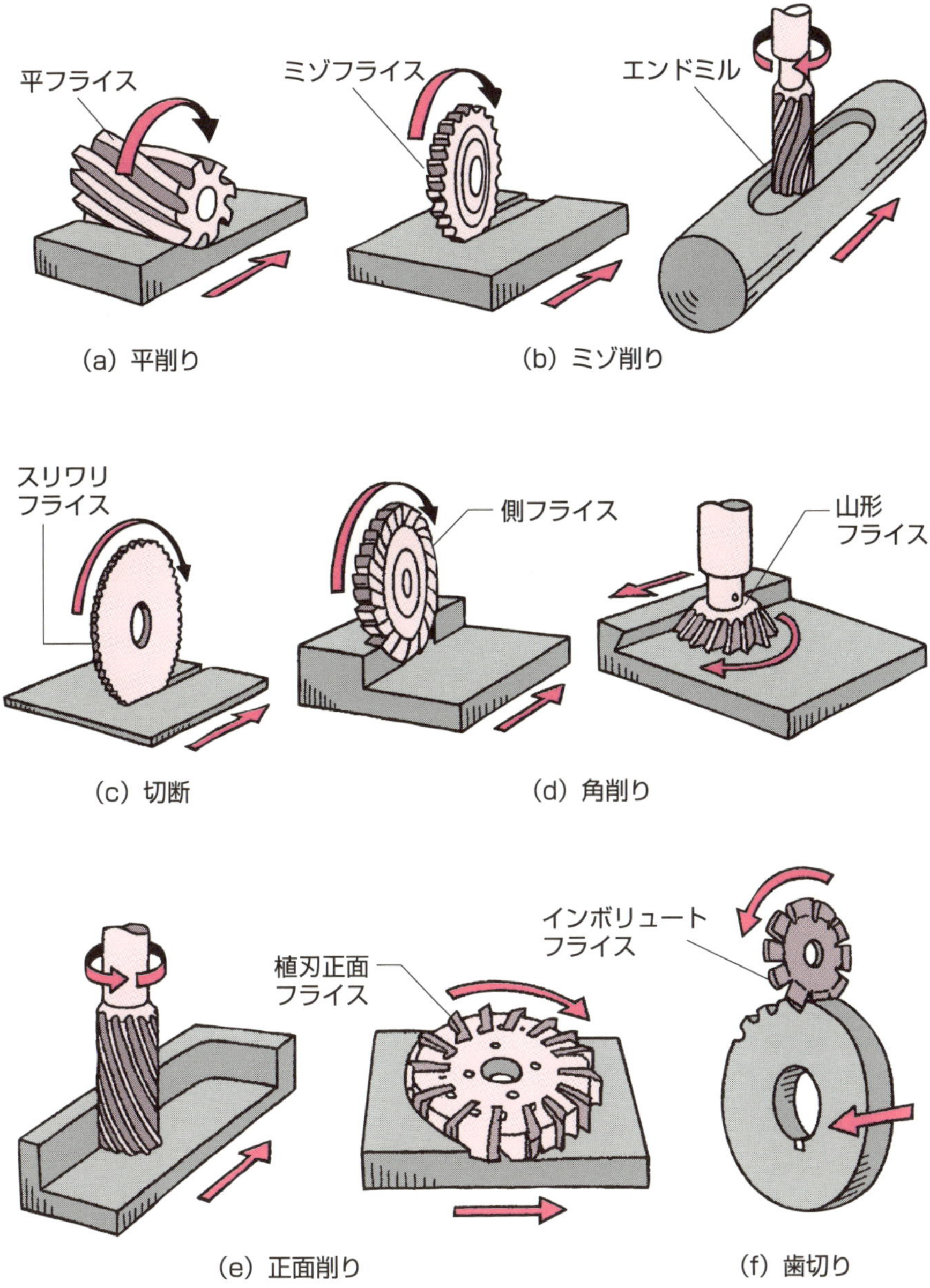

(a) 平削り　(b) ミゾ削り

(c) 切断　(d) 角削り

(e) 正面削り　(f) 歯切り

用語解説

マシニングセンタ：自動工具交換装置をもったNCフライス盤

60 エンドミルをどのように研ぎ直すの？

エンドミルの研ぎ直し方

エンドミルで長く切削していると、工具が摩耗し、切れ味が悪くなります。そして加工精度や表面粗さが悪化し、またビビリなどが発生しやすくなります。このような場合には、エンドミルの研ぎ直しが必要です。

エンドミルの外周逃げ角の研削方法には、コーンケイブ法、フラット法、エキセントリック法があります。

コーンケイブ法は、平形といし、または皿形といしの外周面でエンドミルの周刃を研削する方法です。フラット法は、エンドミル中心と刃先位置（刃受け高さ）をずらすことにより、逃げ角を設定する方法です。

エキセントリック法は、平形といしを用いて、エンドミル軸線に対しといし面をある角度傾けてセットし、そして、エンドミルをねじれ周刃のリードに沿って、連続的に送ったときに得られる逃げ角で研削する方法です。一般的なエンドミルの周刃研削には、この方法が用いられています。エンドミルの研削に汎用的に用いられているのが、万能工具研削盤です。

この研削盤のといし頭は傾斜可能で、またそのテーブル面には、ワークヘッドや心押台などを取り付けることができます。

センタ穴タイプのエンドミルの周刃を研削する場合は、それを両センタで支持し、そして刃受けをといし頭に設置します。次にといし頭を所要の逃げ角に傾け、またといしの中心と刃受け高さを一致させます。そしてエンドミルの切れ刃を刃受けで支持しながら、リードに沿って送って、その周刃を研削します。

また、一般的に行われているエキセントリック法の場合は、エンドミルをワークヘッドに取付け、またといし軸を傾斜します。そして刃受けをセットした後、外周ねじれ溝に沿ってエンドミルを回転しながら、その軸方向に動かします。そして、エンドミルの刃元から刃先方向に周刃を研削します。この場合、エンドミルの送りを途中で止めると、その切れ刃に異常部ができるので注意してください。

要点BOX

- ●外周逃げ角の三つの研削方法
- ●汎用される万能工具研削盤
- ●汎用研削盤での研削

万能工具研削盤

といし軸の傾斜

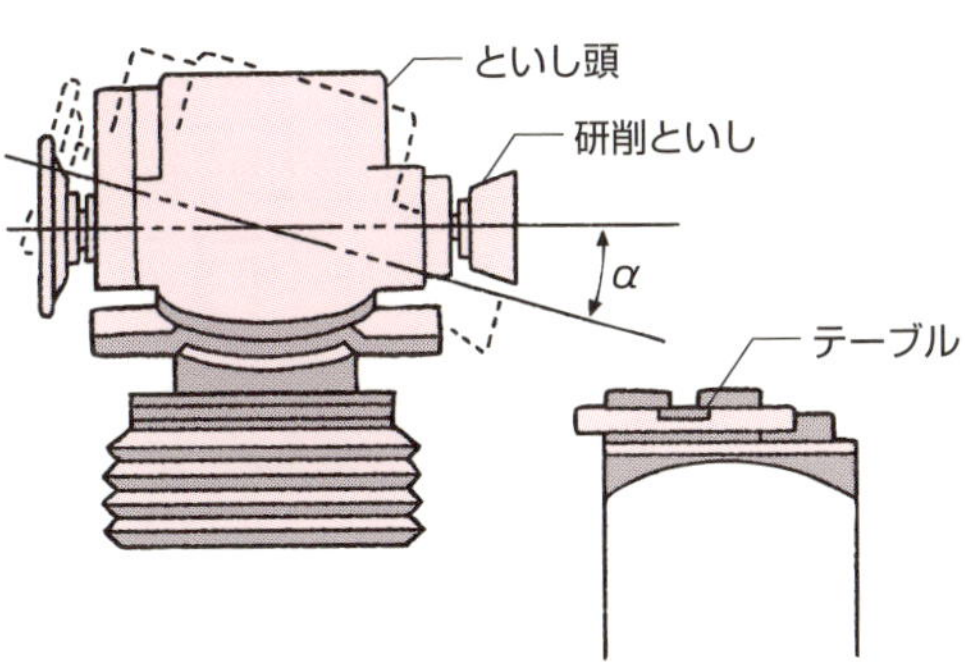

工具逃げ面の研削

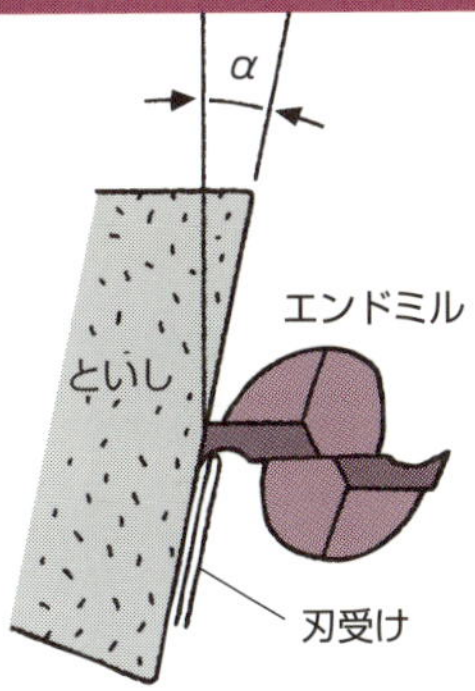

センタカットタイプエンドミルの研削

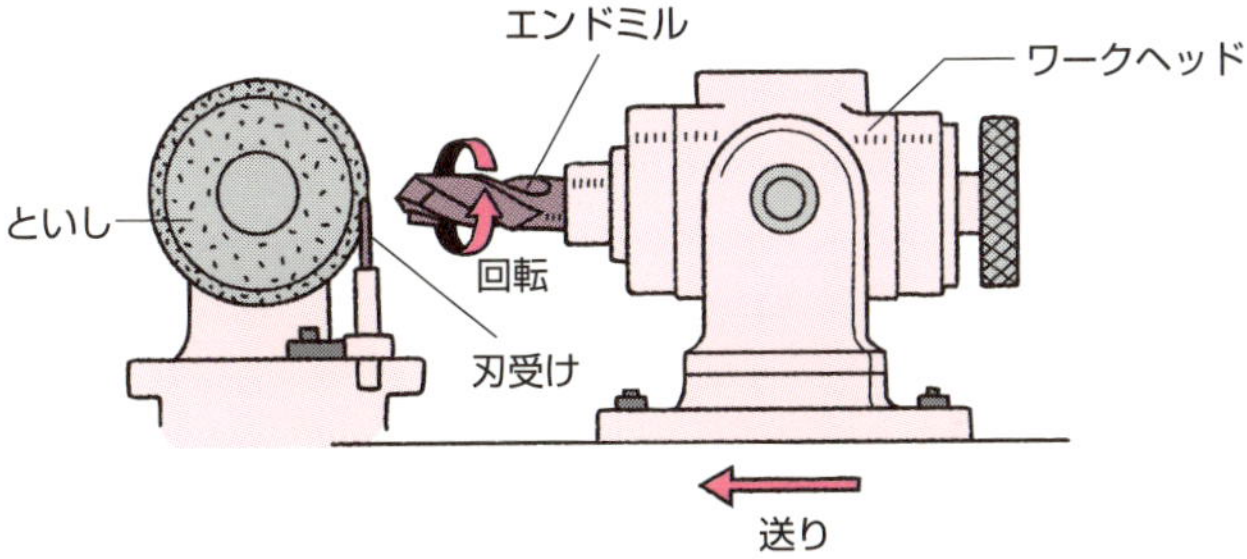

61 正面フライスをどのように研ぎ直すの？

ろう付け正面フライスの研ぎ直し方

最近はレアメタルであるタングステンの価格が高騰しているので、今後は、ろう付け正面フライスの再研削の必要性が高まると思われます。そこで、ろう付け正面フライスの研ぎ直しを試みることにします。

まず、汎用工具研削盤のワークヘッドにクイックチェンジホルダ（57参照）を取り付けます。そして工具ホルダに固定した正面フライスをそのクイックチェンジホルダに取り付けます。

ダイヤモンドホイールの中心と正面フライスの刃先を一致（心出し）させ、ワークヘッドをねじ止めして、その刃先に刃受けをセッティングします。ワークヘッドの水平旋回テーブルを回して、正面フライスの切れ刃角にそのヘッドを固定します。また、といし頭の旋回テーブルを回して、フライスの正面逃げ角に、といし頭の傾きをセッティングします。

この状態では、ワークヘッドが水平方向に、正面切れ刃の角度だけ傾き、またといし頭（といし軸）が正面逃げ角に傾斜しています。

次に、テーブルを手送りして、切れ刃を研削しますが、ダイヤモンドホイールが隣接する切れ刃やカッタボデーに当たらないように、テーブルストロークをストッパを用いて決めます。そして、所要の切り込みを与え、また手送りして、すべての正面切れ刃を粗研削します。

この場合、ホイールの回転方向を研削力が刃受けに作用するようにします。その後、ホイールの回転方向を逆にして、同様に、仕上げ研削をします。この場合、研削時の切れ刃の浮き上がりに注意してください。

また、最後にスパークアウトをして、すべての切れ刃の高さを揃えます。通常、切れ刃の振れは0・02㎜以内となります。同様にワークヘッドを正面フライスの切れ刃角度に傾け、その外周切れ刃を研削します。

そして、ワークヘッドを所要の角度傾け、切れ刃の面取り研削をします。

要点BOX

- ●ろう付け正面フライスの再研削の方法
- ●汎用工具研削盤への正面フライスの取付け
- ●すべての切れ刃の高さを揃える

汎用工具研削盤に取り付けた正面フライス

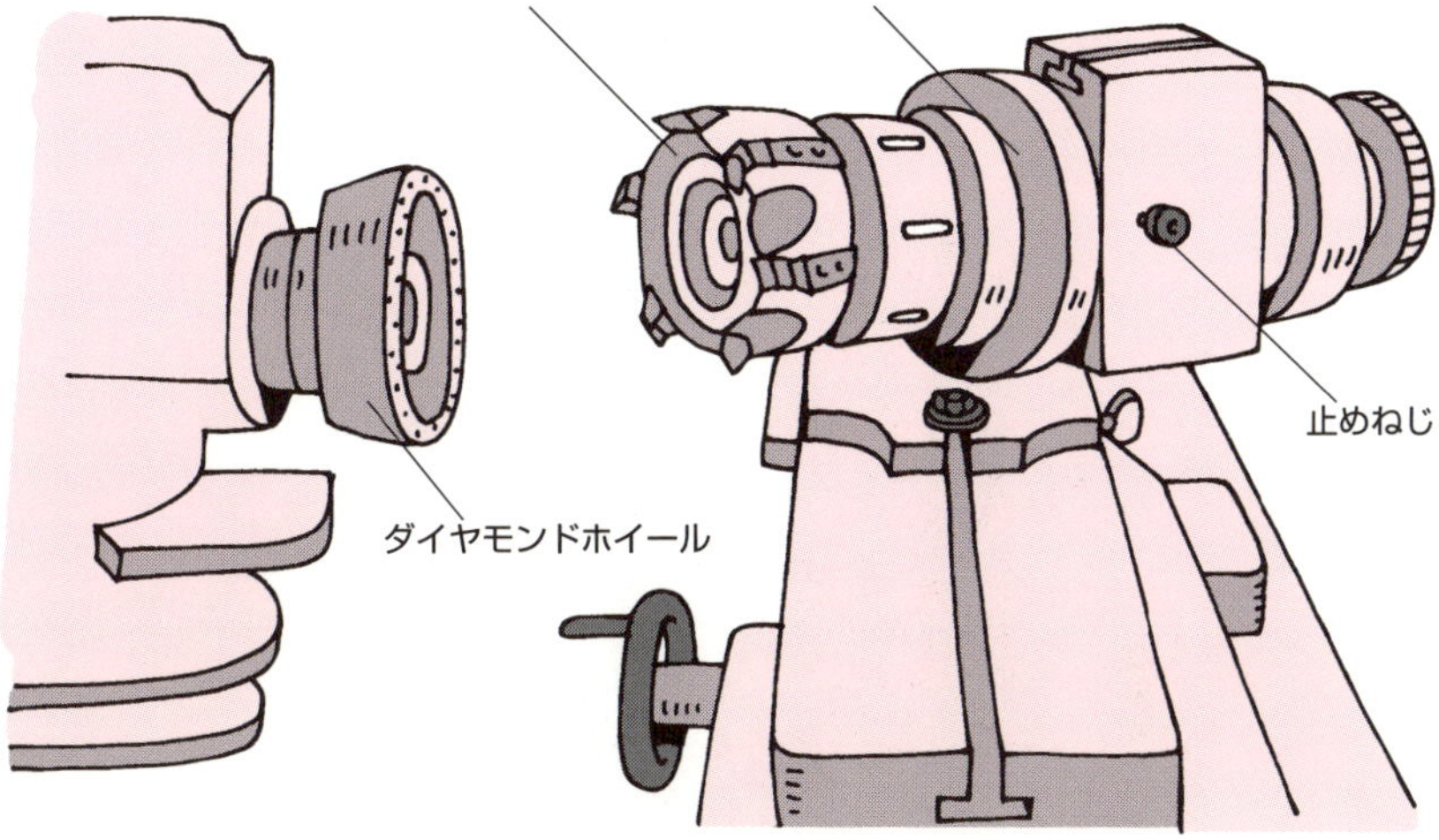

外周切れ刃の研削

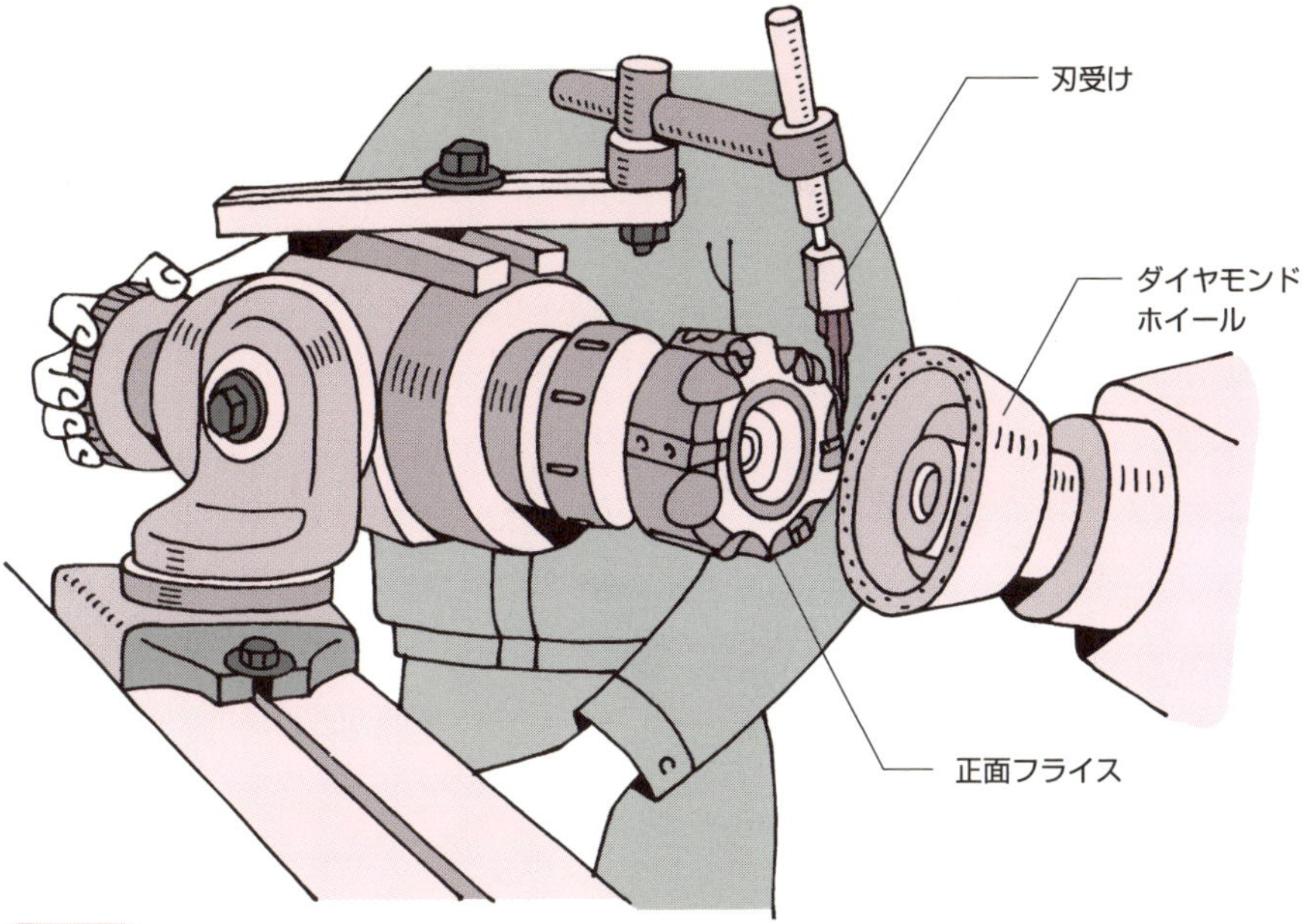

用語解説

スパークアウト：切込みを与えず、火花（切りくず）が出なくなるまで研削すること

Column

技能検定に挑戦しよう

長年、技能五輪全国大会のフライス盤競技や技能検定に携わってきたので、若い人たちには、ぜひ、技能検定に挑戦して貰いたいと思っています。

技術・技能は企業のものではなく、個人の財産です。自分のために技術・技能を磨くのですから、努力を惜しんではいけません。若いときに修得した技術・技能は一生の宝です。

ではまず最初に技能検定に挑戦してみましょう。技能検定には、3級、2級、1級および特級などがあります。3級は、初級技能者が通常有すべき技能の程度で、2級は中級技能者が通常有すべき技能の程度とされています。工業高校のかた達などは、まず技能検定の3級から挑戦してみましょう。

技能検定の1級は、上級技能者が通常有すべき技能の程度で、特級は管理者または監督者が通常有すべき技能の程度とされています。企業に勤めているかた達などは、まず技能検定の2級に、そしてその後、1級に挑戦したらよいでしょう。また技能検定の1級を取得されているかた達は、ぜひ、特級を目指して貰いたいと思います。

またモノづくりの振興と継承のために、いろいろな技能競技会が行われています。まず若年者モノづくり競技大会です。これは若年者のモノづくり技能に対する意識を高め、技能向上により、就業促進を図る大会です。また技能グランプリは、熟練技能者が技能の日本一を競い合う大会です。学生のみなさんは、ぜひ、若年者モノづくり競技大会に、また企業で1級の技能検定を取得されているかた達は、技能グランプリに挑戦して貰いたいと思います。この他、青年技能者の技能レベルの日本一を競う技能競技大会である技能五輪全国大会や、その優勝者が参加する技能五輪国際大会があります。

技能検定に挑戦しながら、このような競技大会に参加したらよいと思います。

技能検定の風景

第7章

コンピュータを用いた切削

62 NC工作機械とは

NC工作機械のしくみ

NCとは、数値制御のことで、JIS規格では、「数値制御工作機械において、工作物に対する工具の位置を、それに対応する数値情報で指令する制御方式」と定義されています。そして、NC工作機械は、このような数値情報で制御される工作機械です。

汎用工作機械を用いて、多数の機械部品を加工しようとすると、誤操作などで、誤差が生じてしまい、同じ形状・寸法精度のものを作るのが困難です。

この場合、NC工作機械を用いれば、テーブル（工作物）や切削工具の位置制御や速度制御がコンピュータにより正確に行われるので、同じ（公差内）形状・寸法精度の機械部品を数多く加工することができます。

NC工作機械は、NC装置、サーボ機構（物体の位置、方位、姿勢などを制御量として、目標値に追従するように自動で作動する機構）および工作機械で構成されています。

NC装置は、加工情報を読んで、処理し、そして工具を動かす情報を作成するもので、加工目的のコンピュータです。そしてこの装置は入力部、演算制御部およびサーボ制御部で構成されています。

サーボ制御部は、位置決め制御部と速度制御部で構成されていて、演算部から出力された情報に従い、工作機械のテーブルの位置と、移動速度を決めて、サーボモータを制御します。

サーボ機構は、NC装置の情報処理回路から出力された指令（電気信号）に従って、工作機械のテーブルなどを動かします。このサーボ機構の制御方式には、開ループ制御や閉ループ制御などがありますが、通常、NC工作機械には閉ループ制御が用いられています。

閉ループ制御は、制御量と目標値を比較して、修正動作を行うもので、NC工作機械の場合は、テーブル位置をセンサで直接検出し、フィードバック制御（入力と状態検出とを比較し、出力制御を行う方式）を行っています。

要点BOX

- ●NC装置、サーボ機構、工作機械で構成
- ●コンピュータにより正確に制御
- ●同じ形状・寸法精度の部品製作に

NC工作機械

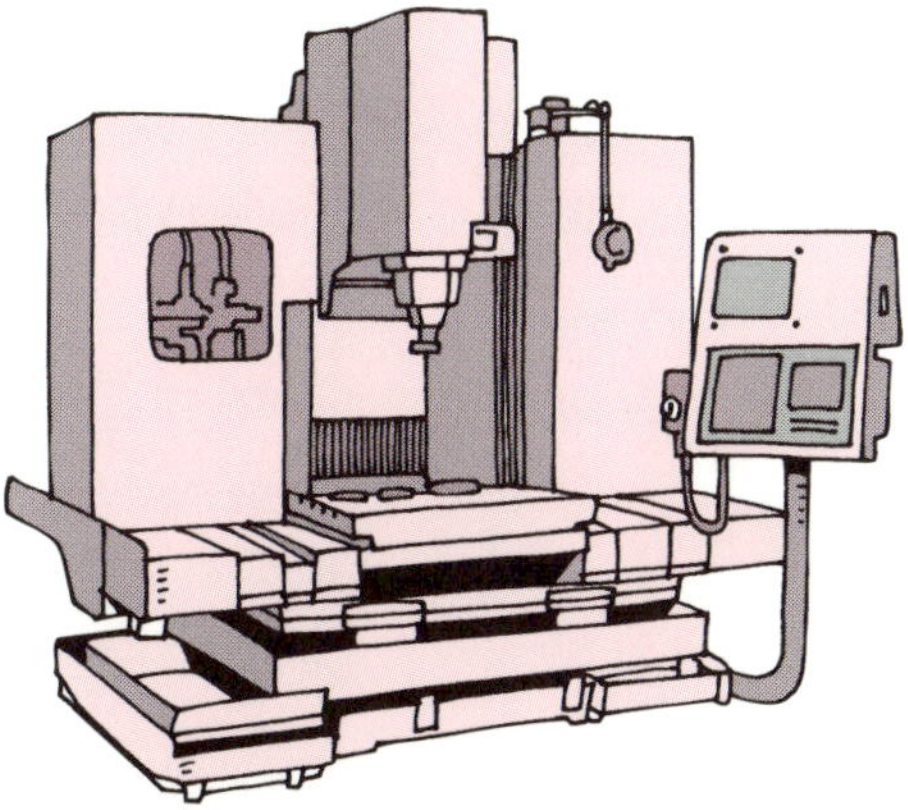

NC工作機械のしくみ

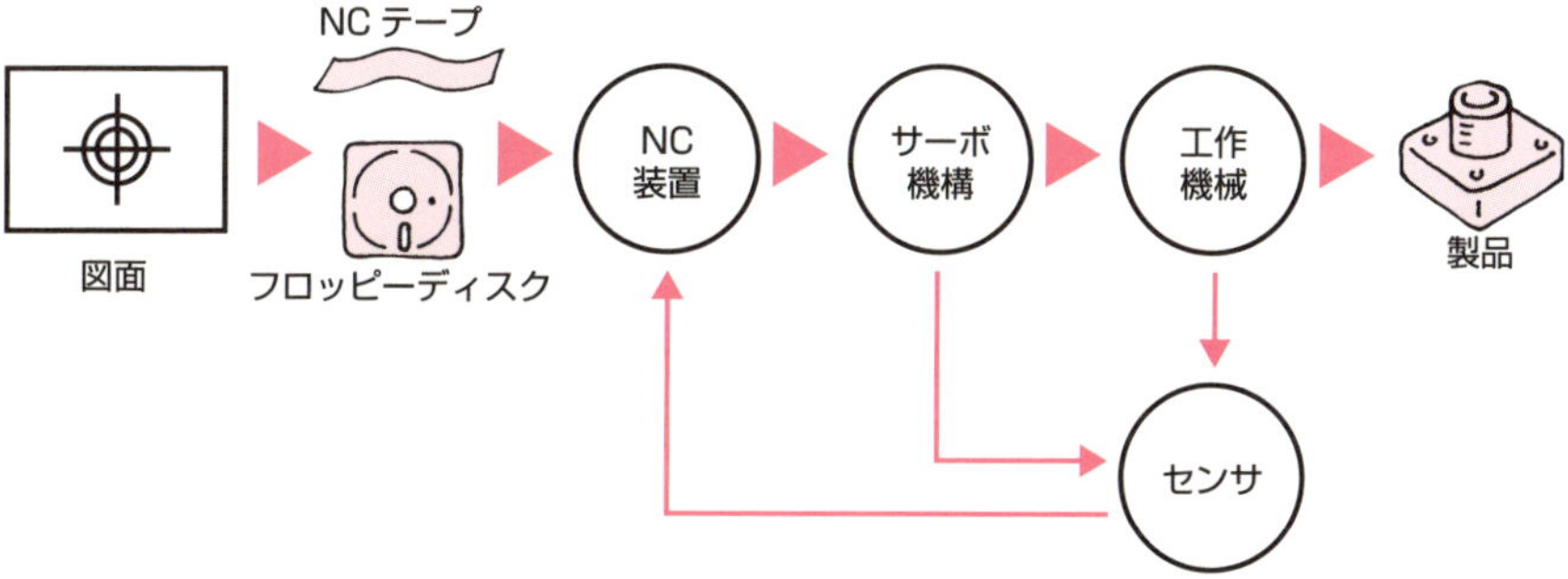

フィードバック制御

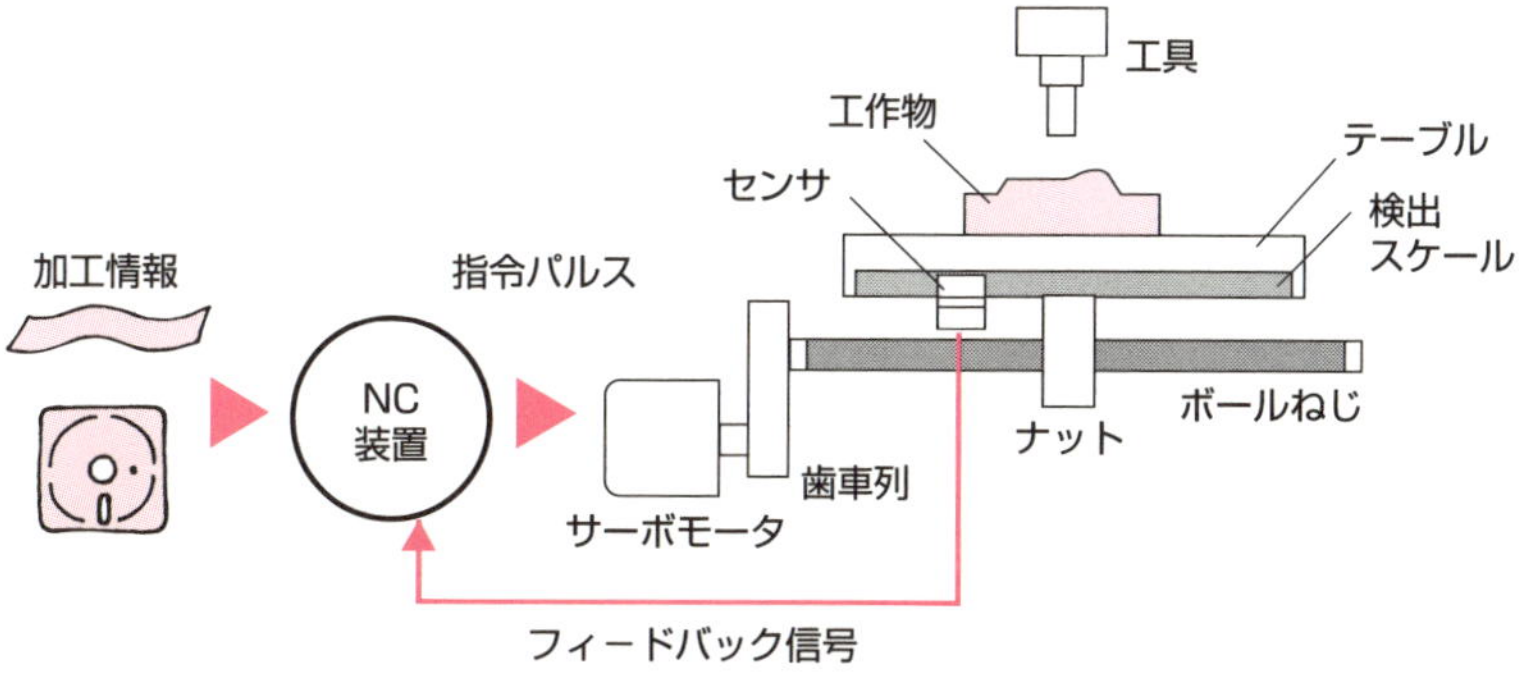

63 座標系とは

動きをXYZの3軸で制御

NC工作機械にコンピュータが付いていると言っても、パソコンと同様、ソフトがなければ機械だけでは動きません。機械に何丁目の何番地に行きなさいというような指令をして、工作物や切削工具をその位置に移動する必要があります。このときの何丁目、何番地というのが座標です。

通常、平面の座標を示す場合は、X軸とY軸で、また立体的な座標を示す場合は、X軸、Y軸およびZ軸の3軸で示します。そのためNCフライス盤の場合、その座標は、X軸、Y軸およびZ軸の3軸で表示されます。

またNC工作機械の場合は、もう1つの約束ごとがあり、主軸の方向を常にZ軸にとります。そのため、NCフライス盤の場合は、座標をX軸、Y軸およびZ軸の3軸で示し、NC旋盤の場合は、X軸とZ軸の2軸で表示します。

次に問題となるのは、切削工具がその座標に移動するときの方向です。NC旋盤のように、Z軸に直交する平面内で切削工具がX軸上を移動する場合、その切削工具が工作物から離れる方向を正としています。

またNCボール盤や立形フライス盤のように、Z軸が垂直の場合は、右手の直交座標（右手の親指がX軸、人差し指がY軸、中指がZ軸）に基づいて、その正負が決まります。すなわち、主軸方向をZ軸とし、テーブルの左右の動きをX軸としたときの指先方向を正とします。そしてZ軸上を切削工具が、工作物から遠ざかる方向を正と考えます。

このようにNC工作機械のプログラムでは、加工の原点座標を定め、切削工具の位置を3軸または2軸の座標で表示します。また旋回座標軸として、X軸に対する回転軸のA軸、Y軸回りのB軸およびZ軸回りのC軸があり、それぞれ右ねじの回転方向を正としています。

要点BOX

- ●フライス盤はXYZの3軸で表示
- ●NC旋盤ではXZの2軸で表示
- ●右手の直交座標で正負がきまる

標準座標系（右手系）

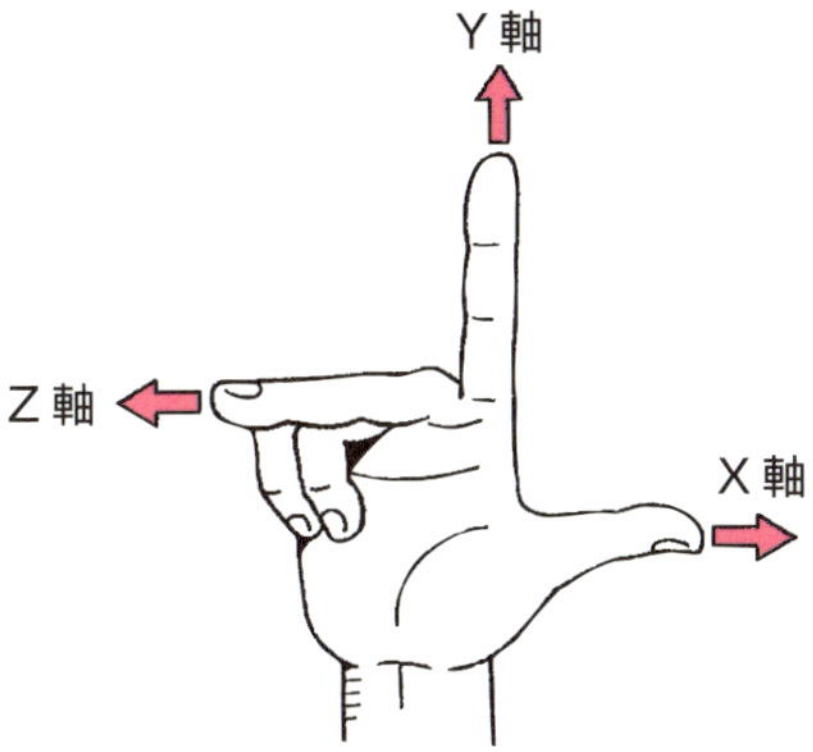

各種NC工作機械の座標系

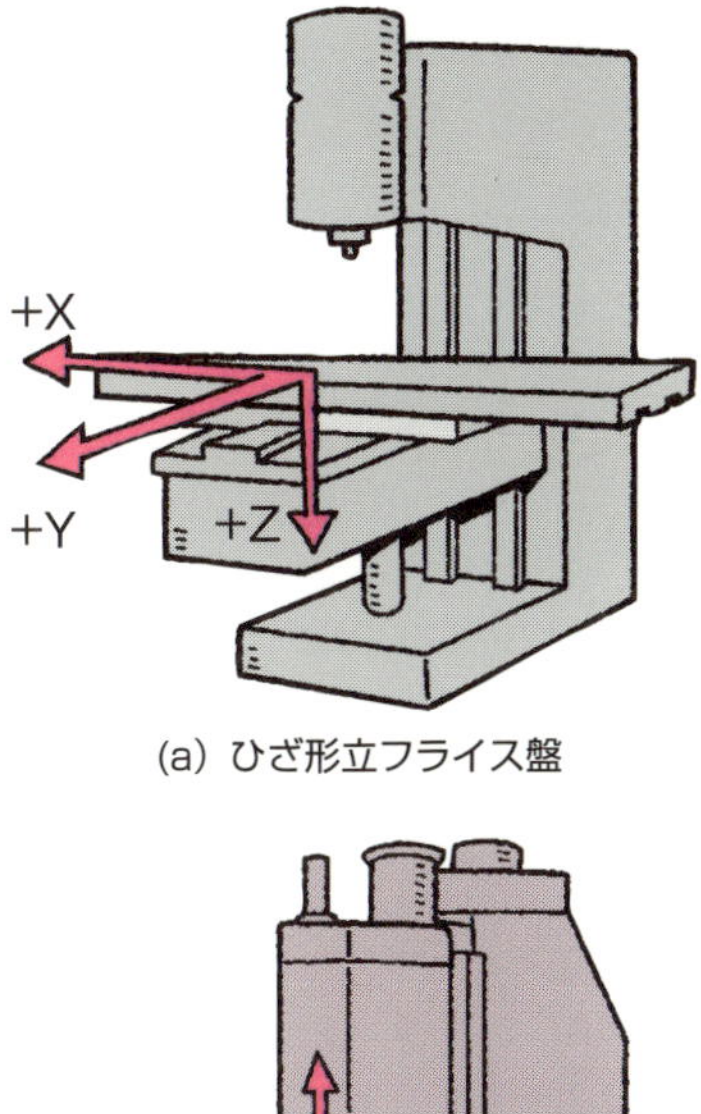

(a) ひざ形立フライス盤

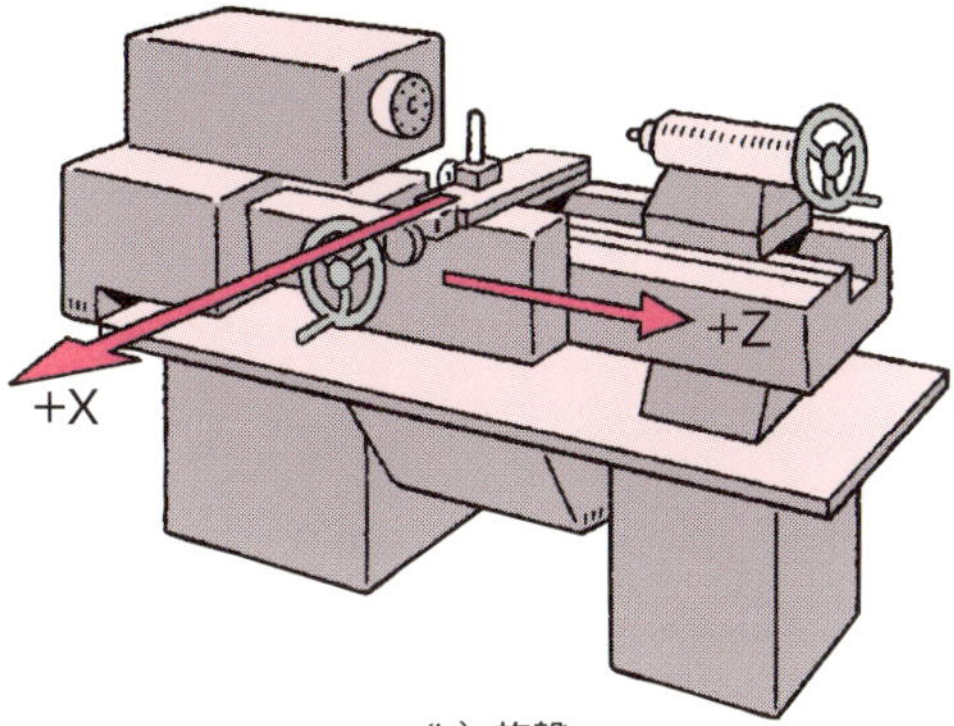

(b) 旋盤

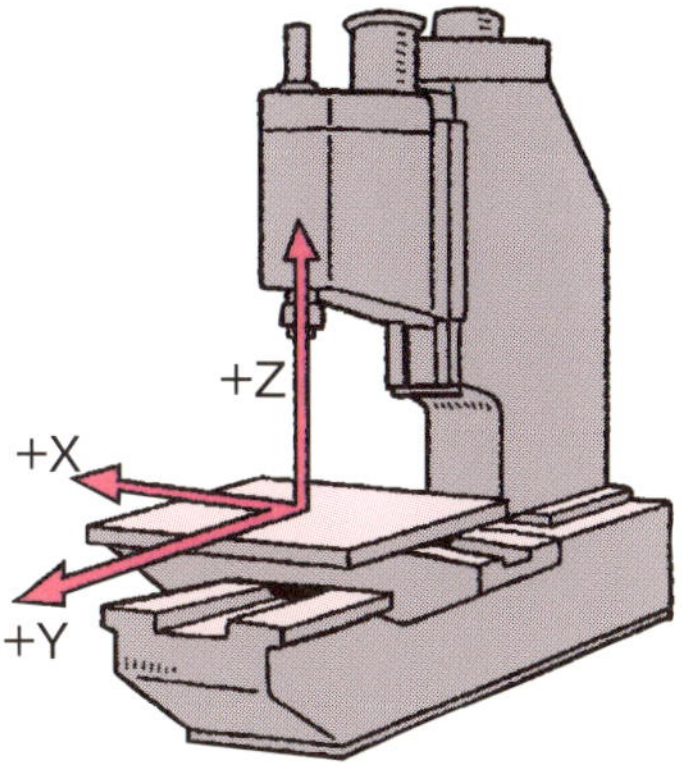

(c) 直立ボール盤

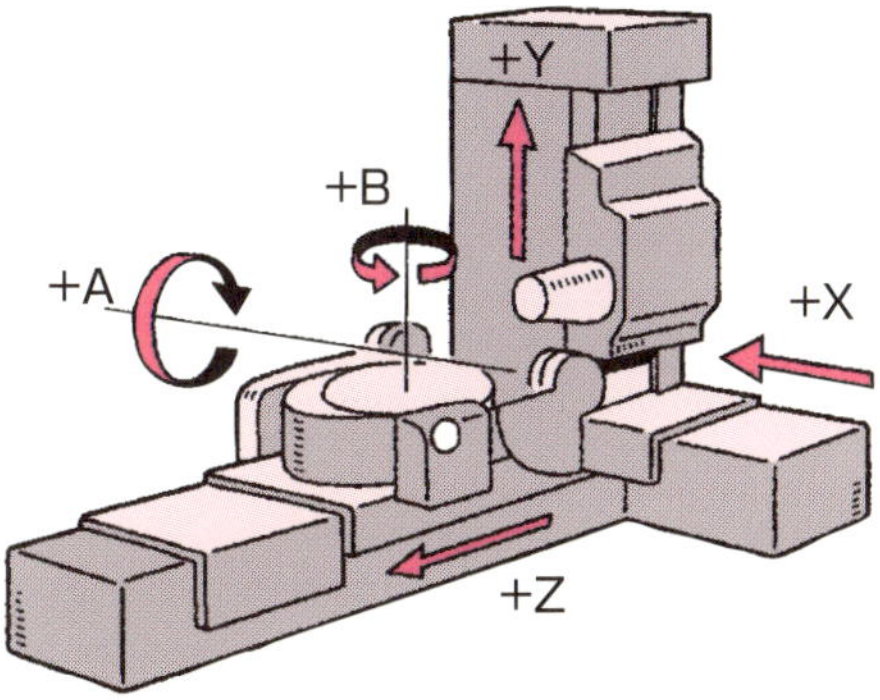

(d) NC 5 軸フライス盤

（福田）

64 制御方式にはどんなものがあるの？

制御方式のしくみ

軸の制御方式には、同時1軸制御と同時2軸制御があります。

同時1軸制御は、X軸あるいはY軸のいずれかの方向に、単独で座標を動かすようなものです。また同時2軸制御は、X軸とY軸を同時に移動させるようなものです。NC工作機械の制御方式には、位置決め制御、直線（切削）制御および輪郭（連続切削）制御があります。

位置決め制御は、NCボール盤などの穴あけなどに、よく用いられる方式で、切削工具を所定の場所に正確に位置決めするものです。

この方式では、切削工具がどのような経路を通ったかは問題ではなく、いかに早く、正確な位置にポジショニングするかが重要です。

直線制御は、旋盤やフライス盤などの加工によく見られる方式です。これは、たとえば旋盤で一定の切り込みを与え、送りをかけて、円筒工作物の外周切削をするような方式です。この場合、NC旋盤では、切削工具がZ軸上を移動しますが、このような運動を制御するのが直線制御です。またその移動速度も制御します。

輪郭制御は、たとえばNC旋盤で曲面や円弧切削をする場合など、またNCフライス盤でカムを加工する場合などによく見られる方式です。

NC旋盤で曲面や円弧切削する場合は、X軸とZ軸を一定の関係を保ちながら、同時に制御します。また、テーパ削りも2軸制御となります。

そしてNCフライス盤で、エンドミルを使用し、一定の切り込みで、カムを切削するような場合は、Z軸を所要の座標に固定して、X軸とY軸を、一定の関係（直線、円弧、放物線など）を維持して、同時に制御します。

このような2軸同時制御はNCフライス盤を用いた曲面切削や円弧切削などでよく行われます。

要点BOX

- ●同時1軸制御と同時2軸制御
- ●位置決め制御、直線制御、輪郭制御
- ●旋盤やフライス盤でのNC制御方式

NCフライス盤位置決め制御

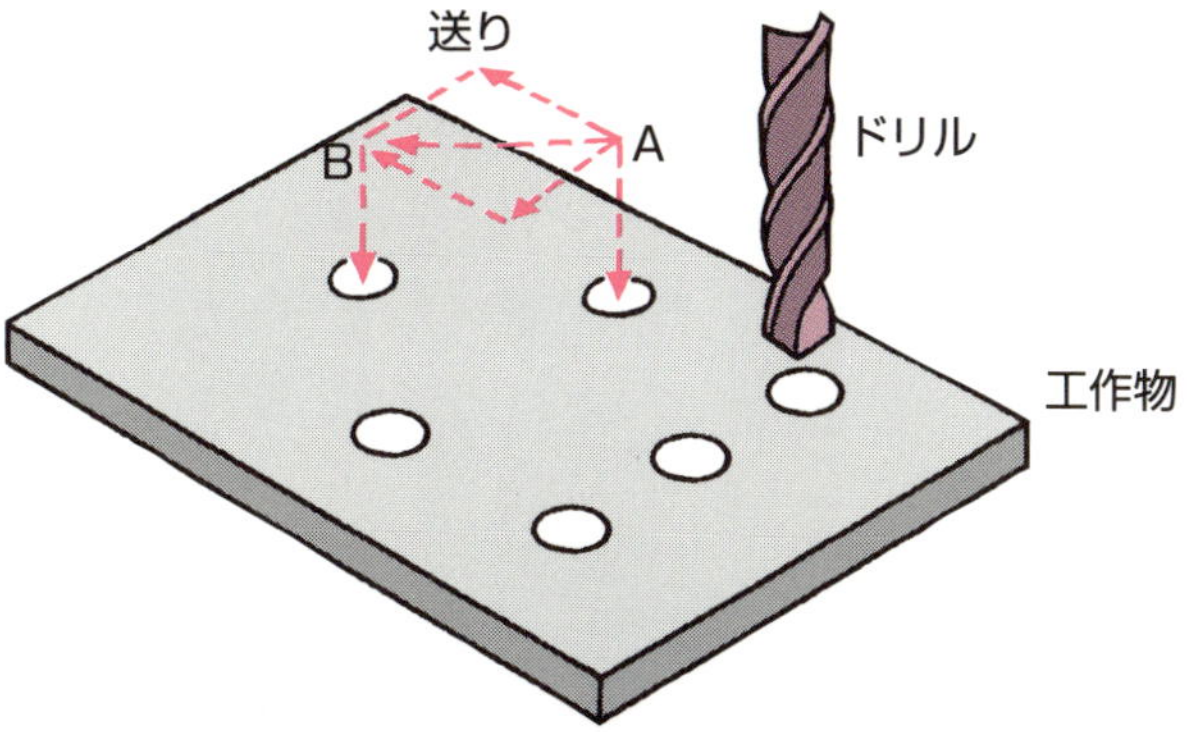

NCフライス盤直線制御

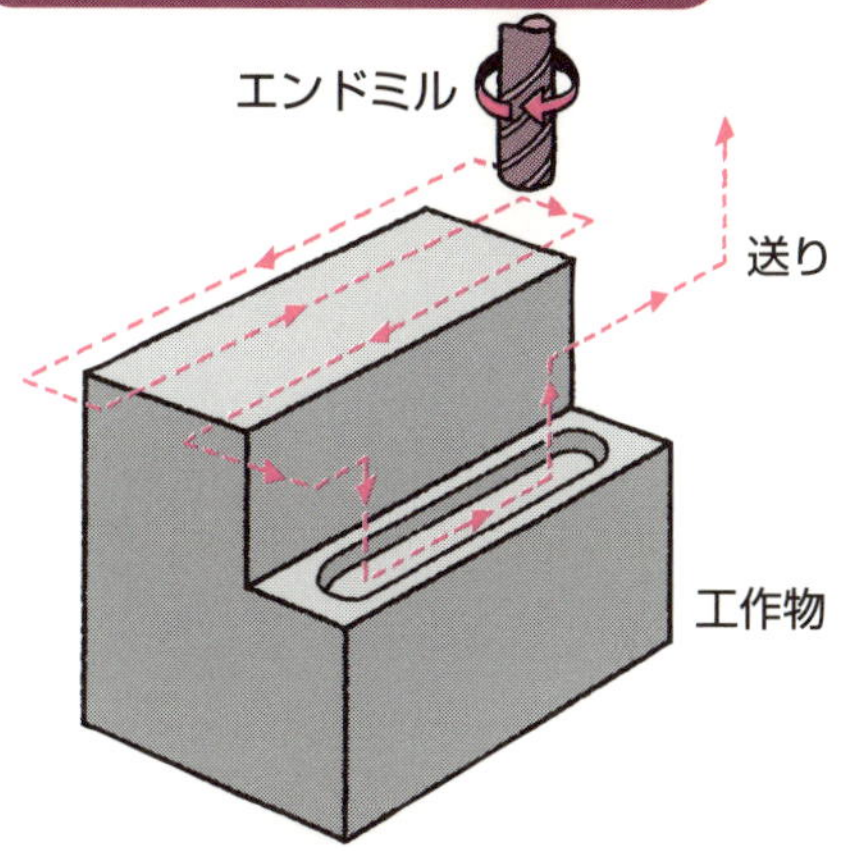

NCフライス盤輪郭制御

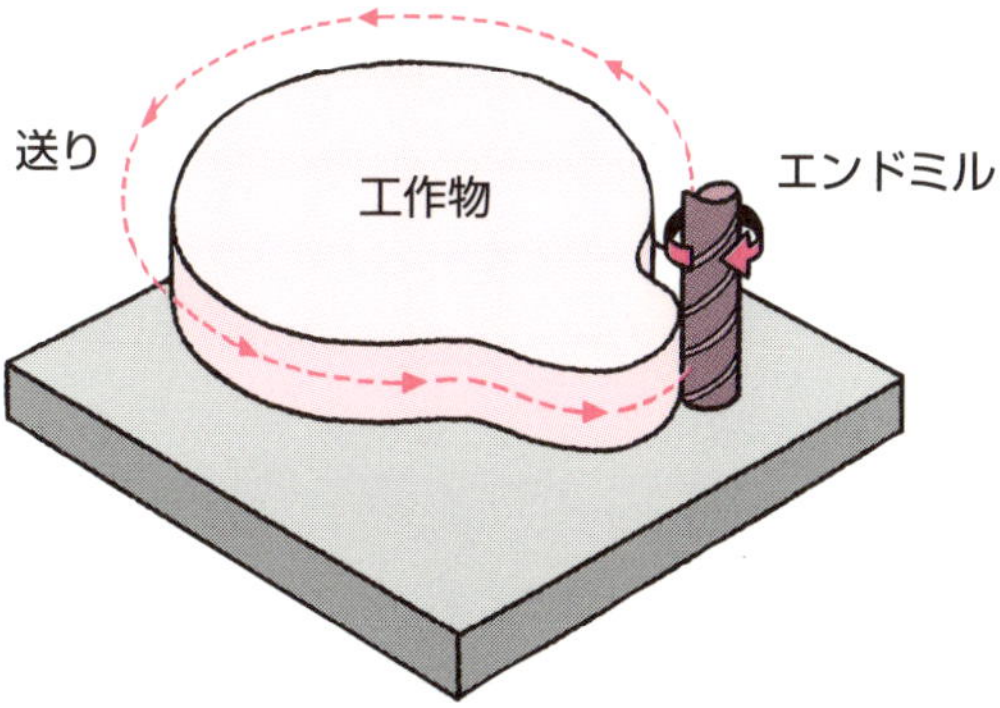

65 座標設定とは？

機械原点と加工原点を理解する

NC加工を行う場合には、原点が2つあるので注意しましょう。

その1つは、機械原点です。これはメーカーが定めた機械固有のもので、変更することはできません。通常、NC工作機械のテーブルにリニアエンコーダ（センサ）を取付け、それでその位置を直接検出し、実際の位置をNC装置にフィードバックしています。機械原点はこのスケールの絶対原点で、機械自身が動作するときの基準になる点です。

そのためNC加工の最初には、必ず機械原点の設定を行う必要があります。原点設定は、このスケールの絶対原点を読みとる作業で、この作業によりNC装置は各軸の可動範囲限界を確実に認識します。

また、加工原点（プログラム原点）は、加工プログラムを作成するときの基準となる点で、変更することができます。

NC工作機械には、コンピュータが装着されていますが、ソフトがなければ動きません。

NCプログラムはこのソフトで、切削工具や工作物をどのように動作させるか、機械に命令するものです。NCプログラム作成時には、最初に加工の基準となる座標原点を決めます。

たとえば、NC旋盤では、チャックに取り付けた工作物の端面などを加工原点とします。そしてこの加工原点をプログラム原点として、座標系を設定します。

この場合、X軸の原点は、旋盤主軸の中心線上の点となります。したがって、この例では工作物の端面と主軸中心線の交点が座標原点となります。

この座標原点を基準にし、刃物が工作物から離れる座標方向を正、そして近づく方向を負として、加工図面に応じて各座標を決定します。

この場合、旋盤の主軸方向が必ずZ軸となることを忘れないでください。

要点BOX

- ●機械固有の機械原点
- ●機械原点は絶対原点で変えられない
- ●加工原点はプログラム原点で変更できる

機械原点と加工原点

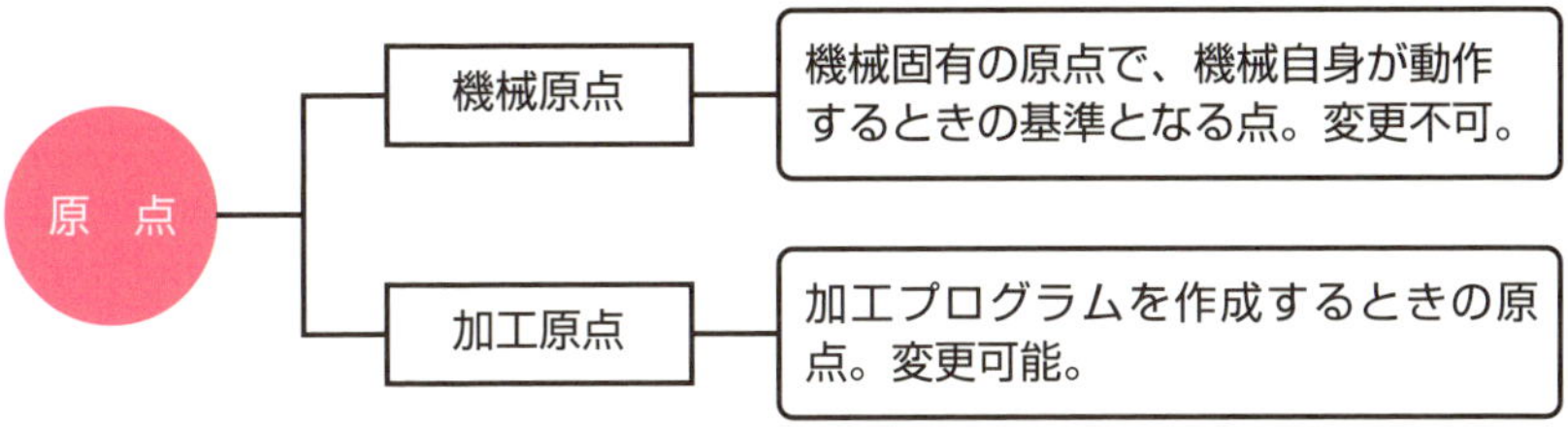

機械原点設定

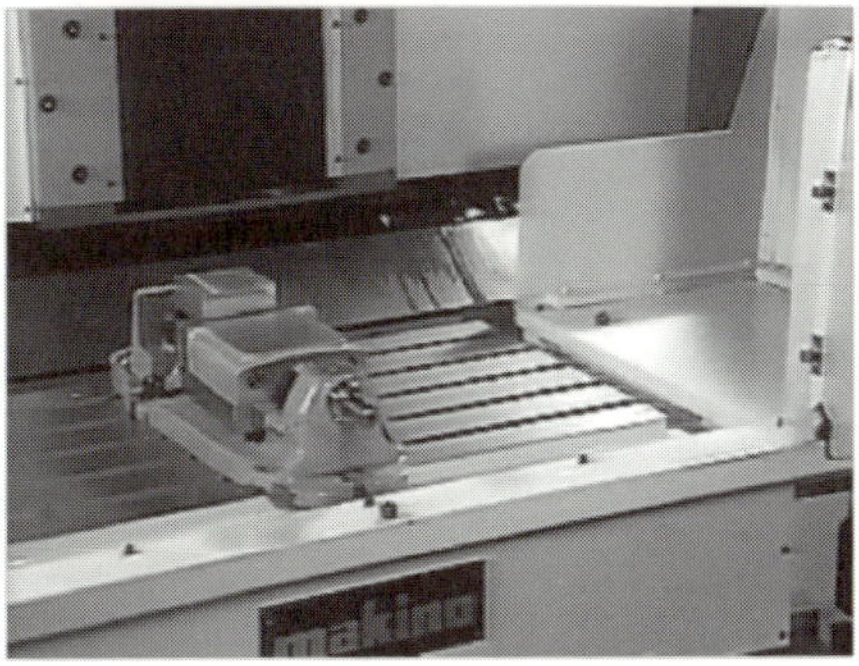

Z軸の設定

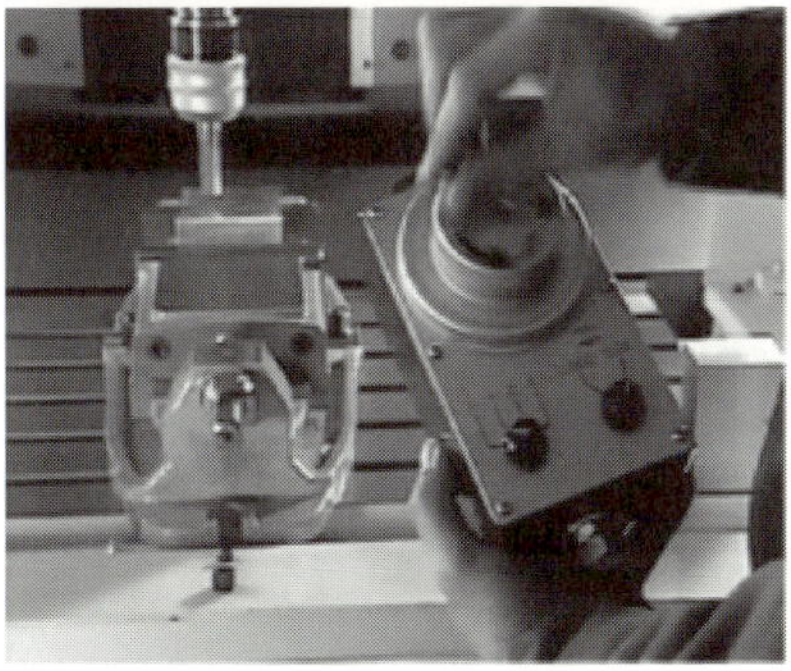

プログラムの座標系

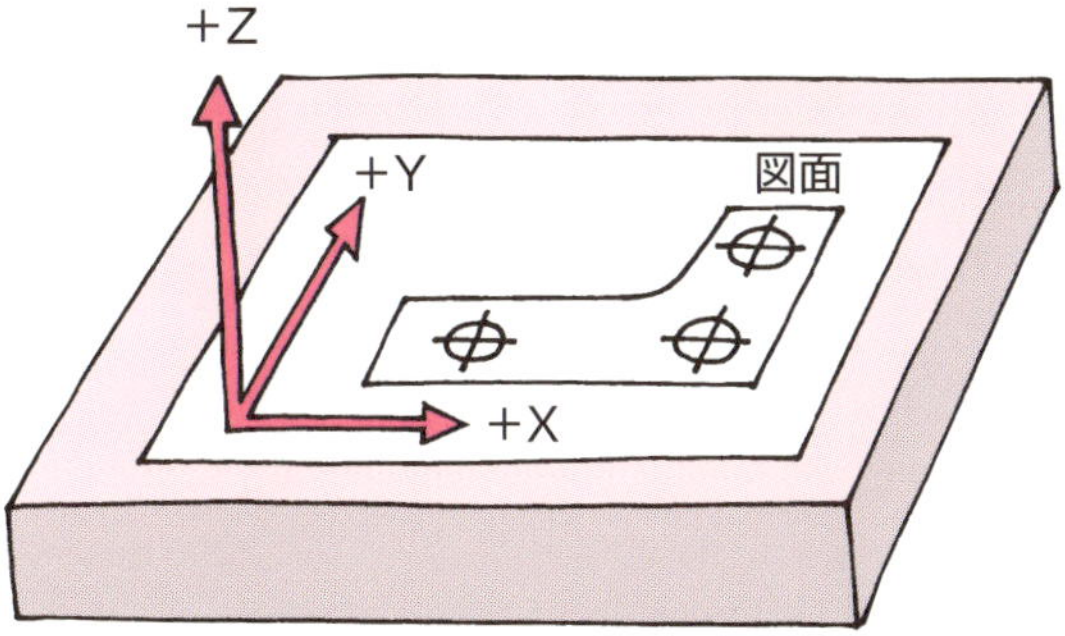

用語解説

リニアエンコーダ：直線軸の位置を検出して、位置情報として出力する装置

66 マシニングセンタとは？

NC工作機械とマシニングセンタはどこが違う

NCフライス盤も、マシニングセンタもともに、切削工具を回転し、固定してある工作物を削る工作機械です。ではNC工作機械とマシニングセンタは、何が違うのでしょうか。

NCフライス盤の場合は、主軸に取り付けた1つの切削工具で、工作物を自動加工しますが、違う作業をする場合は、作業者が工具交換を行う必要があります。一方、マシニングセンタの場合は、自動工具交換装置（ATC）が設置されていて、数値制御の指令により、この工具交換が自動で行われます。

このようにマシニングセンタは、自動工具交換機能を持っており、正面フライス削り、エンドミル削り、穴あけ、リーマ加工、中ぐりおよびタップ立てなどの多種類の加工が1台でできる多機能工作機械です。

また、マシニングセンタもNC工作機械ですから、工具と工作物の相対運動は、位置や速度などの数値情報で制御されます。そして、これらの一連の加工がプログラムの指令に基づいて実行されます。

この場合、マシニングセンタに装着された、工具（ツール）マガジンには、多数の切削工具が格納され、コンピュータの指令により、加工目的に応じて、所要の工具が選択されます。そして、選択された切削工具は自動工具交換装置まで搬送され、ATCアームにより、マシニングセンタの主軸に装着されます。

このマシニングセンタには、テーブル面に対し主軸が垂直な立形と、平行な横形があります。

立形マシニングセンタは、横方向に長いテーブルを持っており、主として板状工作物の加工に用いられています。また横形マシニングセンタは、割出しテーブルを有し、複数の面加工ができるので、主として箱形の工作物を加工するのに用いられます。

最近は、NC円テーブルやNC割出し台が用いられ、三次元自由曲面の加工も行われています。

要点BOX

- ●汎用工作機械は作業者が工具を交換
- ●マシニングセンタはATCで工具を自動交換
- ●多種類の加工が1台でできる

マシニングセンタ

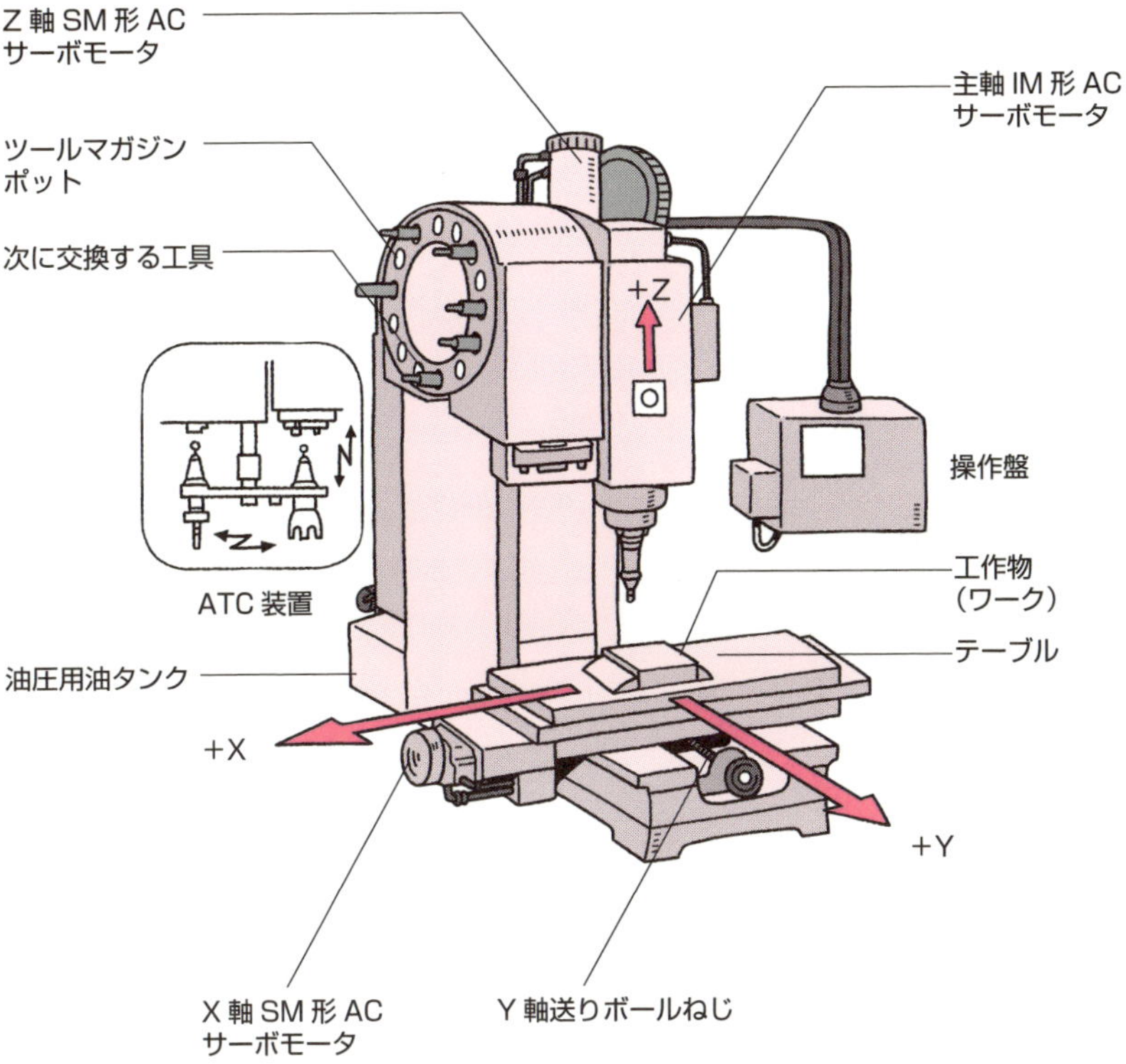

(小林)

ツールマガジン

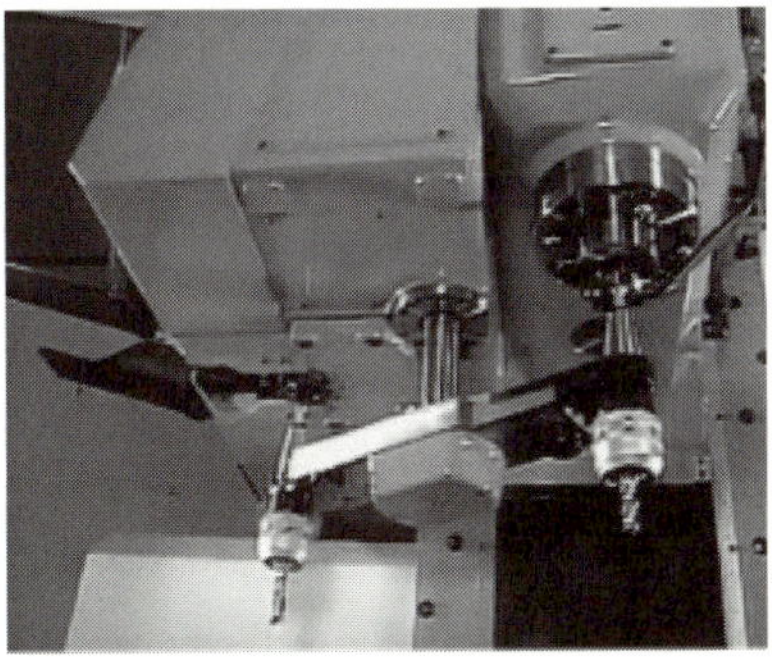

ATC装置

用語解説

工具(ツール)マガジン：複数の切削工具を収納する装置

67 ツーリングとは

工具交換をいかに効率よく迅速に行うか

汎用工作機械の場合は、作業者が加工の方法、切削工具とその取付け、工作物の取付け方法および切削工程と条件などを自分で考え、作業します。

一方、NC工作機械の場合は、切削工具や工作物の動作、およびその順序などが数値情報で指令されます。そのためNC加工では、まずどのような切削工具を使用するのか、またその工具を機械の主軸にどのように取付けるのかなどを検討します。

そしてマシニングセンタの場合は、切削工具をホルダに取付け、工具プリセッタを用いて、工具直径やその突き出し長さなどを精度よく測定します。これらが工具情報となります。

また加工工程（順序）に従い、切削工具をツールマガジン（66参照）に正しく配置します。すなわち、情報の指令どおりに切削工具の着脱が迅速に行えるように、それをツールマガジンに適切に取り付けます。

NC加工におけるこのような準備作業が広義のNCツーリングです。

しかし通常は、NCプログラム、切削工具および取付具を準備することをNCツーリングと言います。そして最近は、切削工具の保持に関する総称をツーリングと呼ぶようになっています。

また、NC工作機械の発達に伴って、工具ホルダを統一し、いかに迅速に切削工具を機械主軸にセットし、あるいは交換するかが重要な問題になっています。

フライス加工などでは、切削工具と機械を結びつけているのがツーリング（NT規格が主流）で、その善し悪しが切削工具の性能に影響します。ツーリングが悪いと、加工精度の悪化、ビビリの発生、および加工能率の低下などを招きます。

最近は多くのツーリングシステム（NT規格、BT規格、HSK規格）が開発されているので、使用する切削工具に適合したツーリングシステムを選択し、それを正しく取り付けることが大切です。

要点BOX

- ●NC加工における切削工具の準備
- ●ツーリングの考え方
- ●ツーリングの善し悪しは切削工具性能に影響

フライスのツーリング例

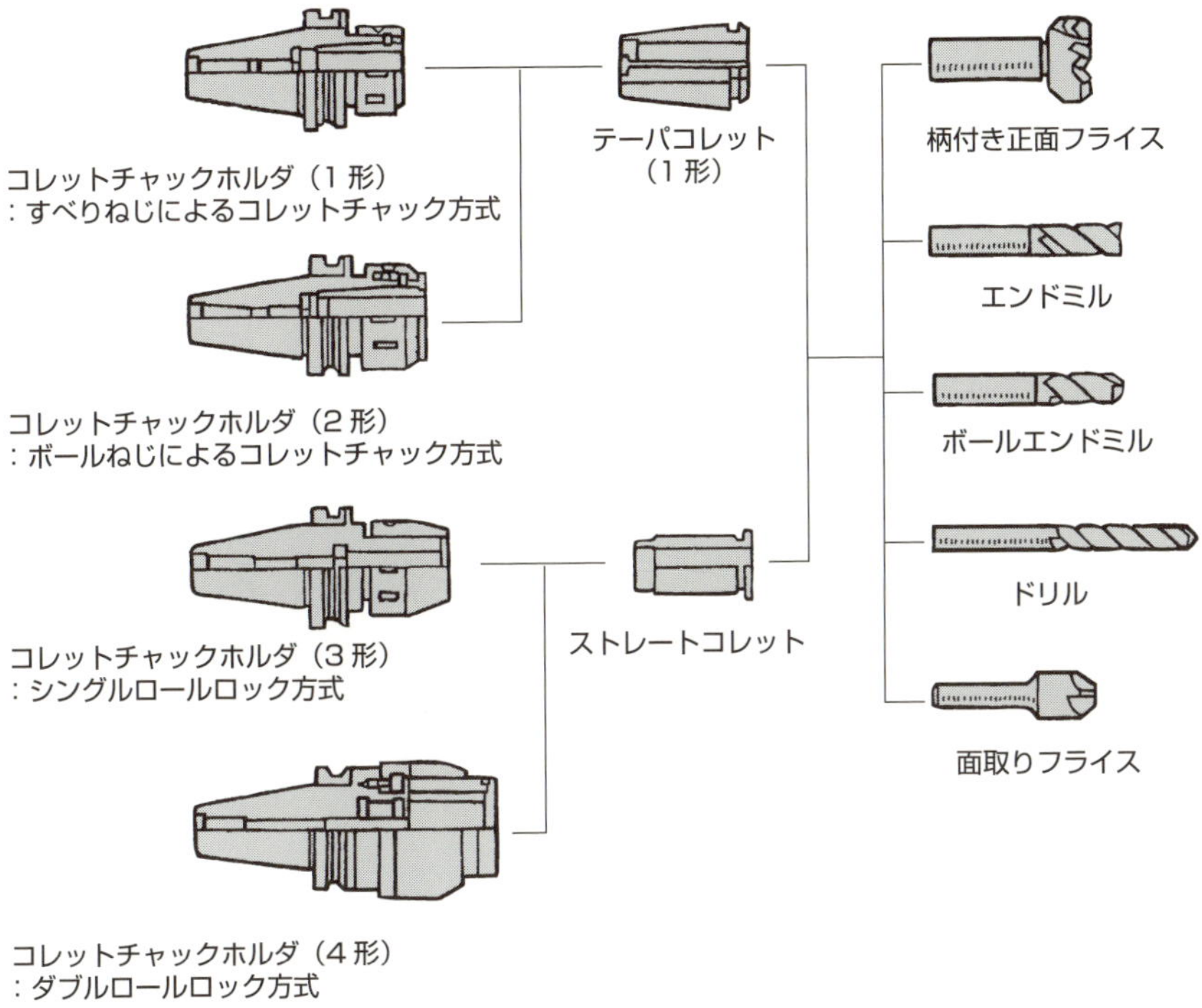

切削工具のプリセット

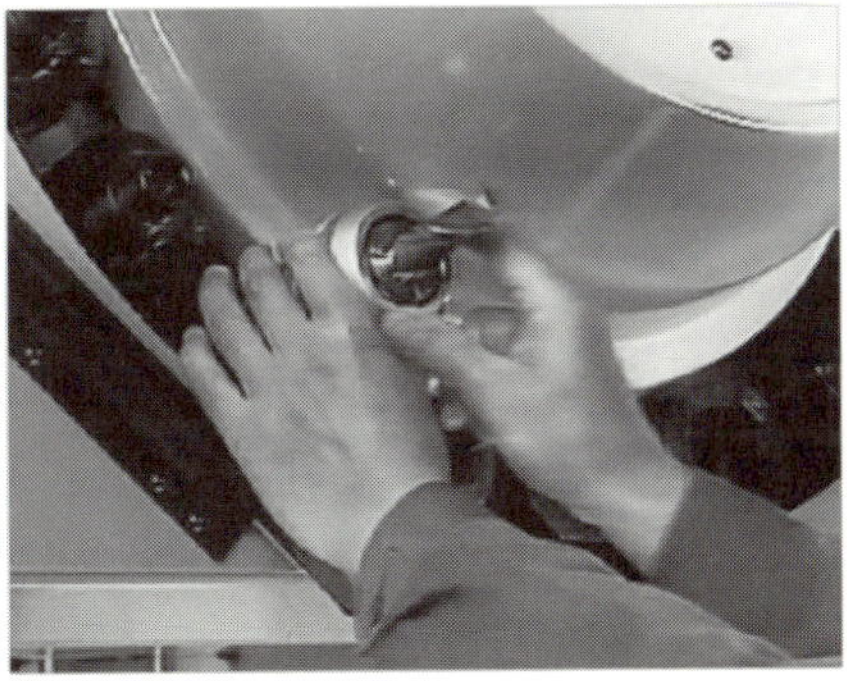

ツールマガジンへの取付け

用語解説

工具プリセッタ：工作機械の基準位置に対し、切削工具の刃先位置を所定の寸法に設定し、取付ける装置

Column

NC工作機械があれば技能は必要ないか？

　ＮＣ工作機械があれば、熟練技能は必要ないという意見があります。本当にそうでしょうか。ＮＣ工作機械は、一種のロボットです。人間が、一つひとつ教えなければ、自分では何もできません。技能は、知恵を働かせ、創意工夫をすれば、向上しますが、ＮＣ工作機械は指示されたことしかできません。このことを銘記しておいて欲しいと思います。

　以前は、コンピュータの装備された工作機械を使いこなすことがハイテクとされていました。当時はパソコンなどが普及しておらず、汎用工作機械が主で、作業者がコンピュータの知識を修得していなかったので、そのように言われたのです。

　一方、現在の若い人たちは、子供の頃から、パソコンなどの情報機器の扱いに慣れています。またパソコンなどの知識も豊富です。そのためＮＣプログラムがあれば、ＮＣ工作機械の操作は容易と思われます。しかしながら操作だけでは、ＮＣ工作機械を使いこなしているとは言えません。

　もしも若い人たちが、コンピュータの知識に加えて、汎用工作機械の技術・技能を修得していれば、より優れたテクノロジストになると思います。すなわち、情報機器の取り扱いに慣れた若い人たちには、汎用工作機械を使いこなすことがハイテクとみなせるのです。

　私を含めて年輩の人たちは、若いときにコンピュータの経験がないので、ＮＣ工作機械を上手に取り扱うことが、今でもハイテクと思っているのです。以前も、ロボットが開発されれば、熟練技能は必要ないと言われましたが、現在もそうなってはいません。

　同様に、ＣＡＤ（コンピュータ援用設計）／ＣＡＭ（コンピュータ援用生産）とＮＣ工作機械があれば、技能は必要ないと言われていますが、ＣＡＤ／ＣＡＭも、ＮＣ工作機械もともにツールで、使いこなすのは人です。作業者の能力が高いことがポイントです。

モノづくり人材とは？

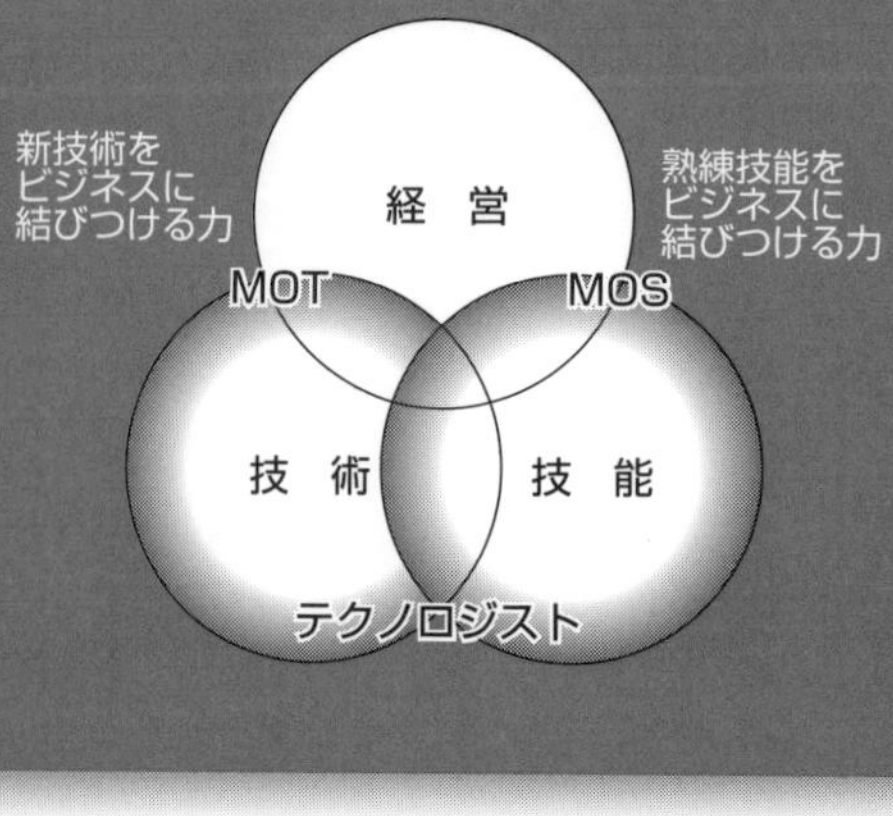

【参考文献】

小林昭：これからの工学・技術者に求められるもの、ｐ６、ｐ51、養賢堂（１９９２）

篠崎襄：加工の工学、開発社（１９８２）ｐ９、ｐ58

澤武一：絵解き「旋盤加工」基礎のきそ、ｐ１７２、日刊工業新聞社（２００６）

佐藤素、渡辺忠明：切削加工、ｐ１１０、朝倉書店（１９８４）

福田力也：工作機械入門、ｐ81、ｐ１５５、理工学社（１９９２）

小林輝夫：機械工作入門、ｐ２１３、理工学社（１９９２）

索引

今日からモノ知りシリーズ
トコトンやさしい
切削加工の本

NDC 532

2010年10月25日　初版1刷発行
2022年 9月27日　初版11刷発行

©著者　海野 邦昭
発行者　井水 治博
発行所　日刊工業新聞社
東京都中央区日本橋小網町14-1
(郵便番号103-8548)
電話　書籍編集部　03(5644)7490
販売・管理部　03(5644)7410
FAX　03(5644)7400
振替口座　00190-2-186076
URL　https://pub.nikkan.co.jp/
e-mail　info@media.nikkan.co.jp
企画・編集　新日本編集企画
印刷・製本　新日本印刷(株)

●DESIGN STAFF
AD————志岐滋行
表紙イラスト————黒崎　玄
本文イラスト————榊原唯幸
ブック・デザイン——大山陽子
(志岐デザイン事務所)

●
落丁・乱丁本はお取り替えいたします。
2010 Printed in Japan
ISBN　978-4-526-06539-2　C3034

●定価はカバーに表示してあります

●著者略歴

海野邦昭(うんの くにあき)

1944年生まれ。

職業訓練大学校機械科卒業。職業能力開発総合大学校名誉教授。

工学博士。精密工学会名誉会員・フェロー。

精密工学会名誉会員。砥粒加工学会理事。セラミックス加工研究会を設立し、幹事。

ILOトリノセンターアドバイザ。技能検定委員。

技能五輪全国競技大会フライス盤競技委員。同競技委員長。

職業能力開発総合大学校精密機械システム工学科教授、同長期課程部長、独立行政法人 雇用・能力開発機構 産業情報ネットワーク企画室長などを歴任。

現在は、基盤加工技術研究所を設立し、代表。

主な著書

『ファインセラミックスの高能率機械加工』日刊工業新聞社
『CBN・ダイヤモンドホイールの使い方』工業調査会
『次世代への高度熟練技能の継承』アグネ承風社
『絵とき「切削加工」基礎のきそ』日刊工業新聞社
『絵とき「研削加工」基礎のきそ』日刊工業新聞社
『絵とき「研削の実務」作業の勘どころとトラブル対策』日刊工業新聞社
『絵とき「難研削材加工」基礎のきそ』日刊工業新聞社
『絵とき「治具・取付具」基礎のきそ』日刊工業新聞社
『絵とき「穴あけ加工」基礎のきそ』日刊工業新聞社
『絵とき「切削油剤」基礎のきそ』日刊工業新聞社
『絵とき「工具研削」基礎のきそ』日刊工業新聞社
など多数。